计算机基础教育"十三五"系列规划教材

# Office 高级应用案例

主　编　赵可新
副主编　刘春玲　刘　斌　孙领弟
　　　　郝国芬　刘振名　王桂娟

北京理工大学出版社
BEIJING INSTITUTE OF TECHNOLOGY PRESS

## 内容简介

本书主要介绍 Microsoft Office 2010 系列软件中的 Word、Excel、PowerPoint。第 1 章介绍 Word 的主要概念和应用；第 2 章介绍 Word 典型案例，主要有书稿排版、邮件合并和图文混排等题型；第 3 章介绍 Excel 的基本概念、函数、数据管理应用；第 4 章介绍 Excel 典型案例，每个案例都有格式设置、函数应用、数据分析等；第 5 章介绍 PowerPoint 的主要概念，以及母版、主题、动画、放映等设置；第 6 章介绍 PowerPoint 典型案例，根据给定素材建立演示文稿，可插入图表、图形、表格、视频等对象。

本书囊括了近几年全国计算机等级考试（二级，Office 高级应用部分）的经典题型，并配有详细解题步骤和做题视频，读者可以通过扫描相关二维码来获取教学资源，将 Office 高级应用掌握得更好。本书既可以作为高等院校非计算机专业的办公自动化、计算机应用基础课程的教材，也可以作为全国计算机等级考试的辅导用书。

**版权专有　侵权必究**

### 图书在版编目（CIP）数据

Office 高级应用案例 / 赵可新主编．— 北京：北京理工大学出版社，2019.8（2019.9 重印）

ISBN 978-7-5682-7388-6

Ⅰ.①O… Ⅱ.①赵… Ⅲ.①办公自动化-应用软件-高等学校-教材 Ⅳ.①TP317.1

中国版本图书馆 CIP 数据核字（2019）第 176432 号

| | |
|---|---|
| 出版发行 / | 北京理工大学出版社有限责任公司 |
| 社　　址 / | 北京市海淀区中关村南大街 5 号 |
| 邮　　编 / | 100081 |
| 电　　话 / | （010）68914775（总编室） |
| | （010）82562903（教材售后服务热线） |
| | （010）68948351（其他图书服务热线） |
| 网　　址 / | http：//www.bitpress.com.cn |
| 经　　销 / | 全国各地新华书店 |
| 印　　刷 / | 涿州市新华印刷有限公司 |
| 开　　本 / | 787 毫米 × 1092 毫米　1/16 |
| 印　　张 / | 16.5 |
| 字　　数 / | 389 千字 |
| 版　　次 / | 2019 年 8 月第 1 版　2019 年 9 月第 2 次印刷 |
| 定　　价 / | 45.00 元 |
| 责任编辑 / | 梁铜华 |
| 文案编辑 / | 曾　仙 |
| 责任校对 / | 周瑞红 |
| 责任印制 / | 李志强 |

图书出现印装质量问题，请拨打售后服务热线，本社负责调换

# 前 言

随着人类进入信息时代,计算机应用已经遍及各个行业,显著地提高了经济效率和社会效率。计算机作为一种新型工具,为人们的学习、生活、工作带来了极大便利。计算机操作已成为现代人应掌握的重要技能之一。

因此,掌握办公软件的高级应用在工作中已经成为必要条件。2013 年,Microsoft Office 高级应用被添加到了全国计算机等级考试二级科目中。为了满足读者需要,基于 Windows 7 操作系统和 Microsoft Office 2010 系列办公软件,我们结合全国计算机等级考试大纲的要求,参考教育部考试中心指定教材的篇章结构,编写了本书。

本书的教材编写成员都来自教学一线,教学经验丰富。在本书编写过程中,我们针对以往实践教学中的问题,紧抓学生的认知特征和兴趣导向,并结合专业课程的结构特点,将乏味的理论陈述改编为生动的案例操作。

本书分为 6 章,主要内容如下:

第 1 章 利用 Word 2010 高效创建电子文档:主要介绍文档的创建与格式编辑,长文档的编辑与管理,文档中表格、图形、图像等对象的编辑和处理,利用邮件合并功能批量制作和处理文档。

第 2 章 全国计算机等级考试(二级,Office 高级应用)中的 Word 典型案例。

第 3 章 通过 Excel 2010 创建并处理电子表格:主要介绍工作簿和工作表的基本操作,工作表中数据的输入、编辑和修改,工作表中单元格格式的设置,公式和函数的使用,数据的排序、筛选、分类汇总、合并计算、模拟运算和方案管理器,图表的创建、编辑与修改,数据透视表和数据透视图的使用。

第 4 章 全国计算机等级考试(二级,Office 高级应用)中的 Excel 典型案例。

第 5 章 使用 PowerPoint 2010 制作演示文稿:主要介绍 PowerPoint 的基本操作,幻灯片主题的设置、背景的设置、母版的制作和使用,幻灯片中文本、图形、SmartArt、图像(片)、图表、音视频等对象的编辑和应用,幻灯片中对象动画的设置,幻灯片的切换效果,幻灯片的放映设置。

第 6 章 全国计算机等级考试(二级,Office 高级应用)中的 PowerPoint 典型案例。

本书的第 1、2 章由刘春玲和刘斌编写,第 3、4 章由王桂娟和孙领弟编写,第 5、6 章由郝国芬和刘振名编写。全书由赵可新统稿。

为方便教学,本书配有电子课件、素材、做题视频等考题库资源,通过扫描二维码即可获取。本书各章内容安排合理,阐述由浅入深,概念清晰,既可作为高等院校非计算机专业的办公自动化、计算机应用基础课程的教材,也可作为全国计算机等级考试的辅导用书。

# CONTENTS 目录

## 第1章　Word 2010 高级应用 ···················································（1）

### 1.1　样式设置 ································································（1）
####　1.1.1　样式 ·····························································（1）
####　1.1.2　模板 ·····························································（6）
####　1.1.3　脚注和尾注 ·····················································（8）
####　1.1.4　题注和交叉引用 ···············································（10）

### 1.2　页面设计 ································································（12）
####　1.2.1　视图方式 ························································（12）
####　1.2.2　分隔符 ···························································（14）
####　1.2.3　页眉和页脚 ·····················································（16）
####　1.2.4　页面设置 ························································（18）
####　1.2.5　目录和索引 ·····················································（19）

### 1.3　图文混排与表格应用 ··················································（27）
####　1.3.1　图文混排 ························································（27）
####　1.3.2　表格应用 ························································（30）

### 1.4　域 ·········································································（34）
####　1.4.1　域的概念 ························································（34）
####　1.4.2　常用域 ···························································（34）
####　1.4.3　域的操作 ························································（34）

### 1.5　文档批注与修订 ························································（37）
####　1.5.1　批注与修订的概念 ·············································（37）
####　1.5.2　批注与修订的设置 ·············································（38）
####　1.5.3　批注与修订操作 ···············································（39）

### 1.6　主控文档与邮件合并 ··················································（42）
####　1.6.1　主控文档 ························································（42）
####　1.6.2　邮件合并 ························································（44）

# 第 2 章　Word 2010 精选案例 ………………………………………………………（47）

## 2.1　统计报告制作 ……………………………………………………………（47）
### 2.1.1　题目要求 …………………………………………………………（47）
### 2.1.2　操作步骤 …………………………………………………………（48）

## 2.2　书稿排版 …………………………………………………………………（52）
### 2.2.1　题目要求 …………………………………………………………（52）
### 2.2.2　操作步骤 …………………………………………………………（53）

## 2.3　经费联审结算单排版 ……………………………………………………（55）
### 2.3.1　题目要求 …………………………………………………………（55）
### 2.3.2　操作步骤 …………………………………………………………（56）

## 2.4　个人简历制作 ……………………………………………………………（59）
### 2.4.1　题目要求 …………………………………………………………（59）
### 2.4.2　操作步骤 …………………………………………………………（59）

## 2.5　学生家长信及回执制作 …………………………………………………（62）
### 2.5.1　题目要求 …………………………………………………………（62）
### 2.5.2　操作步骤 …………………………………………………………（63）

## 2.6　政策文件排版 ……………………………………………………………（67）
### 2.6.1　题目要求 …………………………………………………………（67）
### 2.6.2　操作步骤 …………………………………………………………（68）

## 2.7　宣传海报制作 ……………………………………………………………（73）
### 2.7.1　题目要求 …………………………………………………………（73）
### 2.7.2　操作步骤 …………………………………………………………（73）

## 2.8　国外旅游城市介绍文档 …………………………………………………（75）
### 2.8.1　题目要求 …………………………………………………………（75）
### 2.8.2　操作步骤 …………………………………………………………（77）

## 2.9　准考证制作 ………………………………………………………………（81）
### 2.9.1　题目要求 …………………………………………………………（81）
### 2.9.2　操作步骤 …………………………………………………………（82）

## 2.10　科普文章排版 …………………………………………………………（86）
### 2.10.1　题目要求 ………………………………………………………（86）
### 2.10.2　操作步骤 ………………………………………………………（87）

## 2.11　公司战略规划文档制作 ………………………………………………（91）
### 2.11.1　题目要求 ………………………………………………………（91）
### 2.11.2　操作步骤 ………………………………………………………（92）

## 2.12　会议秩序册制作 ………………………………………………………（93）
### 2.12.1　题目要求 ………………………………………………………（93）

  2.12.2 操作步骤 …………………………………………………………………（94）

2.13 邀请函制作 ………………………………………………………………………（98）
  2.13.1 题目要求 …………………………………………………………………（98）
  2.13.2 操作步骤 …………………………………………………………………（98）

2.14 信函制作 …………………………………………………………………………（100）
  2.14.1 题目要求 …………………………………………………………………（100）
  2.14.2 操作步骤 …………………………………………………………………（100）

2.15 政府统计工作年报制作 …………………………………………………………（102）
  2.15.1 题目要求 …………………………………………………………………（102）
  2.15.2 操作步骤 …………………………………………………………………（103）

2.16 论文格式排版 ……………………………………………………………………（105）
  2.16.1 题目要求 …………………………………………………………………（105）
  2.16.2 操作步骤 …………………………………………………………………（106）

2.17 制作公司本财年年度报告 ………………………………………………………（109）
  2.17.1 题目要求 …………………………………………………………………（109）
  2.17.2 操作步骤 …………………………………………………………………（109）

2.18 课程论文的排版 …………………………………………………………………（111）
  2.18.1 题目要求 …………………………………………………………………（111）
  2.18.2 操作步骤 …………………………………………………………………（112）

2.19 制作请柬 …………………………………………………………………………（116）
  2.19.1 题目要求 …………………………………………………………………（116）
  2.19.2 操作步骤 …………………………………………………………………（117）

2.20 制作新闻提要 ……………………………………………………………………（119）
  2.20.1 题目要求 …………………………………………………………………（119）
  2.20.2 操作步骤 …………………………………………………………………（119）

## 第3章 电子表格软件 Excel 2010 ……………………………………………………（121）

3.1 Excel 2010 简介 ……………………………………………………………………（121）
  3.1.1 Excel 2010 的基本概念 ……………………………………………………（121）
  3.1.2 Excel 2010 界面 ……………………………………………………………（122）

3.2 Excel 2010 的工作簿操作 …………………………………………………………（123）
  3.2.1 Excel 2010 界面操作 ………………………………………………………（123）
  3.2.2 Excel 2010 工作表编辑 ……………………………………………………（124）
  3.2.3 编辑表格 ……………………………………………………………………（126）
  3.2.4 工作表操作 …………………………………………………………………（130）

3.3 Excel 2010 中的公式和函数 ………………………………………………………（131）
  3.3.1 使用公式计算 ………………………………………………………………（132）

3.3.2 函数的使用 ················································································ (134)

3.4 工作表的美化 ······················································································· (142)

  3.4.1 行高列宽设置 ············································································· (142)

  3.4.2 单元格设置 ················································································ (143)

  3.4.3 数据格式设置 ············································································· (146)

3.5 数据管理 ······························································································ (147)

  3.5.1 数据排序 ···················································································· (148)

  3.5.2 数据的自动筛选 ·········································································· (149)

  3.5.3 分类汇总 ···················································································· (150)

  3.5.4 创建数据透视表 ·········································································· (151)

3.6 图表的应用 ··························································································· (153)

  3.6.1 图表的构成 ················································································ (153)

  3.6.2 图表的创建 ················································································ (153)

  3.6.3 图表的修改 ················································································ (155)

3.7 电子表格的打印输出 ············································································· (156)

## 第 4 章 Excel 2010 精选案例 ··········································································· (158)

4.1 学生成绩管理 ······················································································· (158)

  4.1.1 题目要求 ···················································································· (158)

  4.1.2 操作步骤 ···················································································· (159)

4.2 产品销售管理 ······················································································· (161)

  4.2.1 题目要求 ···················································································· (161)

  4.2.2 操作步骤 ···················································································· (161)

4.3 普查数据统计 ······················································································· (164)

  4.3.1 题目要求 ···················································································· (164)

  4.3.2 操作步骤 ···················································································· (164)

4.4 图书销售统计 ······················································································· (167)

  4.4.1 题目要求 ···················································································· (167)

  4.4.2 操作步骤 ···················································································· (168)

4.5 销售业绩统计 ······················································································· (170)

  4.5.1 题目要求 ···················································································· (170)

  4.5.2 操作步骤 ···················································································· (171)

4.6 考核成绩统计 ······················································································· (173)

  4.6.1 题目要求 ···················································································· (173)

  4.6.2 操作步骤 ···················································································· (174)

4.7 笔试人员结构分析 ················································································ (179)

  4.7.1 题目要求 ···················································································· (179)

4.7.2　操作步骤 …………………………………………………………… (180)
4.8　采购成本分析 ……………………………………………………………… (185)
　　4.8.1　题目要求 …………………………………………………………… (185)
　　4.8.2　操作步骤 …………………………………………………………… (187)
4.9　统考成绩汇总 ……………………………………………………………… (191)
　　4.9.1　题目要求 …………………………………………………………… (191)
　　4.9.2　操作步骤 …………………………………………………………… (191)
4.10　销售情况分析 ……………………………………………………………… (193)
　　4.10.1　题目要求 …………………………………………………………… (193)
　　4.10.2　操作步骤 …………………………………………………………… (194)

## 第 5 章　演示文稿软件 PowerPoint 2010 …………………………………… (196)

5.1　演示文稿启动与工作界面 …………………………………………………… (196)
　　5.1.1　PowerPoint 2010 的启动 …………………………………………… (196)
　　5.1.2　PowerPoint 2010 界面 ……………………………………………… (197)
5.2　演示文稿的常规操作 ………………………………………………………… (198)
　　5.2.1　演示文稿的建立与保存 ……………………………………………… (198)
　　5.2.2　演示文稿的视图 ……………………………………………………… (199)
　　5.2.3　新建演示文稿 ………………………………………………………… (200)
　　5.2.4　打开已有的演示文稿 ………………………………………………… (203)
　　5.2.5　关闭和保存演示文稿 ………………………………………………… (203)
　　5.2.6　演示文稿的放映 ……………………………………………………… (204)
5.3　幻灯片对象与母版 ………………………………………………………… (205)
　　5.3.1　幻灯片中对象插入 …………………………………………………… (205)
　　5.3.2　幻灯片外观设计 ……………………………………………………… (208)
5.4　动画与超级链接 …………………………………………………………… (210)
　　5.4.1　动画设计 ……………………………………………………………… (210)
　　5.4.2　设置超链接 …………………………………………………………… (213)
5.5　打印演示文稿 ……………………………………………………………… (215)

## 第 6 章　PowerPoint 精选案例 ……………………………………………… (216)

6.1　制作图书策划方案 ………………………………………………………… (216)
　　6.1.1　题目要求 …………………………………………………………… (216)
　　6.1.2　操作步骤 …………………………………………………………… (217)
6.2　制作《小企业会计准则》培训课件 ………………………………………… (218)
　　6.2.1　题目要求 …………………………………………………………… (218)
　　6.2.2　操作步骤 …………………………………………………………… (219)

6.3 制作产品宣传演示文稿 ……………………………………………………………（221）
　　6.3.1 题目要求 …………………………………………………………………（221）
　　6.3.2 操作步骤 …………………………………………………………………（222）
6.4 制作有关审计业务档案管理的培训课件 …………………………………………（223）
　　6.4.1 题目要求 …………………………………………………………………（223）
　　6.4.2 操作步骤 …………………………………………………………………（224）
6.5 制作介绍第二次世界大战的演示文稿 ……………………………………………（227）
　　6.5.1 题目要求 …………………………………………………………………（227）
　　6.5.2 操作步骤 …………………………………………………………………（228）
6.6 制作节水宣传的演示文稿 …………………………………………………………（232）
　　6.6.1 题目要求 …………………………………………………………………（232）
　　6.6.2 操作步骤 …………………………………………………………………（232）
6.7 制作"学习型社会学习理念"课件 ………………………………………………（234）
　　6.7.1 题目要求 …………………………………………………………………（234）
　　6.7.2 操作步骤 …………………………………………………………………（235）
6.8 制作"'福星一号'飞船简介"演示文稿 …………………………………………（236）
　　6.8.1 题目要求 …………………………………………………………………（236）
　　6.8.2 操作步骤 …………………………………………………………………（237）
6.9 制作"沙尘暴简介"演示文稿 ……………………………………………………（239）
　　6.9.1 题目要求 …………………………………………………………………（239）
　　6.9.2 操作步骤 …………………………………………………………………（239）
6.10 制作"百合花简介"演示文稿 ……………………………………………………（241）
　　6.10.1 题目要求 ………………………………………………………………（241）
　　6.10.2 操作步骤 ………………………………………………………………（242）
6.11 制作"员工入职培训"演示文稿 …………………………………………………（243）
　　6.11.1 题目要求 ………………………………………………………………（243）
　　6.11.2 操作步骤 ………………………………………………………………（244）
6.12 制作"'天河二号'超级计算机简介"演示文稿 …………………………………（245）
　　6.12.1 题目要求 ………………………………………………………………（245）
　　6.12.2 操作步骤 ………………………………………………………………（246）
6.13 制作"'辽宁号'航空母舰简介"演示文稿 ………………………………………（248）
　　6.13.1 题目要求 ………………………………………………………………（248）
　　6.13.2 操作步骤 ………………………………………………………………（249）

**参考文献** ……………………………………………………………………………………（251）

# 第 1 章 Word 2010 高级应用

## 1.1 样式设置

### 1.1.1 样式

样式是被命名并保存的一系列格式的集合,它规定了文档中字符和段落等对象的格式,包括字符样式和段落样式。字符样式只包含字符格式,如字体、字号、字形、颜色、文本效果等,可以应用到任何文字。段落样式既包含字符格式,也包含段落格式,如字体、行间距、对齐方式、缩进格式、制表位、边框和编号等,可以应用于段落或整篇文档。

在 Word 中,样式可分为内置样式和自定义样式。

1. 内置样式

在 Word 2010 中,系统内置了丰富的样式。选择"开始"选项卡,在"样式"组的"快速样式库"中显示了多种内置样式。其中,"正文""无间隔""标题 1""标题 2"等都是样式名称。单击列表框右侧的"其他"按钮,将展开样式列表,可以选择更多的内置样式,如图 1.1 所示。

在"开始"选项卡的"样式"组中,单击右下角的对话框启动器按钮,可以打开"样式"任务窗格,如图 1.2 所示。将光标停留在列表框中的样式名称上时,会显示该样式包含的格式信息。若在名称后面有符号 a,则表示字符样式;若在名称后面有回车符号,则表示段落样式。

图 1.1　样式列表　　　　　图 1.2　"样式"任务窗格

下面举例说明应用内置样式来设置文档段落格式。

例如，需要对原始文档进行格式设置。要求：对章标题应用"标题 1"样式，对节标题应用"标题 2"样式，对正文各段实现首行缩进两个字符。

具体操作步骤如下：

(1) 将光标定位在章标题文本中的任意位置，或选中章标题文本。

(2) 在"开始"选项卡的"样式"组中，单击"快速样式库"右侧的"其他"按钮，打开"样式"下拉列表框，选择"标题 1"样式。

(3) 将光标定位在节标题文本中的任意位置，或选中节标题文本。

(4) 在"样式"下拉列表框，选择"标题 2"样式。

(5) 选中正文文本，然后在"样式"下拉列表中单击"列出段落"样式。

2. 自定义样式

Word 2010 为用户提供的内置样式能够满足一般文档格式设置的需要。但用户在实际应用中常常会遇到一些特殊格式的设置，这时就需要创建自定义的样式，将其进行应用。

1) 创建与应用新样式

例如，创建一个段落样式，名称为"样式 0001"，要求：黑体，小四号字，1.5 倍行距，段前距和段后距均为 0.5 行。

具体操作步骤如下：

(1) 在"开始"选项卡的"样式"组中，单击右下角的对话框启动器按钮，打开"样式"任务窗格，如图 1.2 所示。

(2) 单击"样式"任务窗格左下角的"新建样式"按钮，打开"根据格式设置创建新样式"对话框，如图 1.3 所示。

(3) 在"名称"文本框中输入新样式的名称，为"样式 0001"。

图1.3 "根据格式设置创建新样式"对话框

（4）单击"样式类型"右侧的下拉列表框按钮，选择"段落""字符""表格"或"列表"样式，默认为段落样式。在"样式基准"下拉列表框中选择一个可作为创建基准的样式，一般选择"正文"。在"后续段落样式"下拉列表框中为应用该样式段落后面的段落设置一个默认样式，一般取默认值。

（5）普通格式可在"根据格式设置创建新样式"对话框中进行设置。也可以单击对话框左下角的"格式"按钮，在弹出的列表框选择"字体"，将弹出"字体"对话框，可进行字符格式设置。设置字符格式后，单击"确定"按钮即可返回。

（6）在弹出的列表框选择"段落"，将弹出"段落"对话框，可进行段落格式设置。设置好段落格式后，单击"确定"按钮即可返回。

（7）在"格式"列表框中还可以选择其他项目，将弹出对应对话框，然后可进行相应设置。设置完成后，在"根据格式设置创建新样式"对话框中单击"确定"按钮，"样式"任务窗格中会显示出新创建的"样式0001"样式。

接下来，选定文档正文中的第1段和第2段内容，单击"样式"列表中的"样式0001"样式，即可将该样式应用于所选段落，操作效果如图1.4所示。

2）删除样式

删除"样式0001"样式的操作步骤：单击"样式"任务窗格中"样式0001"右侧的下拉按钮，在展开的列表中选择"删除'样式0001'"命令或"还原为列出段落"，在弹出的对话框中单击"是"按钮，即可完成删除。

⚠ 注意：

只能删除自定义的样式，不能删除Word 2010的内置样式。如果删除了自定义的样式，Word将对所有应用此样式的段落恢复到"正文"的默认样式格式。

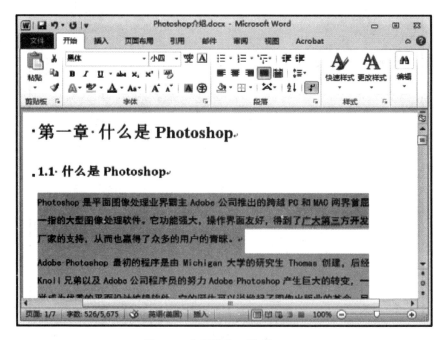

图 1.4　应用样式"样式 0001"

### 3. 多级编号的标题样式

内置样式中的"标题 1""标题 2""标题 3"等样式是不带编号的,在"修改样式"对话框中可以实现一个级别的编号设置,但对于多级编号,则需要采用其他方法实现。

例如,对图 1.4 所示的文档设置多级编号标题样式。要求:章名使用样式"标题 1",并居中;编号格式形如"第 x 章",其中 x 为自动排序,如第 1 章。小节名使用样式"标题 2",左对齐;编号格式为多级符号,形如"X.Y",X 为章数字序号,Y 为节数字序号,如 1.1,且自动编号。具体操作步骤如下:

(1) 在"开始"选项卡的"段落"组中,单击"多级列表"按钮,弹出如图 1.5 所示的下拉列表框。

(2) 单击"定义新的多级列表"按钮,弹出"定义新多级列表"对话框。单击对话框左下角的"更多"按钮,对话框变成如图 1.6 所示。

(3) 在"此级别的编号样式"下的文本框中选择"1, 2, 3, …"编号样式,在"输入编号的格式"下的文本框中的数字前面和后面分别输入"第"和"章"。将"编号对齐方式"选择"左对齐",将"对齐位置"设置为"0 厘米",在"编号之后"下的下拉列表框中选择"空格"。在"将级别链接到样式"下面的下拉列表框选择"标题 1"样式。

(4) 在"单击要修改的级别"下的列表中单击"2"。在"包含的级别编号来自"下面的下拉列表框中选择"级别 1",在"输入编号的格式"下的文本框中将自动出现"1",然后输入"."。在"此级别的编号样式"下的下拉列表框中选择"1, 2, 3, …"样式,则在"输入编号的格式"下的文本框中将出现节序号"1.1"。将"编号对齐方式"选择"左对齐",将"对齐位置"设置为 0 厘米,在"编号之后"下面的下拉列表框中选择"空格"。在"将级别链接到样式"下的下拉列表框选择"标题 2"样式。

图1.5　下拉列表框　　　　　　　图1.6　"定义新多级列表"对话框

（5）单击"确定"按钮。在"开始"选项卡的"样式"组中，单击"快速样式"库，将会出现如图1.7所示的带有自动多级编号的"标题1"和"标题2"样式。

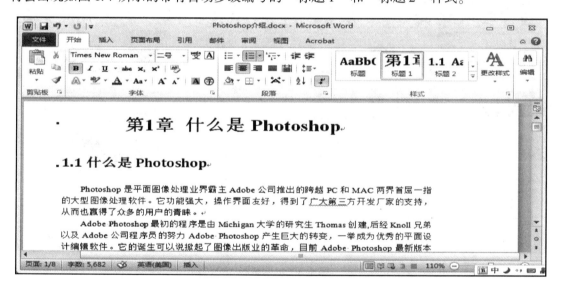

图1.7　标题样式应用后的效果

（6）在"快速样式"库中右键单击"标题1"，选择快捷菜单中的"修改"，弹出"修改样式"对话框，单击"居中"按钮，将"标题1"样式设为居中对齐方式。

（7）将光标定位在文档中的章标题中，单击"快速样式"库的"标题1"样式，即可将章名设为指定的格式。选中章标题中原来的"第一章"字符，并删除。

（8）将光标定位在文档中的节标题中，单击"快速样式"库中的"标题2"样式，即可将节名设为指定的格式。选中节标题中原来的"1.1"字符，并删除。

(9) 操作文档后的效果如图 1.7 所示。还可以将"标题 1"和"标题 2"应用于其他章名和节名。

### 1.1.2 模板

模板是某种文档的类型，是一类特殊的文档，以 .dotx 为扩展名，所有的 Word 文档都是基于某个模板创建的。模板中包含了文档的基本结构及文档设置信息（如文本、样式和格式）、页面布局（如页边距和行距）、设计元素（如特殊颜色、边框和辅色）等。

打开 Word 时，就启动了模板，该模板是 Word 自动提供的普通模板（Normal. dotm），它包含了宋体、5 号字、两端对齐、纸张大小为 A4 纸型等信息。Word 提供了许多预先定义好的模板，称为常用模板。利用这些常用模板，可以快速地建立文档。

1. 利用模板创建文档

利用模板创建文档的具体操作步骤如下：
(1) 在"文件"选项卡中，单击左侧的列表中的"新建"选项。
(2) Word 2010 提供了两类模板——可用模板、Office.com 模板，可用模板位于本机内，Office.com 模板需要在线搜索。单击"可用模板"列表框中的"样本模板"，系统列出了 53 种模板，如图 1.8 所示。选择其中的一种模板，在预览效果图下选择"文档"单选框。

图 1.8 样本模板

(3) 单击"创建"按钮，即可创建基于该模板的新文档。
(4) 输入文档信息。
(5) 根据需要，可对模板进行修改，主要设置内容及格式。
(6) 单击"保存"按钮或单击"文件"选项卡中的"另存为"命令，弹出"另存为"对话框。在"另存为"对话框中显示的是系统提供的模板默认的存放位置，用户可选择默认位置，也可以自行设置模板的存放位置，在"文件名"下拉列表框中输入模板的文件名，在"保存类型"下拉列表框中选择"Word 模板"。然后，单击"保存"按钮，即可将设置的模板保存到指定的位置。

## 2. 利用已有文档创建模板

利用已有文档创建模板的具体操作步骤如下：

（1）打开一个已经排版各类格式的现有文档。

（2）在"文件"选项卡中，单击"另存为"命令，弹出"另存为"对话框。

（3）设置模板的存放位置，在"文件名"下拉列表框中输入模板的文件名，在"保存类型"下拉列表框中选择"Word 模板"。

（4）单击"保存"按钮，即可将设置的模板保存到指定的位置。

## 3. 模板应用

将一个定制好的模板应用到打开文档的具体操作步骤如下：

（1）打开文档，单击"文件"选项卡下左侧列表中的"选项"命令，弹出"Word 选项"对话框。

（2）在"Word 选项"对话框左侧列表中单击"加载项"选项卡，在"管理"下拉列表框中选择"模板"选项，然后单击"转到"按钮，打开"模板和加载项"对话框。

（3）单击"选用"按钮，在弹出的"选用模板"对话框中选择一种模板，然后单击"打开"按钮，将返回"模板和加载项"对话框。

（4）在"文档模板"文本框中将显示添加的模板名和路径。选中"自动更新文档样式"复选框，单击"确定"按钮，即可将此模板中的样式应用到打开的文档中。

## 4. 样式管理器

利用样式管理器来管理模板的具体操作步骤如下：

（1）打开 Word 文档，然后按前述方法打开"模板和加载项"对话框。

（2）单击"管理器"按钮，弹出"管理器"对话框，选择"样式"选项卡，弹出如图 1.9 所示的对话框。左边列表框中为文档已有的样式，右边列表框中为 Normal.dotm（共用模板）样式。既可以将文档中已有的样式复制到共用模板中，也可以将共用模板中的样式复制到当前文档中。如果要复制的样式未在 Normal.dotm 模板文件中，则可单击右边的"样式的有效范围"下拉列表框下方的"关闭文件"按钮，此时该按钮将变成"打开文件"按钮。

图 1.9 "管理器"对话框

（3）单击"打开文件"按钮，弹出"打开"对话框，从中选择要复制样式的模板或文档，然后单击"打开"按钮，即可将选定的模板内容添加到"管理器"对话框中右侧的样式列表框中。

（4）完成"样式"复制（或删除）操作后，单击"管理器"对话框中的"关闭"按钮，即可完成样式的复制（或删除）。

（5）在"开始"选项卡的"样式"组中，单击右下角的对话框启动器按钮，弹出"样式"任务窗格，即可查看添加的样式。也可单击"快速样式库"右侧的下拉按钮，查看添加的样式。

### 1.1.3 脚注和尾注

脚注和尾注在文档中主要用于对文本进行补充说明，如单词解释、备注说明或提供文档中引用内容的来源等。脚注通常位于页面的底部，用来说明每页中要注释的内容。尾注位于文档结尾处，用来集中解释需要注释的内容或标注文档中所引用的其他文档名称。在文档中，可以同时插入脚注和尾注来注释文本，也可以在文档中的任何位置添加脚注或尾注进行注释。默认设置下，Word 在同一文档中对脚注和尾注采用不同的编号方案。

在 Word 文档中，脚注和尾注的插入、修改或编辑方法完全相同，区别在于它们出现的位置不同。接下来以脚注为例介绍其相关操作，尾注的操作方法与此类似。

#### 1. 插入及修改脚注

插入脚注的具体操作步骤如下：

（1）将光标移到要插入脚注的文本位置，在"引用"选项卡的"脚注"组中，单击"插入脚注"按钮，此时即可在选择的位置看到脚注标记。

（2）在页面下方的光标闪烁处输入注释内容，即可实现脚注的插入操作。插入第 1 个脚注后，可按相同操作方法插入多个脚注，并实现脚注的自动编号。如图 1.10 所示，插入了两个脚注。

图 1.10　插入脚注

修改脚注的具体操作步骤：

将光标定位在要修改的脚注内容处，即可直接进行修改。也可在两个脚注之间插入新的脚注，编号将自动更新。

2. 修改或删除脚注分隔符

在 Word 文档中，用一条短横线将文档正文与脚注分隔开，这条线称为"注释分隔符"，可对其进行修改或删除。

具体操作步骤如下：

（1）在 Word 窗口下面的状态栏，单击右侧的"草稿"视图按钮，将文档视图切换到草稿视图。

（2）在"引用"选项卡的"脚注"组中，单击"显示备注"按钮，在文档正文的下方将出现如图 1.11 所示的操作界面。

图 1.11　修改或编辑脚注

（3）单击脚注右侧的下拉按钮，选择列表框中的"脚注分隔符"或"脚注延续分隔符"，即可对出现的分隔符进行修改。如果要删除分隔符，则按【Delete】键即可进行删除。

操作完成后，单击状态栏右侧的"页面"视图按钮，将文档视图切换到页面视图，可查看操作后的效果。

3. 脚注与尾注的相互转换

脚注与尾注之间可以进行相互转换，具体操作步骤如下：

（1）将光标移到某个要转换的脚注注释内容处，右键单击，在弹出的快捷菜单中选择"转换至尾注"命令，即可实现脚注到尾注的转换操作。

（2）将光标移动某个要转换的尾注注释内容处，右键单击，在弹出的快捷菜单中选择"转换至脚注"命令，即可实现尾注到脚注的转换操作。

此外，还可以利用"脚注和尾注"对话框来实现脚注与尾注的插入、修改及相互转换操作。具体操作步骤如下：

（1）在"引用"选项卡的"脚注"组中，单击右下角的对话框启动器按钮，弹出"脚注和尾注"对话框，如图 1.12 所示，可以插入脚注或尾注，还可设定各种格式。

（2）单击"转换"按钮，将出现如图 1.13 所示的对话框，可实现脚注和尾注之间的相互转换。

图 1.12　"脚注和尾注"对话框

图 1.13　转换注释

### 1.1.4　题注和交叉引用

题注是添加到表格、图表、公式或其他项目上的名称和编号标签。使用题注可以使文档中的项目更有条理，从而便于阅读和查找。

交叉引用是指在文档的一个位置引用文档另一个位置的内容，类似于超链接，只不过交叉引用一般是在同一文档中相互引用。

**1. 题注**

在 Word 2010 中，可以在插入表格、图表、公式或其他项目时自动添加题注，也可以为已有的表格、图表、公式或其他项目添加题注。

1）自动添加题注

在打开的文档中，当设置好题注格式后，在添加图表、公式或其他项目时将自动添加题注。具体操作步骤如下：

（1）在"引用"选项卡的"题注"组中，单击"插入题注"按钮，弹出"题注"对话框。

（2）单击"自动插入题注"按钮，弹出"自动插入题注"对话框，如图 1.14 所示。

（3）在"插入时添加题注"列表框中选择

图 1.14　"自动插入题注"对话框

自动插入题注的项目。在"使用标签"下拉列表框中选择标签类型。在"位置"下拉列表框中选择题注相对于项目的位置。如果要新建标签，则单击"新建标签"按钮，在弹出的"新建标签"对话框中输入新标签名称。单击"编号"按钮，可以在弹出的"题注编号"对话框中设置编号格式。

（4）单击"确定"按钮，完成自动添加题注的操作。

2）为已有项目添加题注

具体操作步骤如下：

（1）在文档中选定想要添加题注的项目，如图片（若图片下方已有对图片的题注内容，就将光标定位在内容的左侧），在"引用"选项卡的"题注"组中，单击"插入题注"按钮，弹出"题注"对话框，如图1.15所示。

（2）在"标签"下拉列表框中选择一个标签，如图表、表格、公式等。若要新建标签，可单击"新建标签"按钮，在弹出的"新建标签"对话框中输入要使用的标签名称，如图、表等。单击"确定"按钮，即可建立一个新的题注标签。

（3）单击"编号"按钮，在弹出的"题注编号"对话框中可以设置编号格式，也可以将编号和文档的章节序号联系起来。单击"确定"按钮，返回"题注"对话框。

（4）单击"确定"按钮，即可添加题注。

图1.15 "题注"对话框

说明：

如果在"题注"对话框中单击"删除标签"按钮，则将选中的标签从"题注"的下拉列表中删除。

## 2. 交叉引用

在 Word 2010 中，可以在多个不同的位置使用同一个引用源的内容，这称为交叉引用。建立交叉引用，实际上就是在要插入引用内容的位置建立一个域，当引用源发生改变时，交叉引用的域将自动更新。创建的交叉引用仅可引用同一文档中的项目，且项目必须已经存在。若要引用其他文档中的项目，则应先将相应文档合并到主控文档中。在 Word 2010 中，可以为标题、脚注、书签、题注、编号段落等创建交叉引用，在此以创建的题注为例来介绍交叉引用。

1）创建交叉引用

创建交叉引用的具体操作步骤如下：

（1）移动光标到要创建交叉引用的位置，在"引用"选项卡的"题注"组中，单击"交叉引用"按钮，弹出"交叉引用"对话框，如图1.16所示。

（2）在"引用类型"下拉列表中选择要引用的项目类型，如选择"图"选项。在"引用内容"下拉列表中选择要插入的信息内容，如整项题注、只有标签和标号、只有题注文字等。在此选择"只有标签和标号"。在"引用哪一个题注"列表框中选择要引用的标题，然后单击"插入"按钮。

图 1.16 "交叉引用"对话框

（3）选定的题注将自动添加到文档中，按照步骤（2）可继续选择其他题注。选择完成后，单击"关闭"按钮，完成交叉引用的创建操作。

2）更新交叉引用

当文档中被引用的项目发生了变化（如添加、删除或移动了题注），交叉引用应随之改变，这称为交叉引用的更新。在 Word 2010 中，可以更新一个或多个交叉引用。具体操作步骤如下：

（1）若要更新单个交叉引用，则选中该交叉引用；若要更新文档中所有的交叉引用，则选中整篇文档。

（2）右键单击所选内容，在弹出的快捷菜单中选择"更新域"命令，即可实现单个或所有交叉引用的更新。

此外，也可以选定要更新的交叉引用或整篇文档，按【F9】快捷键，实现交叉引用的更新。

## 1.2　页面设计

### 1.2.1　视图方式

视图是指文档的显示方式。在不同的视图方式下，文档中的某部分内容将突出显示，这有助于更有效地编辑文档。此外，Word 还提供了其他辅助工具，有助于用户编辑和排版文档。

1．视图操作

Word 2010 提供了页面视图、阅读版式视图、Web 版式视图、大纲视图和草稿视图等 5 种视图显示方式。这 5 种视图之间可以很方便地相互转换。在"视图"选项卡的"文档视图"组中单击某种视图方式，或在 Word 窗口右下角的文档视图控制按钮区域单击某个视图按钮，即可使当前文档进入相应视图显示方式。

1）页面视图

页面视图是 Word 最基本的视图方式，也是 Word 的默认视图方式，用于显示文档打印的外观，与打印效果完全相同。在该视图方式下，可以看到页面边界、分栏、页眉和页脚的实际打印位置，可以实现对文档的各种排版操作，具有"所见即所得"的显示效果。

2）阅读版式视图

阅读版式视图以图书的分栏样式显示文档内容，将文件按钮、功能区等窗口元素隐藏。

在阅读版式视图中，用户还可以单击"工具"按钮选择各种阅读工具，如图1.17所示。

3）Web版式视图

Web版式视图以网页的形式显示文档内容，其外观与在Web或Intranet上发布时的外观一致。在Web版式视图中，还可以看到背景、自选图形和其他在Web文档及屏幕上查看文档时常用的效果。Web版式视图适用于发送电子邮件和创建网页。

2. 辅助工具

Word 2010提供了许多辅助工具，如标尺、文档结构图、显示比例等，有助于编辑和排版文档。

图1.17  "工具"下拉列表

1）标尺

标尺用来设置测量或对齐文档中的对象，作为字体大小、行间距等的参考。标尺上有明暗分界线，可以作为设置页边距、分栏的栏宽、表格的行和高等的快速调整。当选中表格中部分内容时，标尺上会显示分界线，手动即可调整。手动调整时，按住【Alt】键，可以实现微调。Word 2010中的标尺默认是隐藏的，其打开方式有以下三种：

（1）在"视图"选项卡的"显示"组中，选中"标尺"复选框。
（2）单击文档右侧上下滚动条顶端的"标尺"按钮，文档即可显示标尺。
（3）移动光标到工作区上端的灰色区域处，停留几秒，文档即可显示标尺。移动到其他工作区位置，标尺将再次隐藏。

2）文档结构图

文档结构图也就是文档的导航窗格，由联机版式视图发展而来，它在文档中一个单独的窗格中显示文档标题，使文档结构一目了然。也可以单击标题、页面或通过搜索文本或对象来进行导航。在"视图"选项卡的"显示"组中，选中"导航窗格"复选框，即可打开导航窗格，如图1.18所示。单击文档结构图中的某级标题，在右边的文档中就会显示所对应的内容。通过单击按钮向上或向下，可实现向上或向下移动一个标题位置。利用文档页面导航，可查看每页的缩略图并快捷定位相应页。利用导航窗格中的"搜索栏"，可以快速查找文本、对象。

3）显示比例

为了便于浏览文档内容，可以缩小或者放大屏幕上的字体和图形，且不会影响文档的实际打印效果，这项操作可以通过调整"显示比例"来实现。其操作方法主要有以下两种：

（1）在"视图"选项卡的"显示比例"组中，单击"显示比例"按钮，弹出图1.19所示的对话框，可以根据自己的需要来选择（或设置）文档的显示比例。单击窗口下面状态栏右侧的显示比例按钮"100%"，也会弹出"显示比例"对话框。

（2）通过单击状态栏右侧的"显示比例"滑动按钮中的"＋""－"或滑块，可实现文档的放大或缩小。

图1.18 导航窗格

图1.19 "显示比例"对话框

## 1.2.2 分隔符

有时根据排版的要求,需要在文档中人工插入分隔符,实现分页、分栏及分节。

### 1. 分页符

在Word 2010中编辑文档时,系统会自动分页。如果要从文档某个位置开始,之后的文档内容在下一页出现,则可通过插入分页符在指定位置进行强制分页。操作方法:将光标定位在要分页的位置,在"页面布局"选项卡的"页面设置"组中,单击"分隔符"按钮,在弹出的列表中选择"分页符"命令。操作完成后,光标后面的文档内容将自动在下一页中出现。此外,按【Ctrl + Enter】组合键也可以实现分页操作。

分页符为一行虚线,若看不见分页符,则在"开始"选项卡的"段落"组中,单击"显示/隐藏编辑标记"按钮,即可显示分页符标记。若要删除分页符,则单击分页符,按【Delete】键即可删除。

### 2. 分栏符

在Word 2010中,分栏用来实现在一页上以两栏或多栏方式显示文档内容,广泛应用于报纸和杂志的排版编辑中。在分栏的外观设置上,Word具有很大的灵活性,可以控制栏数、栏宽以及栏间距,还可以很方便地设置分栏长度。

具体操作步骤如下:

(1) 选中要分栏的文本,在"页面布局"选项卡的"页面设置"组中,单击"分栏"按钮,在展开的列表框中选择一种分栏方式。

(2) 使用"分栏"按钮只可设置小于4栏的文档分栏,单击列表下方的"更多分栏"

按钮,将弹出"分栏"对话框,如图 1.20 所示。

(3)在对话框中,可设置栏数、栏宽、分隔线、应用范围等。设置完成后,单击"确定"按钮,即可完成分栏操作。如图 1.21 所示,将选中的段落设置为两栏形式。

3. 分节符

为了实现对同一篇文档中不同部分的文本进行不同的格式化操作,可以将整篇文档分成多节。节是文档格式化的最大单位,只有在不同的节中,才可以设置与前面文本不同的页眉页脚、页边距、页面方向、文字方向或版式等格式。插入分节符的具体操作步骤如下:

图 1.20　"分栏"对话框

(1)将光标定位在需要插入分节符的位置,在"页面布局"选项卡的"页面设置"组中,单击"分隔符"按钮,将出现一个列表,如图 1.22 所示。

图 1.21　分栏设置结果

(2)在列表中的分节符区域中选择分节符类型(如"下一页")。分节符类型有:
- 下一页:表示分节符后的文本从新的一页开始。
- 连续:新节与其前面一节同处于当前页。
- 偶数页:新节中的文本显示或打印在下一偶数页上。如果该分节符已经在一个偶数页上,则其接下来的奇数页为一空页,对于普通的书籍就是从左手页开始的。
- 奇数页:新节中的文本显示或打印在下一奇数页上。如果该分节符已经在一个奇数页上,则其下面的偶数页为一空页,对于普通的书籍就是从右手页开始的。

设置完成后，即可在光标处插入一个分节符，并将分节符后面的内容显示在下一页中。如图 1.23 所示。

图 1.22  分节符列表　　　　　　　图 1.23  插入分节符操作结果

## 1.2.3  页眉和页脚

页眉和页脚分别位于每页的顶部和底部，用来显示文档的附加信息，包括文档名、作者名、章节名、页码、日期时间、图片及其他一些域。可以将文档首页或页脚设置成与其他页不同的形式，也可以对奇数页和偶数页设置不同的页眉和页脚。

**1. 添加页眉和页脚**

要想添加页眉和页脚，只需在某一个页眉或页脚中输入要放置在页眉或页脚的内容即可，Word 会自动把它们添加到每一页。

具体操作步骤如下：

（1）在"插入"选项卡的"页眉和页脚"组中，单击"页眉"按钮，在展开的列表框中选择内置的页眉样式。如果不使用内置样式，则单击"编辑页眉"选项，即可直接进入页眉编辑状态。

（2）进入"页眉和页脚"编辑状态后，会同时显示"页眉和页脚工具设计"（以下简称"设计"）选项卡，在页眉处直接输入内容即可。

（3）单击"导航"组中的"转到页脚"按钮，将光标将定位到页脚框内，可以直接输入页脚内容。也可以单击"页眉和页脚"组中的"页脚"按钮，在展开的列表框中选择内置的页脚样式。

（4）输入页眉和页脚内容后，单击"关闭"组中的"关闭页眉和页脚"按钮，则返回文档正文原来的视图模式。

**说明：**

退出"页眉和页脚"编辑环境，也可以通过在文档正文任意处双击来实现。

### 2. 设置首页不同或奇偶页不同的页眉和页脚

有些文档的首页没有页眉和页脚，是因为设置了首页不同的页眉和页脚；有些文档中要求对奇数页和偶数页设置各自不同的页眉或页脚，如在奇数页使用章标题，在偶数页上使用节标题。

具体操作步骤如下：

（1）如果文档中没有设置页眉和页脚，按上述步骤即可进入页眉和页脚编辑环境。若文档已有页眉，则在文档的页眉处双击，即可打开"设计"选项卡，同时显示页眉和页脚。

（2）选中"选项"组中的"首页不同"和"奇偶页不同"复选框。将光标分别移到首页处、奇数页、偶数页的页眉和页脚处，然后编辑其内容。

（3）单击"关闭"按钮，即可退出页眉和页脚编辑环境，完成首页不同或奇偶页不同的页眉和页脚设置。

### 3. 页码

在 Word 文档中，页码是一种内容简单但使用得最多的文档内容。加入页码后，Word 可以自动而迅速地编排和更新页码。在 Word 2010 中，页码可以放在页面顶端（页眉）、页面底端（页脚）、页边距或当前位置处，通常放在文档的页眉或页脚中。

具体操作步骤如下：

（1）在"插入"选项卡的"页眉和页脚"组中，则单击"页码"按钮，并展开下拉列表框，如图 1.24 所示。

（2）在弹出的下拉列表框中，可以从"页面顶端""页面底端""页边距""当前位置"选项组下选择页码放置的样式。如选择"页面底端"选项组下的"普通数字 1"选项。

（3）在"页眉页脚工具设计"选项卡的"页眉页脚"组中，单击"页码"按钮，在弹出的下拉列表中选择"设置页码格式"选项，弹出"页码格式"对话框，如图 1.25 所示，可以对插入的页码进行修改。

图 1.24 "页码"下拉列表

图 1.25 "页码格式"对话框

（4）在"编号格式"下拉列表框中选择编号的格式，在"页码编号"选项组下可以选择"续前节"或"起始页码"单选框。

（5）单击"确定"按钮，即可在文档中插入页码。在"设计"选项卡的"位置"组中，单击"插入对齐方式"选项卡,弹出"对齐制表位"对话框,可用来设置页码的对齐方式。也可以单击"开始"选项卡下"段落"组中的"对齐"按钮,实现页码对齐方式的设置。

(6) 单击"关闭页眉和页脚"按钮,退出页眉页脚状态。

用户可以双击页眉或页脚进入页眉页脚编辑环境,然后在"设计"选项卡的"页眉和页脚"组中单击"页码"按钮,即可插入页码。

2) 删除页码

单击"页码"按钮的下拉列表框中的"删除页码",可将页码删除。文档首页页码不同,或者奇偶页的页眉或页脚不同,需要将光标分别定位在相应的页面中,再删除页码。也可以在页眉或页脚编辑环境选中要删除的页码,按【Delete】键,即可实现删除。

### 1.2.4 页面设置

页面设置包括纸张大小、页边距、文档网络和版面等。新建文档时,Word 对页面格式进行了默认设置。用户可以根据自己需要随时进行更改,页面设置可以在输入文档之前,也可以在输入的过程中,或在输入文档之后进行。

1. 页边距

页边距是指页面四周的空白区域。通俗理解就是页面的边线到文字的距离。设置页边距,包括调整上、下、左、右边距以及页眉和页脚边界的距离。

具体操作步骤如下:

(1) 在"页面布局"选项卡的"页面设置"组中,单击"页边距"按钮,会弹出下拉列表框,如图 1.26 所示,移动鼠标选择需要调整的页边距样式。

若列表框中没有所需要的样式,则单击列表框最下面的"自定义边距"按钮,或单击"页面设置"组右下角的"页面设置"对话框按钮,打开"页面设置"对话框,如图 1.27 所示。

图 1.26 "页面设置"列表框

图 1.27 "页面设置"对话框

（2）根据实际需要，可以设置页边距的上、下、左、右边距、纸张方向、页码范围及应用范围。

（3）单击"确定"按钮，完成页边距的设置。

2. 版式

版式也就是版面格式，包括节、页眉页脚、版心和周围空白的尺寸等项的设置。

设置版式的具体操作步骤如下：

（1）在"页面布局"选项卡的"页面设置"组中，单击右下角的对话框启动器按钮，打开"页面设置"对话框，单击"版式"标签。

（2）在对话框中可以设置"节的起始位置""首页不同或奇偶页不同""页眉页脚边距""对齐方式"。

（3）单击"行号"按钮，可打开"行号"对话框，如图 1.28 所示。选中"添加行号"复选框，单击"确定"按钮，返回"页面设置"对话框。

（4）单击"边框"按钮，可打开"边框和底纹"对话框，可用于设置页面边框，单击"确定"按钮即可返回。

（5）单击"确定"按钮，完成文档的版式设置。

3. 文档网络

文档网络可以实现文字排列方向、页面网格、每页行数、每行字数等的设置。

具体操作步骤如下：

（1）在"页面布局"选项卡的"页面设置"组中，单击右下角的对话框启动器按钮，打开"页面设置"对话框，单击"文档网络"标签。

图 1.28　"行号"对话框

（2）根据实际需要，在对话框中可以设置文字排列方向、栏数，网格的类型，每面的行数、每行的字数、应用范围等。

（3）单击"绘制网络"按钮，打开"绘制网络"对话框，设置文档网格格式。单击"确定"按钮，返回"页面设置"对话框。

（4）单击"字体设置"按钮，打开"字体"对话框，可用于设置文档的字体格式。单击"确定"按钮，返回"页面设置"对话框。

（5）单击"确定"按钮，完成文档网络的设置。

## 1.2.5　目录和索引

目录是 Word 文档中各级标题以及每个标题所在的页码的列表，通过目录可以实现文档内容的快速浏览。此外，Word 中的目录操作主要包括标题目录、图表目录和引文目录的创建及其修改。

索引是将文档中的字、词、短语等单独列出来，注明其出处和页码，根据需要按一定的检索方法编排，以方便读者快速地查阅有关内容。

1. 目录

Word 具有自动编制各级标题目录的功能。编制目录后,只要按住【Ctrl】键,单击目录中的某个条目或页码,就可以自动跳转到其对应的标题。目录的操作主要涉及目录的创建、修改、更新及删除。

1) 创建目录

创建目录的具体操作步骤如下:

(1) 打开已经预定义好各级标题样式的文档。将光标定位在要建立目录的位置(一般在文档的开头),在"引用"选项卡"目录"组中,单击"目录"按钮,将展开一个列表框,可以选择其中的一种目录样式。也可以单击"插入目录"按钮,打开"目录"对话框,如图 1.29 所示。

图 1.29 "目录"对话框

(2) 在弹出的对话框中,可以确定目录显示的格式及级别,如设置"显示页码""页码右对齐""制表符前导符""格式""显示级别"等对象。

(3) 单击"确定"按钮,完成创建目录的操作,效果如图 1.30 所示。

2) 修改目录

修改目录的具体操作步骤如下:

(1) 在"引用"选项卡的"目录"组中,单击"目录"按钮,在弹出的下拉列表中选择"插入目录"命令,打开"目录"对话框,如图 1.28 所示。

(2) 按照实际需要,修改相应的选项。单击"选项"按钮,弹出"选项"对话框,选择目录标题显示的级别,默认为三级。单击"确定"按钮,返回"目录"对话框。

图 1.30 插入目录的效果

（3）单击"修改"按钮，弹出"修改"对话框，如果要修改某级目录格式，则可选择该级目录，单击"修改"按钮，在弹出的"修改格式"对话框中，根据需要修改该级目录格式，单击"确定"按钮返回，然后单击"确定"按钮，返回"目录"对话框。

（4）单击"确定"按钮，系统将弹出一个是否替换目录的信息提示框，单击"是"按钮，完成修改目录的操作。

3）删除目录

删除目录的操作方法：在"引用"选项卡的"目录"组中，单击"目录"按钮，在弹出的下拉列表中选择"删除目录"命令即可。或者，在文档中选中整个目录，按【Delete】键，即可进行删除。

2. 图表目录

图表目录是对 Word 文档中的图、表、公式等对象编制的目录。对这些对象编制了目录后，只要按住【Ctrl】键，单击图表目录中的某个条目或页码，就可以跳转到其对应的对象。图表目录的操作主要涉及目录的创建、修改、更新及删除。

创建图表目录的具体操作步骤如下：

（1）打开已经对文档中的图、表或公式创建了题注的文档。将光标定位在要建立图表目录的位置，在"引用"选项卡的"题注"组中，单击"插入表目录"按钮，弹出"图表目录"对话框，如图 1.31 所示。

（2）单击"题注标签"右边的下拉按钮，在弹出的下拉列表中选择相应的题注对象，可实现对文档中图、表或公式题注的选择。

图 1.31 "图表目录"对话框

（3）在"图表目录"对话框中，还可以对其他选项进行设置，如"显示页码""页码右对齐""格式"等，与在"目录"对话框的设置方法类似。

（4）单击"选项"按钮，在弹出的"选项"对话框中可对图表目录标题的来源进行设置，单击"确定"按钮返回"图表目录"对话框。

（5）单击"修改"按钮，会弹出"样式"对话框，可对图表目录的样式格式进行修改，单击"确定"按钮返回"图表目录"对话框。

（6）单击"确定"按钮，完成图表目录的创建，效果如图 1.32 所示。

图 1.32 图表目录的创建效果

3. 索引

索引是将文档中的专用术语、缩写和简称、同义词及相关短语等对象按一定次序分条排列。索引的操作主要包括标记索引项、编制索引目录、索引更新及索引删除。

1）标记索引项

在创建索引前，要在文档中标记索引项。索引项可以是来自文档中的文本，也可以与文本有特定的关系，如其同义词。索引标记可以是文档中的一处，也可以是文档中相同内容的全部。

具体操作步骤如下：

（1）将光标定位在要添加索引的位置，或选中要创建索引项的文本。在"引用"选项卡的"索引"组中，单击"标记索引项"按钮，弹出"标记索引项"对话框，如图1.33所示。

图1.33 "标记索引项"对话框

（2）在"索引"选项组中的"主索引项"文本框中，输入要作为索引的内容，在文本框中单击右键，在弹出的快捷菜单中选择"字体"，会弹出"字体"对话框，即可对索引内容进行格式设置。在"选项"组中选中"当前页"单选框，还可以设置页码格式，如加粗、倾斜。

（3）单击"标记"按钮，将在光标位置（或选中的文本）后出现索引区域"｛XE"××"｝"。单击"标记全部"按钮，将对文档中所有与主索引文本框中内容相同的文本进行索引标记。

2）创建索引目录

Word以XE域的形式来插入索引项的标记，在标记索引项后，将默认显示索引标记。由于索引标记在文档中占用文档空间，因此在创建索引目录前应将其隐藏。在"开始"选项卡的"段落"组中，单击"显示/隐藏编辑标记"按钮，即可实现索引标记的隐藏或显示。

图1.34 "索引"对话框

具体操作步骤如下：

（1）将光标定位在要添加索引目录的位置，在"引用"选项卡的"索引"组中，单击"插入索引"按钮，弹出"索引"对话框，如图1.34所示。

（2）根据实际需要，可以设置"类型""栏数""页码右对齐""格式"等选项。设置完成后，单击"确定"按钮，在光标处将自动插入索引目录。

3）索引更新

更改了索引项或索引项所在的页码发生改变后，应及时更新索引，其操作方法与目录更新类似。选中索引，在

"引用"选项卡的"索引"组中,单击"更新索引"按钮,或者按【F9】快捷键,即可实现。也可以在文档中单击右键,在弹出的快捷菜单中选择"更新域"命令,即可实现索引更新。

4) 索引删除

选中整个索引项域(包括括号" {} "),然后按【Delete】键,即可删除索引标记。如果看不到索引域,可在"开始"选项卡的"段落"组中,单击"显示/隐藏编辑标记"按钮,实现索引标记的显示。

4. 引文目录

引文目录是将文档中的专用术语、缩写和简称、同义词及相关短语等对象按类别次序分条排列,以方便读者快速查找。引文目录的操作主要包括标记引文、编制引文目录、索引更新及索引删除,其操作方法类似于索引操作。

1) 标记引文

在创建引文目录前,要在文档中标记引文,引文项可以来自文档中的任意文本。引文标记可以是文档中的一处对象,也可以是文档中相同内容的全部。

具体操作步骤如下:

(1) 选中要创建标记引文的文本。在"引用"选项卡的"引文目录"组中,单击"标记引文"按钮,弹出"标记引文"对话框,如图 1.35 所示。

(2) 在"所选文字"列表框中将显示选中的文本,在"类别"下拉列表框选择引文的类别,主要有"事例""法规""其他引文""规则""协议"或"规章"。在

图 1.35 "标记引文"对话框

"短引文"文本框中输入引文的简称,或在列表框中选择现有引文,"长引文"文本框将自动出现引文。

(3) 单击"标记"按钮,即可在选中的文本后面出现引文区域" {TA \s "×××"} "。单击"标记全部"按钮,将实现将文档中所有与选中内容相同的文本进行引文标记。

(4) 单击"关闭"按钮,完成标记引文操作。

2) 引文目录

Word 以 TA 域的形式来插入引文项的标记,在标记引文项后,将默认显示引文标记。由于引文标记在文档中占用文档空间,因此在创建引文目录前应将其隐藏。在"开始"选项卡的"段落"组中,单击"显示/隐藏编辑标记"按钮,即可实现引文标记的隐藏或显示。

具体操作步骤如下:

(1) 将光标定位在要添加引文目录的位置,在"引用"选项卡的"引文目录"组中,单击"插入引文目录"按钮,弹出"引文目录"对话框,如图 1.36 所示。

(2) 根据实际需要,可以设置"类别""使用'各处'""保留原格式""格式"等选项。

设置完成后,单击"确定"按钮,在光标处将自动插入引文目录,效果如图 1.37 所示。

图 1.36 "引文目录"对话框

图 1.37 引文目录的创建效果

3) 引文目录更新

更改了引文项或引文项所在的页码发生改变后,应及时更新引文目录,其操作方法与目录更新类似。选中引文,在"引用"选项卡的"引文目录"组中,单击"更新引文"按钮,或者按【F9】快捷键实现,也可以在文档中单击右键,在弹出的快捷菜单中选择"更新域"命令,即可实现引文更新。

4) 引文目录删除

选中整个引文项域(包括括号"{}"),然后按【Delete】键,即可实现引文标记的删除。如果看不到引文域,可在"开始"选项卡的"段落"组中,单击"显示/隐藏编辑标记"按钮,实现引文标记的显示。

5. 书签

书签是一种虚拟标记,主要用于快速定位到特定位置,或者引用同一文档(也可以是不同文档)中的特定文字。在 Word 文档中,文本、段落、图形、图片、标题等都可以添加书签。

1) 添加和显示书签

操作方法:在文档中选择要添加书签的文本,在"插入"选项卡的"链接"组中,单击"书签"按钮,将弹出"书签"对话框,在"书签名"文本框中输入新书签名,单击"添加"按钮,即可完成对所选文本添加书签的操作。

2) 定位及删除书签

在文档中添加了书签后,打开"书签"对话框,可以看到已经添加的书签。使用"书签"对话框可以快捷定位(或删除)添加的书签。

3) 引用书签

在 Word 文档中添加了书签后,可以引用书签的位置建立超链接及交叉引用。

具体操作步骤如下:

(1) 建立超链接。选择要建立超链接的对象(如文本、图像等),在"插入"选项卡的"链接"组中,单击"超链接"按钮,将弹出"插入超链接"对话框。或者单击右键,在弹出的快捷菜单中选择"超链接"命令,也将弹出"插入超链接"对话框。在对话框中的右侧单击"书签"按钮,弹出"在文档中选择位置"对话框,如图 1.38 所示。选择"书签"标记下面的某个书签名,单击"确定"按钮,返回"插入超链接"对话框。然后,单击"确定"按钮,即可为选择的对象建立超链接。

图 1.38 "在文档中选择位置"对话框

（2）建立交叉引用。首先在文档中确定建立交叉引用的位置，然后在"插入"选项卡的"链接"组中，单击"交叉引用"按钮，将弹出"交叉引用"对话框，如图1.39所示。也可以在"引用"选项卡的"题注"组中，单击"交叉引用"按钮，也会弹出"交叉引用"对话框。在"引用类型"下拉列表框中选择"书签"选项，在"引用内容"下拉列表框中选择"书签文字"选项，在"引用哪一个书签"列表框中选择某个书签，单击"插入"按钮，即可在选定位置建立交叉引用。

图1.39 "交叉引用"对话框

## 1.3 图文混排与表格应用

### 1.3.1 图文混排

在 Word 2010 中，对于添加到文档中的图片，除了通过简单的复制操作外，系统在"插入"选项卡中提供了6种方式插入插图——图片、剪贴画、形状、SmartArt、图表和屏幕截图，这6种方式位于"插入"选项卡的"插图"组中，如图1.40所示。

图1.40 "插入"选项卡的"插图"组

1．插图

在图1.40所示的"插图"组功能按钮中，图片、剪贴画、形状和图表在 Word 以往版本中就已经详细介绍并广泛应用，在 Word 2010 中，这些功能按钮只是在界面和样式的显示方面进行了改进，操作方法非常类似，在此不再赘述。以下主要介绍 SmartArt 和屏幕截图。

1）SmartArt 图形

（1）SmartArt "设计"和"格式"选项卡。当插入一个 SmartArt 图形后，系统将自动显示 SmartArt 的"设计"选项卡（图 1.41）和"格式"选项卡（图 1.42），并自动切换到"设计"选项卡。

图 1.41 "SmarArt – 设计"选项卡

图 1.42 "SmarArt – 格式"选项卡

（2）添加与删除形状。当默认的结构不能满足需要时，可以在指定的位置添加形状，也可以将指定位置处的形状删除。

① 调整整个 SmartArt 图形或其中一个分支的布局：选中要更改的形状，单击"创建图形"组中的"布局"按钮，在弹出的列表框中选择一种布局选项即可。

② 更改某个开关的级别或位置：选中要更改级别的形状，单击"创建图形"组中的降级、升级、上移、下移按钮来实现。

③ 删除形状：选中要删除的形状，按【Delete】键即可。

（3）设置 SmartArt 布局和样式。这里是指对整个 SmartArt 图形进行布局和样式的设置，可通过在 SmartArt 图形的绘图画布上单击 SmartArt 图形来选中。

① 更改布局：在"设计"选项卡的"布局"组中，单击"布局"列表右侧的"其他"按钮，在弹出的下拉列表中选择需要的布局类型。如果列表中没有满足条件的布局选项，可以单击"其他布局"选项，在弹出的"选择 SmartArt 图形"对话框中选择需要的布局样式，如图 1.43 所示。

② 更改 SmartArt 图形样式：在"设计"选项卡的"SmartArt 样式"列表中，选择需要的外观样式。用户还可以单击"SmartArt 样式"列表右侧的"其他"按钮，在弹出的"SmartArt 样式"下拉列表中选择需要的外观样式，即可更改 SmartArt 图形的外观，如图 1.44 所示。

③ 更改 SmartArt 图形颜色：在"设计"选项卡的"SmartArt 样式"组中，单击"更改

颜色"按钮，在弹出的下拉列表框中单击理想的颜色选项，即可更改 SmartArt 图形颜色。

图 1.43　"选择 SmartArt 图形"对话框

图 1.44　"SmartArt 样式"下拉列表

2）屏幕截图

操作系统提供了将整个屏幕或当前窗口进行复制的操作方法。按【PrtSc SysRq】键，可将整个屏幕图像复制到"剪贴板"中；按【Alt + PrtSc SysRq】组合键，可将当前活动窗口图像复制到"剪贴板"中。在 Word 2010 中，专门提供了屏幕截图工具，可以实现将任何未最小化到任务栏的程序的窗口图片插入文档，也可以插入屏幕上的任何部分图片。

插入屏幕上的任何部分图片的操作方法：将光标移到文档中要插入图片的位置，在"插入"选项卡的"插图"组中，单击"屏幕截图"按钮，弹出"可用视窗"窗口，单击"屏幕剪辑"选项。此时，"可用视窗"窗口中的第一个屏幕被激活且成模糊状。在模糊前，会停顿 1~2 秒，这期间允许用户作一些操作，在模糊状后，光标变成一个粗"十"字形状，拖动鼠标可以剪辑图片的大小，松开鼠标后，将在光标处自动插入图片。

2. 编辑图形图片

Word 2010 在"插入"选项卡中提供了 6 种方式插入各种图形图片。其中，插入的"形状"图片默认"浮于文字上方",其他均以嵌入方式插入文档。根据用户需要,可以对这些插入的图形图片进行编辑操作。

1)设置文字环绕方式

文字环绕方式是指插入图片后,图片与文字的环绕关系。Word 提供了 7 种文字环绕方式——嵌入型、四周型、紧密型、穿越型、上下型、浮于文字上方、衬于文字下方。操作方法:选择图形(或图片),在"图片工具-格式"选项卡的"排列"组中,单击"自动换行"按钮,在弹出的下拉列表框中选择某种环绕方式即可。也可以右键单击要设置环绕方式的图形(或图片),在弹出的快捷菜单中选择"其他布局选项"或"大小和位置"命令,在弹出的"布局"对话框中单击"文字环绕"选项卡,可选择其中的某种文字环绕方式。

2)设置大小

打开"布局"对话框,在"大小"选项卡中可对图形图片的高度和宽度进行精确设置。也可以右键单击要设置大小的图形或图片,在弹出的快捷菜单中选择"其他布局选项"或"大小和位置"命令,弹出"布局"对话框,在"大小"选项卡进行设置。如果不选中"锁定纵横比"复选框,就可以实现高度和宽度不同比例的设置。

3)调整图片效果

右键单击图片,在弹出的快捷菜单中选择"设置图片格式"命令,在弹出的"设置图片格式"对话框中,可以根据实际需要进行各种格式设置,调整图片效果。

### 1.3.2 表格应用

Word 2010 提供了方便、快速的创建和编辑表格功能,还能够为表格内容添加格式以便美化表格,利用 Word 提供的工具,可以制作出各种各样符合要求的表格。

1. 插入表格

在 Word 2010 中,系统在"插入"选项卡的"表格"组中的"表格"下拉列表框中,提供了 6 种插入表格的方式——表格、插入表格、绘制表格、文本转换成表格、Excel 电子表格和快速表格,用户可根据实际需要选择一种方式在文档中插入表格。

2. 编辑表格

在建立表格后,就可以向表格中输入数据,还可以对生成的表格进行各种编辑操作,Word 2010 提供了表格操作的各项功能。将光标移到表格中的任何单元格或选中整个表格,工具栏将自动显示表格的"设计"和"布局"选项卡,如图 1.45 所示。

图 1.45　Word 2010 的表格工具

"设计"选项卡提供了对选中的表格部分或整个表格的格式设计，主要包括表格样式、边框样式、底纹样式、表格线的绘制与擦除等方面的操作。

"布局"选项卡提供了对表格布局进行调整的功能，主要包括单元格、行和列的增加及删除，表格行高和列宽的设置，单元格的合并与拆分，对齐方式的设置，数据排序及计算等操作。

1）设置表格样式

Word 2010 自带了丰富的表格样式，表格样式中包含了预先设置好的表格字体、边框和底纹格式。

2）单元格的合并与拆分

除了常规的单元格合并与拆分方法外，还可以通过"设计"选项卡"绘图边框"组中的"擦除"和"绘制表格"工具来实现。在"设计"选项卡的"绘图边框"组中，单击"擦除"按钮，光标变成橡皮状，在要擦除的边框线上单击，即可删除表格线，实现两个单元格的合并。在"设计"选项卡的"绘图边框"组中，单击"绘制表格"按钮，光标变成铅笔状，在单元格内按住左键并拖动，此时将会出现一条虚线，松开左键即可插入一条表格线，实现单元格的拆分。此外，还可以设置线条的粗细及颜色。

3）表格的跨页

若表格放置的位置正好处于两页交界处，就称为表格跨页。对此，有两种处理方法：一种是允许表格跨页断行，即表格的一部分位于上一页，另一部分位于下一页，但只有一个标题（适用于较小的表格）；另一种是在每页的表格上都提供一个相同的标题，使之看起来仍是一个表格（适用于较大的表格）。后一种处理方法的操作：选中要设置的表格的标题（可以是多行），在"布局"选项卡的"数据"组中，单击"重复标题行"按钮，系统将自动在为分页而被拆开的表格中重复标题行信息。

4）"表格属性"对话框与"边框和底纹"对话框

利用表格工具提供的"设计"和"布局"选项卡，可以实现表格的各种编辑。此外，还可以利用"表格属性"对话框与"边框和底纹"对话框来实现相应的操作。在"布局"选项卡的"表"组中，单击"属性"按钮，弹出"表格属性"对话框，如图1.46所示；在"布局"选项卡"单元格大小"组中，单击右侧的"其他"按钮或右击表格任何区域，在弹出的快捷菜单中选择"表格属性"命令，也会弹出"表格属性"对话框。

"边框和底纹"对话框的打开方法有多种。在"表格属性"对话框的"表格"选项卡中，单击"边框和底纹"按钮可打开该对话框，如图1.47所示；在"设计"选项卡的"表格样式"组中，单击"边框"按钮或右击表格任何区域，在弹出的快捷菜单中选择"边框和底纹"命令，也会弹出"边框和底纹"对话框。

3. 表格数据处理

除了前面介绍的功能外，Word 2010 还可供了表格的其他功能，如表格的排序和计算。

1）表格排序

在 Word 中，可以按照递增或递减的顺序把表格中的内容按照笔画、数字、拼音及日期等方式进行排序，还可以根据表格多列的值进行排序。

图1.46 "表格属性"对话框

图1.47 "边框和底纹"对话框

(1) 将光标移到表格中的任意单元格中,或选中要排序的行或列,在"布局"选项卡的"数据"组中,单击"排序"按钮,整个表格将高亮显示,同时弹出"排序"对话框。

(2) 在"排序"对话框中,"主要关键字"下拉列表框用于选择排序的字段;"类型"下拉列表框用于选择排序的值的类型,如笔画、数字、拼音及日期等;"升序""降序"用于选择排序的顺序,默认为升序。

(3) 若需要对多字段排序,可在"次要关键字""第三关键字"下拉列表框中指定字段、类型及顺序。

(4) 单击"确定"按钮,完成排序。

**注意:**

要进行排序的表格中不能有合并后的单元格,否则无法进行排序。同时,在"排序"

对话框中，如果单击"有标题行"按钮，则排序时标题行不参与排序，否则，标题行参与排序。

2）表格计算

利用 Word 2010 提供的公式，可以对表格中的数据进行简单的计算，如加（+）、减（-）、乘（*）、除（/），求和、平均值、最大值、最小值、条件求值等。

（1）单元格引用。利用 Word 提供的函数，可进行一些复杂的数据计算。表格中的计算都是以单元格名称或区域进行的，称为单元格引用。在 Word 表格中，用英文字母（A、B、C、…）从左到右表示列，用数字（1、2、3、…）从上到下表示行。列号和行号组合在一起，称为单元格的名称。例如，A1 表示表格中第 1 列第 1 行的单元格。单元格的引用主要分为以下几种情况。

- B1：表示位于第 2 列第 1 行的单元格。
- B1，C2：表示 B1 和 C2 共 2 个单元格。
- A1: C2：表示以 A1 和 C2 为对角的矩形区域，包含 A1、A2、B1、B2、C1、C2 共 6 个单元格。
- 2: 2：表示整个第 2 行。
- E: E：表示整个第 5 列。
- SUM（A1: A5）：SUM 为求和函数，表示求 5 个单元格数据之和。
- AVERAGE（A1: A5）：AVERAGE 为求平均值函数，表示求 5 个单元格数据的平均值。

（2）利用公式进行计算。公式中的参数用单元格名称表示，但在进行计算时则提取单元格名称所对应的实际数据。例如，表 1.1 所示为学生成绩表，计算每个学生的总分及平均分。

表 1.1　学生成绩表

| 姓名 | 英语 | 计算机 | 高等数学 | 体育 | 大学物理 | 总分 | 平均分 |
|---|---|---|---|---|---|---|---|
| 杨成 | 69 | 80 | 85 | 93 | 89 | 416 | 83.2 |
| 郭武 | 85 | 96 | 74 | 86 | 82 | 423 | 84.6 |
| 李建 | 85 | 96 | 72 | 63 | 76 | 392 | 78.4 |
| 程文 | 89 | 96 | 74 | 85 | 93 | 437 | 87.4 |

具体操作步骤如下：

① 将光标置于"总分"单元格的下一个单元格中，在"布局"选项卡的"数据"组中，单击"公式"按钮，打开公式对话框。

② 在"公式"文本框中已经显示出了所需的公式"=SUM(LEFT)"，表示对光标左侧的所有单元格数据求和。根据光标所在的位置，公式括号中的参数还可能是右侧（RIGHT）、上面（ABOVE）或下面（BELOW），可根据需要进行选择。

③ 在"编号格式"下拉列表框中选择数字格式，如小数位数。如果出现的函数不是所需要的，还可以单击"粘贴函数"的下拉按钮，从弹出的下拉列表中选择所需要的函数。

④ 单击"确定"按钮，光标所在单元格中将显示计算结果。

按照同样办法，可计算出其他单元格的"总分"列数据结果。

平均分的计算方法类似。可以利用公式或函数来实现，选择的函数为 AVERAGE。H2

单元格的公式为"=AVERAGE(B2:F2)"。

## 1.4 域

### 1.4.1 域的概念

域是 Word 中的一种特殊命令，它分为域代码和域结果。域代码是由域特征字符、域类型、域指令和开关组成的字符串；域结果是域代码所代表的信息。域结果根据文档的变动或相应因素的变化而自动更新。

域的一般格式：

{域名 [域参数] [域开关]}

1) 域特征字符

域特征字符即包含域代码的大括号"{ }"，它不能通过键盘直接输入，而是通过按【Ctrl+F9】组合键输入。

2) 域名称

域名称即 Word 域的名称，例如，"Seq"就是一个域的名称。

3) 域指令和开关

域指令和开关是设定域类型如何工作的指令或开关，包括域参数和域开关，为可选项。域指令包含为待编号的一系列项目指定的名称及通过加入书签来引用文档中其他位置的项目。开关是指特殊指令，在域中可触发特定的操作。

4) 域结果

域结果即域的显示结果，是指在文档中插入的文本或图形，类似于 Excel 函数运算中得到的值。

### 1.4.2 常用域

在 Word 2010 中，域分为编号、等式和公式、日期和时间、链接和引用、索引和表格、文档信息、文档自动化、用户信息、邮件合并，共 9 种类型，73 个域。

### 1.4.3 域的操作

域的操作包括域的插入、编辑、删除、更新、锁定等。接下来介绍域的常用操作。

1. 插入域

在 Word 中，高级的复杂域功能难以控制，如"自动编号""邮件合并""题注""交叉引用""索引和目录"等。Word 域的插入操作可以通过以下三种方法实现。

1）菜单方法

具体操作步骤如下：

（1）将光标移到要插入域的位置，在"插入"选项卡的"文本"组中，单击"文档部件"按钮，在弹出的下拉列表中选择"域"选项，将弹出"域"对话框，如图 1.48 所示。

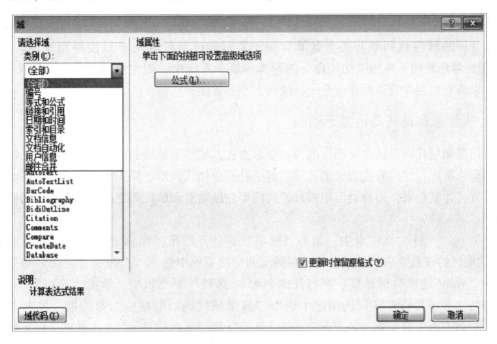

图 1.48 "域"对话框

（2）在"类别"下拉列表框选择域类型，如"日期和时间"选项。在"域名"列表框中选择域名，如"Date"选项。在"域属性"列表中选择一种日期格式，如图 1.49 所示。

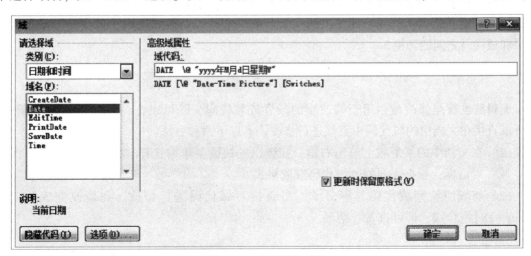

图 1.49 域属性的设置

（3）单击"确定"按钮，完成域的插入。

2）键盘方法

如果熟悉域代码或者需要引用他人设计的域代码，可以用键盘直接输入。操作方法：将光标移到需要插入域的位置，按【Ctrl + F9】组合键，将自动插入域特征字符"｛｝"。然后，在大括号中间从左向右依次输入域名、域参数、域开关等。按【F9】快捷键更新域，或者按【Shift + F9】组合键显示域结果。

3）功能命令插入

部分域的域参数和域开关参数非常多，采用前述两种方法难以控制和使用。所以，Word 把经常用到的一些域以功能命令的形式集成在系统中，如"自动编号""交叉引用"等，可以将它们当作普通操作命令一样使用，非常方便。

2. 域结果和域代码的显示切换

域结果和域代码是域在文档中的两种显示方式。域结果是域的实际内容，即在文档中插入的内容或图形；域代码代表域的符号，是一种指令格式。对于插入文档中的域，系统默认的显示方式为域结果，用户可以根据自己的需要在域结果和域代码之间进行切换。切换方法主要有以下 3 种：

（1）在"文件"选项卡中，单击"选项"选项，打开"Word 选项"对话框。或者在 Word 功能区的任意空白处单击右键，在弹出的快捷菜单中选择"自定义功能区"命令，也能打开"Word 选项"对话框。在打开的"Word 选项"对话框中，单击"高级"选项卡，在右侧的"显示文档内容"选项组中选中"显示域代码而非域值"复选框。单击"域底纹"下拉列表框，其中有"不显示""始终显示"和"选取时显示" 3 个选项，用于控制是否显示域的底纹背景，用户可以根据实际需要进行选择。单击"确定"按钮，完成域代码的设置。文档中的域会以域代码的形式进行显示。

（2）选中文档中的某个域，按【Shift + F9】组合键实现域结果和域代码之间的切换。如果按【Alt + F9】组合键，将对文档中所有域进行域结果和域代码之间的切换显示。

（3）右键单击插入的域，在弹出的快捷菜单中选择"切换域代码"命令，可以实现域结果和域代码之间的切换。

3. 编辑域

编辑域也就是修改域，用于修改域的设置或域代码，既可以在"域"对话框中操作，也可以直接在文档中的域代码中直接进行修改。有以下两种方法：

（1）在文档中的某个域上单击右键，在弹出的快捷菜单中选择"编辑域"命令，将弹出"域"对话框，根据需要修改域代码或域格式。

（2）将域切换到域代码显示方式，可直接对域代码进行修改。在修改完成后，按【Shift + F9】组合键，即可查看域结果。

4. 更新域

更新域就是使域结果根据实际情况变化而自动更新。更新域的方法有以下两种：

（1）手动更新。右键单击要更新的域，在弹出的快捷菜单中选择"更新域"命令即可。

也可以按【F9】快捷键实现。

（2）打印时自动更新。

5. 域的锁定和断开链接

域的自动更新功能给文档编辑带来了方便，但如果用户不希望实现域的自动更新，则可以暂时锁定域，在需要时再解除锁定。选择要锁定的域，按【Ctrl + F11】组合键即可；若要解除域的锁定，则按【Ctrl + Shift + F11】组合键。如果要将选择的域永久性地转换为普通的文字或图形，可选择该域，然后按【Ctrl + Shift + F9】组合键实现，即断开域的链接。此过程是不可逆的，断开域连接后，不能再更新，除非重新插入域。

6. 删除域

删除域操作与删除文档中其他对象的操作方法是一样的。首先选择要删除的域，然后按【Delete】键或【Backspace】键，即可删除。

此外，还可以一次性删除文档中的所有域，具体操作步骤如下：

（1）按【Alt + F9】组合键，显示文档中的所有域代码。如果域以域代码方式显示，则此步骤可省略。

（2）在"开始"选项卡的"编辑"组中，单击"替换"按钮，弹出"查找和替换"对话框。

（3）单击对话框中的"更多"按钮，然后单击"查找内容"后面的文本框。单击"特殊格式"按钮并从列表中选择"域"，文本框中将自动出现"^d"。"替换为"后面的文本框中不输入内容。

（4）单击"全部替换"按钮，然后在弹出的对话框中单击"确定"按钮，文档中的全部域将被删除。

# 1.5 文档批注与修订

## 1.5.1 批注与修订的概念

批注是文档的审阅者为文档附加的注释、说明、建议、建议、意见等信息，并不对文档本身内容进行修改。批注通常用于表达审阅者的意见或对文档内容提出质疑。

修订是显示对文档所做的诸如插入、删除或其他编辑更改操作的标记。启用修订功能后，审阅者的每一次编辑操作，如插入、删除或格式更改等都会被标记出来，用户可根据需要接受或拒绝每处的修订。只有接受修订后，对文档的编辑修改才生效；否则，文档内容保持不变。

## 1.5.2 批注与修订的设置

用户在对文档内容进行有关批注与修订操作之前，可以根据实际需要事先设置批注与修订的用户名、位置、外观等内容。

1. 用户名设置

在文档中添加批注或进行修订后，用户可以查看到批注者和修订者名称，批注者和修订者名称默认为安装 Office 软件时注册的用户名。可以根据需要，对用户名进行设置。

具体操作步骤如下：

（1）在"审阅"选项卡的"修订"组中，单击"修订"下拉按钮，在弹出的下拉列表框中选择"修改用户名"选项，将打开"Word 选项"对话框。此外，在工具栏任意空白处单击右键，在弹出的快捷菜单中选择"自定义功能表"命令，或者在"文件"选项卡中单击"选项"命令，也可打开"Word 选项"对话框。

（2）在打开的"Word 选项"对话框中，单击"常规"选项，在"用户名"后面的文本框中输入新用户名，在"缩写"后面的文本框中修改用户名的缩写，单击"确定"按钮，使设置生效。

2. 位置设置

在 Word 文档中，添加的批注位置默认为文档右侧。对于修订，直接在文档中显示修订位置。批注及修订还可以设置成以"垂直审阅窗格"或"水平审阅窗格"形式显示。

在"审阅"选项卡的"修订"组中，单击"显示标记"按钮，将弹出下拉列表框，选择"批注框"中的某种显示方式（可选择"在批注框中显示修订""以嵌入式显示所有修订"或"仅在批注框中显示批注和格式"之一）进行设置。

在"审阅"选项卡的"修订"组中，单击"审阅窗格"按钮，将弹出下拉列表框，选择"垂直审阅窗格"选项，将在文档的左侧显示批注和修订的内容。若选择"水平审阅窗格"选项，将在文档的下方显示批注和修订的内容。

3. 外观设置

外观设置主要是对批注和修订标记的颜色、边框、大小等进行设置。在"审阅"选项卡的"修订"组中，单击"修订"下拉按钮，在弹出的下拉列表中选择"修订选项"选项，弹出"修订选项"对话框，如图 1.50 所示。根据实际需要，可以对相应选项进行设置，单击"确定"按钮，完成设置。

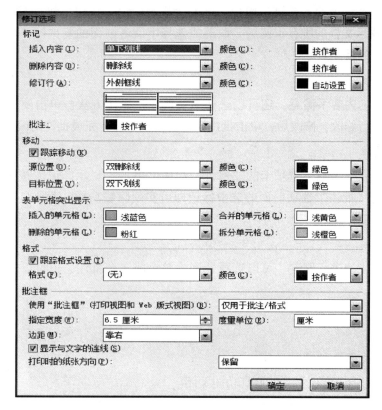

图 1.50 "修订选项"对话框

## 1.5.3 批注与修订操作

1. 批注

1)添加批注

操作方法：在文档中选择要添加批注的文本，在"审阅"选项卡的"批注"组中，单击"新建批注"按钮。选中的文本将被填充颜色，并且用一对括号括起来，旁边为批注框，直接在批注框中输入批注内容，再单击批注框外的任何区域，即可完成添加批注操作。

2)查看批注

在查看批注时，用户可以查看所有审阅者的批注，也可以根据需要分别查看不同审阅者的批注。

添加批注后，将光标移至文档中添加批注的对象上，光标附近将出现浮动窗口，窗口内显示添加批注的作者、批注日期和时间以及批注的内容。其中，批注者名称为安装 Office 软件时注册的用户名。

在"审阅"选项卡的"批注"组中，单击"上一条"或"下一条"按钮，可使光标在批注之间移动，以查看文档中的所有批注。

文档默认显示所有审阅者添加的批注，可以根据实际需要仅显示指定审阅者添加的批注。在"审阅"选项卡的"修订"组中,单击"显示标记"按钮,弹出下拉列表框,指向"审阅者",会显示文档的所有审阅者,取消或选择审阅者前面的复选框,可实现隐藏或显示选定的审阅者的批注。

3) 编辑批注

如果对批注的内容不满意,还可以进行编辑修改。操作方法:单击要修改的某个批注框,即可直接进行修改;修改后,单击批注框外的任何区域,完成批注的编辑修改。

4) 隐藏批注

操作方法:在"审阅"选项卡的"修订"组中,单击"显示标记"按钮,在弹出的下拉列表框中单击"批注"选项前面的选中标记即可实现隐藏功能。若要显示批注,再次单击可选中此项功能。

5) 删除批注

将文档中的批注进行删除,可以选择性删除单个或多个批注,也可以一次性删除所有批注。

2. 修订

1) 打开或关闭文档修订功能

在 Word 文档中,默认将文档修订功能关闭。

打开或关闭文档修改功能的操作方法有:在"审阅"选项卡的"修订"组中,单击"修订"按钮;单击"修订"按钮下面的下拉按钮,在弹出的下拉列表框中选择"修订"选项。如果"修订"按钮以加亮突出显示,则打开了文档的修改功能;否则,文档的修订功能为关闭状态。

在修订状态下,审阅者或作者对文档内容的所有操作(如插入、修改、删除或格式更改等),都将被记录,这样可以查看文档中的修订,并根据需要进行确认或取消修订操作。

2) 查看修订

查看修订有以下 3 种方法:

(1) 在"审阅"选项卡的"修订"组中,单击"显示标记"按钮,会弹出下拉列表框。在列表框中可以看到"批注""墨迹""插入和删除""设置格式""标记区域突出显示"和"突出显示更新"选项,可以根据需要取消或选择这些选项,相应标注或修订效果将会自动隐藏或显示,以实现查看某一项的修订。

(2) 在"审阅"选项卡的"更改"组中,单击"上一条"或"下一条"按钮,可以逐条显示修订标记。

(3) 在"审阅"选项卡的"修订"组中,单击"审阅窗格"按钮,将弹出下拉列表框,选择"垂直审阅窗格"选项或"水平审阅窗格"选项,将分别在文档的左侧或下方显示批注和修订的内容,以及标记修订和插入批注的用户名和时间。

3) 审阅修订

对文档进行修订后,可以根据实际需要,对这些修订做出接受或拒绝处理。

如果接受修订,则在"审阅"选项卡的"更改"组中,单击"接受"下拉按钮,在弹出的下拉列表框中，根据需要选择相应的接受修订命令。
- 接受并移到下一条：表示接受当前这条修订操作，并自动移到下一条修订。
- 接受修订：表示接受当前这条修订操作。
- 接受所有显示的修订：表示接受指定审阅者所做出的修订操作。
- 接受对文档的所有修订：表示接受文档中的所有修订操作。

如果拒绝修订，则在"审阅"选项卡的"更改"组中，单击"拒绝"下拉按钮，在弹出的下拉列表框中，根据需要选择相应的拒绝修订命令。
- 拒绝并移到下一条：表示拒绝当前这条修订操作并自动移到下一条修订。
- 拒绝修订：表示拒绝当前这条修订操作。
- 拒绝所有显示的修订：表示拒绝指定审阅者所做出的修订操作。
- 拒绝对文档的所有修订：表示拒绝文档中的所有修订操作。

接受或拒绝修订还可通过快捷菜单方式来实现。右键单击某个修订，在弹出的快捷菜单中选择"接受修订"或"拒绝修订"命令，即可实现当前修订的接受或拒绝操作。

4) 比较文档

由于 Word 对修订功能默认为关闭状态，如果审阅者直接修订了文档，没有让 Word 加上修订标记，用户就无法准确获得修改信息。通过 Word 提供的比较审阅后的文档功能，可以实现修订前后操作的文档间的区别对照。

具体操作步骤如下：

（1）在"审阅"选项卡的"比较"组中，单击"比较"按钮，在弹出的下拉列表框中选择"比较"命令，弹出"比较文档"对话框，如图 1.51 所示。

图 1.51　"比较文档"对话框

（2）在"比较文档"对话框的"原文档"下拉列表框中选择要比较的原文档，在"修订的文档"下拉列表框中选择修订后的文档。也可以单击这两个列表右侧的"打开"按钮，在"打开"对话框中选择原文档和修订后的文档。

(3)单击"更多"按钮,会展开更多选项供用户选择,该按钮将变成"更少"按钮。用户可以对比较内容进行设置,也可以对修订的显示级别和显示位置进行设置。

(4)单击"确定"按钮,Word 将自动对原文档和修订的文档进行精确比较,并以修订方式显示两个文档的不同之处。默认情况下,比较结果显示在新建的文本中,被比较的两个文档内容不变。

如图 1.52 所示,比较文档窗口分为 4 个区域,分别显示两篇文档的内容、比较的结果以及修订摘要。在"审阅"选项卡的"更改"组中,单击"接受"或"拒绝"按钮,可以对比较生成的文档进行审阅操作。单击"保存"按钮,将审阅后的文档进行保存。

图 1.52　比较后的结果

# 1.6　主控文档与邮件合并

## 1.6.1　主控文档

在 Word 2010 中,系统提供了一种可以包含和管理多个"子文档"的文档,即主控文档。主控文档可以组织多个子文档,并把它们当作一个文档来处理,可以对它们进行查看、重新组织、格式设置、校对、打印和创建目录等操作。主控文档与子文档是一种链接关系，每个子文档单独存在，子文档的编辑操作会自动反应在主控文档中的子文档中，也可以通过主控文档来编辑子文档。

1. 建立主控文档与子文档

利用主控文档组织管理子文档，应先建立或打开作为主控文档的文档，然后在该文档中建立子文档。

具体操作步骤如下：

（1）打开作为主控文档的文档，切换到大纲视图模式下，将光标移到要创建子文档的标题位置，单击"大纲"功能区"主控文档"组中的"显示文档"按钮，将展开"主控文档"组，单击"创建"按钮。

（2）光标所在标题周围出现一个灰色细线边框，其左上角显示一个标记，表示该标题及其下级标题和正文内容为该主控文档的子文档。

（3）在该标题下面空白处输入子文档的正文内容。输入正文内容后，单击"大纲"功能区中"主控文档"组中的"折叠子文档"按钮，将弹出是否保存主控文档对话框，单击"确定"按钮保存，插入的子控文档将以超链接的形式显示在主控文档大纲视图中。

（4）单击 Word 右上角的"关闭"按钮，系统将弹出是否保存主控文档的对话框，单击"确定"按钮将自动保存，同时系统会自动保存创建的子文档，且自动为其命名。

按此步骤，可以在主控文档中建立多个子文档。

2. 打开、编辑及锁定子文档

可以在 Word 中直接打开子文档进行编辑，也可以在编辑主控文档的过程中对子文档进行编辑。

3. 合并与删除子文档

子文档与主控文档之间是一种超链接关系，可以将子文档内容合并到主控文档中。而且，对于主控文档中的子文档，也可以进行删除操作。

具体操作步骤如下：

（1）打开主控文档，切换到大纲视图模式下，单击"主控文档"组中的"显示文档"及"展开子文档"按钮。子文档内容将在主控文档中显示出来。

（2）将光标移到要合并到主控文档的子文档中，单击"主控文档"组中的"取消链接"按钮，子文档标记消失，该子文档内容自动成为主控文档的一部分。

（3）单击"保存"按钮，进行保存。

删除主控文档中的子文档的操作方法：在主控文档大纲视图模式下，且子文档为展开状态。单击要删除的子文档左上角的标记按钮，将自动选中该子文档，按【Delete】键，该子文档将被删除。

在主控文档中删除子文档，只删除了与该子文档的超链接关系，而该子文档仍然保留在原位置处。

## 1.6.2 邮件合并

在利用 Word 编辑文档时，通常会遇到这样一种情况：多个文档的内容基本相同，只是具体数据有所变化，如学生的获奖证书、荣誉证书、成绩报告单等。这类文档的处理可以使用 Word 2010 提供的邮件合并功能，直接从源数据处提取数据，将其合并到 Word 文档中，从而节省操作时间。

1. 操作方法

要实现邮件合并功能，通常需要以下 3 个关键步骤。

1）创建数据源

邮件合并中的数据源可以是 Excel 文件、Word 文档、Access 数据库、SQL Server 数据库、Outlook 联系人列表等。选择一种文件类型建立文档，作为邮件合并的数据源。

2）创建主文档

主文档是一个 Word 文档，包含了文档所需的基本内容、设置了符合要求的文档格式。主文档中的文本和图形格式在合并后都固定不变。

3）主文档与数据源关联

利用 Word 提供的邮件合并功能，可实现将数据源合并到主文档中的操作，得到最终的合并文档。

2. 应用实例

现在以学生获取奖学金为例，说明如何使用 Word 2010 提供的"邮件合并"功能实现数据源与主文档的关联。

1）创建数据源

采用 Excel 文件格式作为数据源。启动 Excel 程序，在表格中输入数据源文件内容。其中，第 1 行为标题行，其他行为记录行，如图 1.53 所示，以"名单.xlsx"为文件名进行保存。

2）创建主文档

启动 Word 程序，设计获奖证书的内容及版面格式，并预留文档中有关信息的占位符。如图 1.54 所示，带"【 】"的文本为占位符。主文档设置完成后，以"荣誉证书.docx"为文件名进行保存。

3）主文档与数据源关联

利用"邮件合并"功能，可以实现主文档与数据源的关联。

具体操作步骤如下：

（1）打开已创建的主文档，在"邮件"选项卡的"开始邮件合并"组中，单击"选择接收人"按钮，在下拉列表中选择"使用现有列表"命令，将弹出"选取数据源"对话框，如图 1.55 所示。

图 1.53　Excel 数据源

图 1.54　主文档

图 1.55　"选取数据源"对话框

(2) 在对话框中选择已创建好的数据源文件"名单.xlsx", 单击"打开"按钮。

(3) 在弹出的"选择表格"对话框中选择数据所在的工作表, 默认为表 Sheet1, 如图 1.56 所示。单击"确定"按钮, 将自动返回。

(4) 在主文档中选择第一个占位符"【班级】", 在"邮件"选项卡的"编写和插入域"组中, 单击"插入合并域"按钮, 选择要插入的域"班级"。

(5) 在主文档中选择第二个占位符"【姓名】", 按步骤 (4) 操作, 插入域"姓名"。同理, 插入域"等级"。

(6) 文档中的占位符被插入域后, 其效果如图 1.57 所示。在"邮件"选项卡的"预览效果"组中, 单击"预览结果"按钮, 将显示主文档和数据源关联后的第一条数据结果,单击"查看记录"按钮，可逐条显示各记录对应数据源的数据。

图1.56 "选择表格"对话框

（7）在"邮件"选项卡的"完成"组中，单击"完成并合并"按钮，在下拉列表框中选择"编辑单个文档"命令，将弹出"合并到新文档"对话框，如图1.58所示。

图1.57 插入域后的效果

图1.58 "合并到新文档"对话框

（8）在对话框中选中"全部"单选框，单击"确定"按钮，Word将自动合并文档并将全部记录放到一个新文档中，然后对新文档进行保存操作，如以"荣誉证书文档.docx"为文件名保存。

# 第 2 章 Word 2010 精选案例

## 2.1 统计报告制作

### 2.1.1 题目要求

某单位的办公室秘书小马接到领导的指示,要求其提供一份最新的中国互联网发展状况统计情况。小马从网上下载了一份未经整理的原稿,请按下列要求帮助他对该文档进行排版操作:

(1) 在考生文件夹下,将"Word 素材.docx"文件另存为"Word.docx"(".docx"为扩展名),后续操作均基于此文件,否则不得分。

(2) 按下列要求进行页面设置:纸张大小 A4,对称页边距,上、下边距各 2.5 厘米,内侧边距 2.5 厘米、外侧边距 2 厘米,装订线 1 厘米,页眉、页脚均距边界 1.1 厘米。

(3) 文稿中包含 3 个级别的标题,其文字分别用不同的颜色显示。按下述要求对书稿应用样式、并对样式格式进行修改,见表 2.1。

表 2.1 样式设置要求

| 文字 | 样式 | 格式 |
|---|---|---|
| 章标题(红色) | 标题 1 | 小二号字、华文中宋、不加粗,标准深蓝色,段前 1.5 行、段后 1 行,行距最小值 12 磅,居中,与下段同页 |
| 用"一、二、三、…"标示的段落(蓝色) | 标题 2 | 小三号字、华文中宋、不加粗、标准深蓝色,段前 1 行、段后 0.5 行,行距最小值 12 磅 |

续表

| 文字 | 样式 | 格式 |
|---|---|---|
| 用"(一)、(二)、(三)、…"标示的段落(绿色) | 标题3 | 小四号字、宋体、加粗、标准深蓝色,段前12磅、段后6磅、行距最小值12磅 |
| 除上述三个级别标题外的所有正文(不含表格、图表及题注) | 正文 | 仿宋体、首行缩进2字符、1.25倍行距、段后6磅、两端对齐 |

(4)为书稿中用黄色底纹标出的文字"手机上网比例首超传统PC"添加脚注,脚注位于页面底部,编号格式为①、②、…,内容为"最近半年使用过台式计算机或笔记本计算机或同时使用台式计算机和笔记本计算机的网民统称传统PC用户"。

(5)将考试文件夹下的图片pic1.png插入书稿中用浅绿色底纹标出的文字"调查总体细分图示"上方的空行,在说明文字"调查总体细分图示"左侧添加格式如"图1""图2"的题注。添加完毕,将样式"题注"的格式修改为楷体、小五号字、居中。在图片上方用浅绿色底纹标出的文字的适当位置引用该题注。

(6)根据"第二章"中的"表1"内容,生成一张如示例文件chart.png所示的图表,插入表格后的空行,并居中显示。要求图表的标题、纵坐标轴和折线图的格式和位置与示例图相同。

(7)参照示例文件cover.png,为文档设计封面,并对前言进行适当排版。封面和前言必须位于同一节,且无页眉页脚和页码。封面上的图片可取自考生文件下的Logo.jpg,应进行适当剪裁。

(8)在前言内容和报告摘要之间插入自动目录,要求包含标题第1~3级及对应页码。目录的页眉页脚按下列格式设计:页脚居中显示大写罗马数字(Ⅰ、Ⅱ、…)格式的页码,起始页码为1,自奇数页码开始;页眉居中插入文档标题属性信息。

(9)自报告摘要开始为正文。为正文设计下述格式的页码:自奇数页码开始,起始页码为1,页码格式为阿拉伯数字(1、2、3、…)。偶数页页眉内容依次显示:页码、一个全角空格、文档属性中的作者信息,居左显示。奇数页页眉内容依次显示:章标题、一个全角空格、页码,居右显示,并在页眉内容下添加横线。

(10)将文稿中所有的西文空格删除,对目录更新。

## 2.1.2 操作步骤

**1. 保存文件**

(1)打开考生文件夹下的"Word素材.docx"文件。

(2)单击"文件"选项卡下的"另存为"按钮,弹出"另存为"对话框,在该对话框中将"文件名"设为"Word.docx",将其保存于考生文件夹下。

**2. 页面设置**

(1)在"页面布局"选项卡的"页面设置"组中,单击对话框启动器按钮,弹出

"页面设置"对话框。在"页边距"选项卡中,将多页设为"对称页边距",将页边距的"上"和"下"设为2.5厘米,"内侧"设为2.5厘米,"外侧"设为2厘米,"装订线"设为1厘米。

(2)切换到"纸张"选项卡,将"纸张大小"设置纸张大小为A4。

(3)切换到"版式"选项卡,在"页眉和页脚"组中将距边界组中的"页眉"和"页脚"均设为1.1厘米。设置完成后,单击"确定"按钮。

3. 格式设置

(1)在"开始"选项卡的"样式"组中,选择"标题1"样式,单击右键,在弹出的快捷菜单中选择"修改"命令,弹出"修改样式"对话框,在"格式"组中将字体设为"华文中宋",字号设为"小二",不加粗,颜色设为"标准深蓝色"。

(2)单击下面的"格式"按钮,在弹出的列表中选择"段落"。弹出"段落"对话框,选择"缩放和间距"选项卡,在"常规"组中将"对齐方式"设为"居中",在"间距"组中将"段前"设为1.5行、将"段后"设为1行,将"行距"设为最小值12磅。

(3)切换至"换行和分页"选项卡,在"分页"组中勾选"与下段同页"复选框,单击"确定"按钮。

(4)按住【Ctrl】键,选中所有红色的章标题,对其应用"标题1"样式。

(5)按照(1)~(4)的方式,设置所有蓝色的节标题(用一、二、三、…标示的段落)、绿色的节标题(用(一)、(二)、(三)、…标示的段落)和正文部分,其中正文部分要求1.25倍行距,在"段落"对话框的"间距"组中,将"行距"设为"多倍行距",值为1.25。设置完成后,对相应的标题和正文应用样式。

**提示:**

本题除了可以按住【Ctrl】键同时选择标题外,还可以使用"选择格式相似的文本"功能。具体操作方法:选择第一个标题,在"开始"选项卡的"编辑"组中,单击"选择"按钮,在弹出的下拉列表中选择"选择格式相似的文本",即可选中所有格式类似的文本。

4. 插入脚注

(1)选中用黄色底纹标出的文字"手机上网比例首超传统PC",在"引用"选项卡的"脚注"选项组中,单击"插入脚注"按钮。

(2)在"脚注"选项组中,单击"对话框启动器"按钮,弹出"脚注和尾注"对话框,将位置选择为"页面底端",编辑格式设为"①、②、③、…",单击"应用"按钮。

(3)在脚注位置处输入内容"网民最近半年使用过台式计算机、笔记本计算机或同时使用台式计算机和笔记本计算机的网民统称传统PC用户"。

5. 题注和引用

(1)将光标置于浅绿色底纹标出的文字"调查总体细分图示"上方的空行中,在"插入"选项卡的"插图"选项组中,单击"图片"按钮,弹出"插入图片"对话框,选择考生文件夹下的素材图片"pic1.png",单击"插入"按钮。

(2)将光标置于"调查总体细分图示"左侧,在"引用"选项卡的"题注"选项组中,单击"插入题注"按钮,弹出"题注"对话框,在该对话框中单击"新建标签"按钮,在弹出的"新建标签"对话框中将标签设置为"图",单击"确定"按钮,返回"题注"对话框,单击"确定"按钮。

(3)在"开始"选项卡的"样式"组中,单击右侧的下拉按钮,在下拉列表中选择"题注",单击右键,在弹出的快捷菜单中选择"修改"命令,弹出"修改样式"对话框,设置"楷体""小五""居中",单击"确定"按钮。

(4)将光标置于文字"如下"的右侧,在"引用"选项卡的"题注"选项组中,单击"交叉引用"按钮,弹出"交叉引用"对话框,将"引用类型"设置为"图","引用内容"设置为"只有标签和编号","引用哪一个题注"选择"图1",单击"插入"按钮,单击"关闭"按钮。

6. 插入图表

(1)将光标置于"表1"下方,在"插入"选项卡的"插图"选项组中,单击"图表"按钮,弹出"插入图表"对话框,在该对话框中选择"簇状柱形图",单击"确定"按钮,弹出"Excel"表格,将"类别3和4"删除,根据"表1"直接复制、粘贴数据,不要关闭Excel表格,切换到Word文档,选中柱形图,在"图表工具－设计"选项卡的"数据"组中,单击"切换行/列"按钮,然后关闭Excel表格。

(2)将图表放大,选择红色字体的互联网普及数据。在"设计"选项卡的"类型"组中,单击"更改图表类型"按钮,弹出"更改图表类型"对话框,在该对话框中选择"折线图",单击"确定"按钮。

(3)选中红色字体的互联网普及率数据,单击右键,在弹出的快捷菜单中选择"设置数据序列格式"选项,弹出"设置数据序列格式"对话框。选择"系列选项",单击"次坐标轴"单选按钮;选择"数据标记选项",单击"内置"单选按钮,选择一种标记类型"X",适当设置"大小";选择"标记线颜色",选择"实线",颜色设置为绿色;选择"标记线样式",适当设置"宽度";设置完成后,单击"关闭"按钮。

(4)在图表中选择左侧的垂直轴,单击右键,选择"设置坐标轴格式",在弹出的对话框中,单击"最大值"右侧的"固定"单选按钮,将参数设置为100000;单击"主要单位刻度"右侧的"固定"单选按钮,将参数设置为25000,单击"关闭"按钮。

(5)在"图表工具－布局"选项卡的"坐标轴"组中,单击"坐标轴"按钮,选择"主要纵坐标轴标题"→"旋转过的标题",输入文字"万人",将位置调整合适。

(6)在图表中选择右侧的次坐标轴垂直轴,单击右键,选择"设置坐标轴格式",在弹出的对话框中,将"坐标轴标签"设置为"无",设置完成后,单击"关闭"按钮。

(7)在"图表工具－布局"选项卡中,将"图表标题"设置为"居中覆盖标题",文字设置为"中国网民规模与互联网普及率";"图例"选择"在底部显示图例";选中全部绿色的X型数据标记,将"数据标签"设置为"上方"。

(8)根据题目要求把图表居中,并适当调整大小。

7. 插入图片

(1)将光标置于"前言"文字前,在"页面布局"选项卡的"页面设置"选项组中,单击"分隔符"按钮,在弹出的下拉列表中选择"分页符"选项。将光标置于"报告摘要"文字前,在"页面布局"选项卡的"页面设置"选项组中,单击"分隔符"按钮,在弹出的下拉列表中选择"下一页"选项。

(2)参考样例文件,设置封面及前言的字体、字号、颜色和段落格式。

(3)将光标置于"中国互联网信息中心"文字上方,在"插入"选项卡的"插图"组中,单击"图片"按钮,选择素材图片"Logo"插入文档。选中图片,在"图片工具–格式"选项卡的"大小"选项组中对其进行裁剪,并适当调整大小。

8. 设置页码

(1)在"报告摘要"前插入"分节符–奇数页"。将光标置于新的空白页面,在"引用"选项卡的"目录"选项组中,单击"目录"按钮,在弹出的下拉列表中选择"插入目录"选项,单击"确定"按钮。

(2)双击目录第1页的页脚,在"页眉和页脚工具–设计"选项卡下,取消选择"链接到前一条页眉",使之变成灰色按钮,在"页眉和页脚"组中单击"页码"按钮,在弹出的下拉列表中选择"设置页码格式"选项,在弹出的对话框中将"编号格式"设置为"Ⅰ,Ⅱ,Ⅲ,…",将"起始页码"设置为"Ⅰ",单击"确定"按钮。再次单击"页码"按钮,在弹出的下拉列表中选择"页面底端"→"普通数字2"选项。

(3)将光标置于页眉,取消勾选"链接到前一条页眉",使之变成灰色按钮,在"插入–文本"组中,单击"文档部件"按钮,在弹出的下拉列表中选择"文档属性"→"标题"选项。

9. 设置页眉页脚

(1)将光标置于正文第1页的页脚中,在"导航"组中取消选择"链接到前一条页眉",在"选项"组中勾选"奇偶页不同"复选框。单击"页眉和页脚"组中的"页码"下拉按钮,在下拉列表中单击"删除页码",删除原有的页码。

(2)将光标置于正文第1页的页眉中,在"导航"组中取消选择"链接到前一条页眉",按上题方法将"编号格式"设置为"1,2,3…",将"起始页码"设置为"1"。

(3)在"页眉和页脚"选项组中,单击"页码"按钮,在弹出的下拉列表中选择"页面顶端"→"普通数字3"。

(4)继续将光标置于该页眉中页码的左侧,在"插入"选项组中单击"文档部件"按钮,在弹出的下拉列表中选择"域"选项,在弹出的"域"对话框中将"域名"选择"StyleRef","样式名"选择"标题1",单击"确定"按钮。

(5)在页码和章标题之间,按【Shift+空格】键切换到全角状态,再按空格键。

(6)将光标置于正文第2页的页眉,在"导航"组中取消选择"链接到前一条页眉",首先在"页眉和页脚"选项组中单击"页码"按钮,然后在弹出的下拉列表中选择"页面顶端"→"普通数字1",并居左显示。

(7)继续将光标置于该页眉中页码的右侧,按【Shift+空格】键,切换到全角状态,再按空格键。在"插入"选项组中,单击"文档部件"按钮,在弹出的下拉列表中选择"文档属性"→"作者"。

(8) 检查目录和前言的页眉页脚。将光标定位到目录第 2 页的页眉处，在"插入"选项组中单击"文档部件"按钮，在弹出的下拉列表中选择"文档属性"→"标题"。

(9) 将光标定位到目录第 2 页的页脚，在"页眉和页脚"选项组中单击"页码"按钮，在弹出的下拉列表中选择"页面底端"→"普通数字 2"。手动删除前言页码。

(10) 单击"关闭页眉和页脚"按钮。

10. 插入目录

(1) 按【Ctrl+H】组合键，弹出"查找和替换"对话框，在"查找内容"文本框中输入西文空格，在"替换为"栏内不输入，单击"全部替换"按钮。

(2) 在"引用"选项卡的"目录"选项组中，单击"更新目录"按钮，在弹出的对话框中单击"更新整个目录"单选按钮，单击"确定"按钮，保存文件。

# 2.2 书稿排版

## 2.2.1 题目要求

某出版社的编辑小刘手中有一篇有关财务软件应用的书稿"会计电算化节节高升.docx"，打开该文档，按下列要求帮助小刘对书稿进行排版操作并按原文件名进行保存：

(1) 按下列要求进行页面设置：纸张大小 16 开，对称页边距，上边距 2.5 厘米、下边距 2 厘米，内侧边距 2.5 厘米、外侧边距 2 厘米，装订线 1 厘米，页脚距边界 1 厘米。

(2) 书稿中包含 3 个级别的标题，分别用"（一级标题）""（二级标题）""（三级标题）"字样标出。按下列要求对书稿应用样式、多级列表、并对样式格式进行相应修改，见表 2.2。

表 2.2 样式设置要求

| 内容 | 样式 | 格式 | 多级列表 |
|---|---|---|---|
| 所有用"（一级标题）"标识的段落 | 标题 1 | 小二号、黑体、不加粗，段前 1.5 行、段后 1 行，行距最小值 12 磅，居中 | 第 1 章、第 2 章、…、第 $n$ 章 |
| 所有用"（二级标题）"标识的段落 | 标题 2 | 小三号、黑体、不加粗，段前 1 行、段后 0.5 行，行距最小值 12 磅 | 1-1、1-2、2-1、2-2、…、$n$-1、$n$-2 |
| 所有用"（三级标题）"标识的段落 | 标题 3 | 小四号、宋体、加粗，段前 12 磅、段后 6 磅，行距最小值 12 磅 | 1-1-1、1-1-2、…、$n$-1-1、$n$-1-2，且与二级标题缩进位置相同 |
| 除上述三个级别外的所有正文（不含图表及题注） | 正文 | 首行缩进 2 字符、1.25 倍行距、段后 6 磅、两端对齐 | |

（3）样式应用结束后，将书稿中各级标题文字后面括号中的提示文字及括号"（一级标题）""（一级标题）""（三级标题）"全部删除。

（4）书稿中有若干表格及图片，分别在表格上方和图片下方的说明文字左侧添加形如"表1-1""表2-1""图1-1""图2-1"的题注。其中，连字符"-"前面的数字代表章号，后面的数字代表图表的序号。各章节图和表分别连续编号。添加完毕，将样式"题注"的格式修改为仿宋、小五号字、居中。

（5）在书稿中以红色标出的文字的适当位置，为前两张表格和前三幅图片设置自动引用其题注号。为第2张表格"表1-2　好朋友财务软件版本及功能简表"套用一个合适的表格样式，保证表格第1行在跨页时能够自动重复，且表格上方的题注与表格总在一页。

（6）在书稿的最前面插入目录，要求包含标题第1~3级及对应页号。目录、书稿的每一章均为独立的一节，每一节的页码均以奇数页为起始页码。

（7）目录与书稿的页码分别独立编排，目录页码使用大写罗马数字（Ⅰ、Ⅱ、Ⅲ、…），书稿页码使用阿拉伯数字（1、2、3、…）且各章节间连续编码。除目录首页和每章首页不显示页码外，其余页面要求奇数页页码显示在页脚右侧，偶数页页码显示在页脚左侧。

（8）将考生文件夹下的图片"Tulips.jpg"设置为本文稿的水印，水印处于书稿页面的中间位置，图片增加"冲蚀"效果。

## 2.2.2　操作步骤

1. 页面设置

（1）打开考生文件夹下的"会计电算化节节高升.docx"素材文件。

（2）根据题目要求，在"页面布局"选项卡的"页面设置"组中，单击对话框启动器按钮，在打开的对话框中切换至"纸张"选项卡，将"纸张大小"设置为16开。

（3）切换至"页边距"选项卡，在"页码范围"组中"多页"下拉列表中选择"对称页边距"，在"页边距"组中，将"上"微调框设置为2.5厘米、"下"微调框设置为2厘米，"内侧"微调框设置为2.5厘米、"外侧"微调框设置为2厘米，"装订线"设置为1厘米。

（4）切换至"版式"选项卡，将"页眉和页脚"组下距边界的"页脚"设置为1.0厘米，单击"确定"按钮。

2. 样式设置

（1）根据题意要求，分别选中带有"（一级标题）""（二级标题）""（三级标题）"提示的整段文字，为"（一级标题）"段落应用"开始"选项卡下"样式"组中的"标题1"样式。

（2）使用同样方式，分别为"（二级标题）""（三级标题）"所在的整段文字应用"标题2"样式和"标题3"样式。

（3）在"开始"选项卡的"样式"组中，单击"更改样式"按钮，在下拉列表中选择"样式集"中的"正式"命令。

（4）在"开始"选项卡的"段落"组中，单击"多级列表"按钮，在下拉列表中选择"多级列表"。

3. 查找替换

（1）在"开始"选项卡的"编辑"组中，单击"替换"按钮，弹出"查找与替换"对话框，在"查找内容"中输入"（一级标题）"，在"替换为"文本框中不输入，单击"全部替换"按钮。

（2）按上述同样的操作方法删除"（二级标题）"和"（三级标题）"。

4. 插入题注

（1）根据题意要求，将光标插入表格上方说明文字左侧，在"引用"选项卡的"题注"组中，单击"插入题注"按钮，在打开的对话框后中单击"新建标签"按钮，在弹出的对话框中设置"标签"名称为"表"，单击"确定"按钮，返回之前的对话框，将"标签"设置为"表"，然后单击"编号"按钮，在打开的对话框中，勾选"包含章节号"，将"章节起始样式"设置为"标题1"，"使用分隔符"设置为"-"（连字符），单击"确定"按钮，返回之前的对话框后中单击"确定"按钮。

（2）选中添加的题注，在"开始"选项卡的"样式"组中，单击右侧的下拉按钮，在打开的"样式"窗格中选中"题注"样式，并单击右键，在弹出的快捷菜单中选择"修改"，即可打开"修改样式"对话框，在"格式"组下选择"仿宋""小五"，单击"居中"按钮，勾选"自动更新"复选框。

（3）将光标插入下一个表格上方说明文字左侧，在"引用"选项卡的"题注"组中单击"插入题注"按钮，在弹出的对话框中，单击"确定"按钮，即可插入题注内容。

（4）使用同样的方法，在图片下方的说明文字左侧插入题注，并设置题注格式。

5. 交叉引用

（1）根据题意要求，将光标插入被红色标记的文字的合适位置，此处以第一处红色文字为例，将光标插入"如"字的后面，在"引用"选项卡的"题注"组中，单击"交叉引用"按钮，在打开的对话框中，将"引用类型"设置为"表"，"引用内容"设置为"只有标签和编号"，在"引用哪一个题注"下选择"表-1 手工记账与会计电算化的区别"，单击"插入"按钮。

（2）使用同样的操作方法，在其他红色标记的文字的适当位置，设置自动引用题注号。设置完成后，关闭该对话框。

（3）选择"表1-2"，在"设计"选项卡的"表格样式"组中，为表格选择一个样式，此处选择"浅色底纹，强调文字颜色5"。

（4）将光标定位在表格中，在"开始"选项卡的"表"组中，单击"属性"按钮，在弹出的对话框中选中"允许跨页断行"复选框。选中标题行，单击"数据"组中的"重复标题行"。

6. 插入目录

（1）根据题意要求，将光标插入第1页一级标题的左侧，在"页面布局"选项卡的"页面设置"组中，单击"分隔符"按钮，在下拉列表中选择"下一页"选项。

（2）将光标插入新页，在"引用"选项卡的"目录"组中，单击"目录"下拉按钮，在下拉列表中选择"自动目录1"选项。选中"目录"字样，将"目录"前的项目符号删除，并更新目录。

（3）使用同样的方法为其他章节分节，使每一章均为独立一节，双击第 1 页下方的页码处，在"设计"选项卡的"页眉和页脚"组中，单击"页码"按钮，在下拉列表中选择"页面底端"→"普通数字 1"。

（4）在"设计"选项卡的"页眉和页脚"组中，单击"页码"按钮，在下拉列表中选择"设置页码格式"，在打开的对话框中，选择"页码编号"组中的"起始页码"，并输入"1"，单击"确定"按钮。

7. 插入页码

（1）根据题意要求，将光标插入目录首页的页码处，在"设计"选项卡的"页眉和页脚"组中，单击"页码"下拉按钮，在弹出的下拉列表中选择"设置页码格式"，在打开的对话框中，选择"编号格式"大写罗马数字（Ⅰ、Ⅱ、Ⅲ…），单击"确定"按钮。

（2）将光标插入第 3 章的第 1 页页码中，在"设计"选项卡的"页眉和页脚"组中，单击"页码"按钮，在弹出的下拉列表中选择"设置页码格式"，在打开的对话框中，选择"页码编号"组中的"续前节"，单击"确定"按钮。使用同样方法，为下方其他章的第 1 页设置"页码编号"组的"续前节"选项。

（3）将光标插入目录页的第一页页码中，在"设计"选项卡下，勾选"选项"组中的"首页不同"和"奇偶页不同"复选框，并使用同样方法为下方其他章的第 1 页设置"首页不同"和"奇偶页不同"。

（4）将光标移至第 2 页，在"插入"选项卡的"页眉和页脚"组中，单击"页码"按钮。在弹出的下拉列表中选择"页面底端"→"普通数字 1"。

（5）将光标移至第 3 页，在"插入"选项卡的"页眉和页脚"组中，单击"页码"按钮。在弹出的下拉列表中选择"页面底端"→"普通数字 3"。单击"关闭页眉和页脚"按钮。

8. 设置页面背景

（1）根据题意要求，将光标插入文档，在"页面布局"选项卡的"页面背景"组中，单击"水印"下拉按钮，在弹出的下拉列表中选择"自定义水印"，在打开的对话框中选择"图片水印"选项。

（2）单击"选择图片"按钮，在打开的对话框中，选择考生文件夹中的素材"Tulips.jpg"，单击"插入"按钮，返回之前的对话框，勾选"冲蚀"复选框，单击"确定"按钮。

## 2.3 经费联审结算单排版

### 2.3.1 题目要求

某单位财务处请小张设计"经费联审结算单"模板，以提高日常报账和结算单审核效率。请根据考生文件夹下的"Word 素材 1.docx"和"Word 素材 2.xlsx"文件完成制作任务。具体要求如下：

（1）在考生文件夹下，将素材文件"Word素材1.docx"另存为"Word.docx"（".docx"为扩展名），后续操作均基于此文件，否则不得分。

（2）将页面设置为A4幅面、横向，页边距均为1厘米。设置页面为两栏，栏间距为2字符，其中左栏内容为"经费联审结算单"表格，右栏内容为"××研究所科研经费报账须知"文字，要求左右两栏内容不跨栏、不跨页。

（3）设置"经费联审结算单"表格整体居中，所有单元格内容垂直居中对齐。参考考生文件夹下的"结算单样例.jpg"，适当调整表格行高和列宽。其中，两个"意见"的行高不低于2.5厘米，其余各行行高不低于0.9厘米。设置单元格的边框，细线宽度为0.5磅，粗线宽度为1.5磅。

（4）设置"经费联审结算单"标题（表格第一行）水平居中，字体设置为小二、华文中宋，其他单元格中的已有文字字体均设置为小四、仿宋、加粗；除"单位："为左对齐外，其余含有文字的单元格均设置为居中对齐。表格第2行的最后一个空白单元格将填写填报日期，字体为四号、楷体，并右对齐；其他空白单元格的格式均设置为四号、楷体、左对齐。

（5）"××研究所科研经费报账须知"以文本框形式实现，其文字的显示方向与"经费联审结算单"相比，逆时针旋转90°。

（6）设置"××研究所科研经费报账须知"的第1行的格式为小三、黑体、加粗、居中对齐；第2行的格式为小四、黑体、居中对齐；其余内容的格式为小四、仿宋，两端对齐、首行缩进2字符。

（7）将"科研经费报账基本流程"中的4个"垂直流程"改用SmartArt图形显示，颜色为"强调文字颜色1"，样式为"简单填充"。

（8）"Word素材2.xlsx"文件中包含了报账单据信息，需使用"Word.docx"自动批量生成所有结算单。其中，对于结算金额为5000元（含）以下的单据，"经办单位意见"栏填写"同意，送财务审核。"；否则，填写"情况属实，拟同意，请所领导审批。"。另外，由于结算金额低于500元的单据不再单独审核，因此在批量生成结算单据时将自动跳过这些单据记录。生成的批量单据存放在考生文件夹下，以"批量结算单.docx"命名。

### 2.3.2 操作步骤

**1. 保存文件**

（1）打开考生文件夹下的"Word素材1.docx"文件。

（2）单击"文件"选项卡下的"另存为"按钮，弹出"另存为"对话框，在该对话框中将"文件名"设为"结算单模板.docx"，保存于考生文件夹下。

**2. 页面设置**

（1）在"页面布局"选项卡的"页面设置"选项组中，单击对话框启动器按钮，弹出"页面设置"对话框。切换到"纸张大小"选项卡，将"纸张大小"设置为"A4"。

（2）在"页边距"选项卡的"页边距"组中，将"上""下""左""右"都设置为"1厘米"，在"纸张方向"组中单击"横向"按钮。设置完成后，单击"确定"按钮。

(3)将光标置于表格下方的空白回车符前,在"页面布局"选项卡的"页面设置"选项组中,单击"分栏"按钮,在弹出的下拉列表中选择"更多分栏"选项,在弹出的对话框中将"栏数"设置为2,将"间距"设置为"2字符",单击"确定"按钮。

(4)确认光标处于表格下方的空白回车符前,选择"页面布局"选项卡,在"页面设置"组中单击"分隔符"按钮,在弹出的下拉列表中选择"分栏符"选项。

3. 表格设置

(1)选中表格,单击右键,在弹出的快捷菜单中选择"表格属性"选项,在弹出的对话框中选择"单元格"选项卡,在"垂直对齐方式"组中单击"居中"按钮。

(2)选中表格,切换到"表格工具-布局"选项卡,在"单元格大小"里设置"高度"不低于0.9厘米。选中"意见"两行,在"单元格大小"设置"高度"不低于2.5厘米。

(3)选中表格第1、2行,切换到"表格工具-设计"选项卡,单击"表格样式"组中"边框"下拉列表中的"无框线"。

(4)选中表格中除第1、2行以外的所有行,设置"绘图边框"组中的线条大小为0.5磅,选择"边框"下拉列表中的"内部框线";设置"绘图边框"组中的线条大小为2.25磅,选择"边框"下拉列表中的"外侧框线"。

4. 单元格对齐设置

(1)选中标题,在"开始"选项卡"段落"组中,单击"居中"按钮,在"字体"组中将"字体"设置为"华文中宋",将"字号"设置为"小二";选中其他单元格中的已有文字,将格式设置为仿宋、小四、加粗。

(2)选中"单位:",设置为左对齐;其余含有文字的单元格均设置为"居中对齐"。

(3)选中第2行的最后一个空白单元格,设置格式为楷体、四号,右对齐;分别选中其他空白单元格,设置格式为楷体、四号,左对齐。

5. 插入文本框

(1)选中分栏右侧的文本文字,在"插入"选项卡的"文本"选项组中,单击"文本框"按钮,在弹出的下拉列表中选择"绘制文本框"选项。

(2)选中绘制后的文本框,在"绘图工具-格式"选项卡的"排列"组中,单击"旋转"按钮,在弹出的下拉列表中选择"向左旋转90度"选项。

6. 格式设置

(1)选择文本框中的第1行文字,在"开始"选项卡的"字体"组中,将"字体"设置为"黑体",将"字号"设置为"小三",分别单击"加粗"和"居中"按钮;将第2行文字的"字体"设置为"黑体",将"字号"设置为"小四",单击"居中"按钮。

(2)选择除第1、2行外的其他内容,将"字体"设置为"仿宋",将"字号"设置为"小四";单击"段落"组中的对话框启动器按钮,在弹出的对话框中将"常规"选项组中的"对齐方式"设置为"两端对齐",在"缩进"选项组中将"特殊格式"设置为"首行缩进",将"磅值"设置为"2字符",单击"确定"按钮。

## 7. 插入 SmartArt 图形

（1）在"科研经费报账基本流程"下另起一行，在"插入"选项卡的"插图"选项组中，单击"SmartArt"按钮，在弹出的对话框中选择"流程"→"垂直流程"选项，单击"确定"按钮。

（2）在"SmartArt 样式"组中，单击"更改颜色"按钮，在弹出的下拉列表中选择"强调文字颜色 1"中的一个，设置"样式"为"简单填充"。

（3）在 SmartArt 图形中添加一个图形，将下方的文字输入，适当调整 SmartArt 图形的大小。

## 8. 邮件合并

（1）在"邮件"选项卡的"开始邮件合并"组中，单击"开始邮件合并"下拉按钮，在展开列表中选择"邮件合并分布向导"命令，启动"邮件合并"任务窗格。

（2）邮件合并分步向导第 1 步：在"邮件合并"任务窗格"选择文档类型"中保持默认选择"信函"，单击"下一步：正在启动文档"超链接。

（3）邮件合并分步向导第 2 步：在"邮件合并"任务窗格"选择开始文档"中保持默认选择"使用当前文档"，单击"下一步：选取收件人"超链接。

（4）邮件合并分步向导第 3 步：

① 在"邮件合并"任务窗格"选择收件人"中保持默认选择"使用现有列表"，单击"浏览"超链接。

② 启动"读取数据源"对话框，在考生文件夹下选择文档"Word 素材 2.xlsx"，单击"打开"按钮，弹出"选择表格"对话框，单击"确定"按钮。

③ 启动"邮件合并收件人"对话框，保持默认设置（勾选所有收件人），单击"确定"按钮。

④ 返回 Word 文档后，单击"下一步：撰写信函"超链接。

（5）邮件合并分步向导第 4 步：

① 将光标置于"单位："右侧的单元格中，在"邮件"选项卡的"编写和插入域"组中，单击"插入合并域"按钮，在下拉列表中按照题意选择"单位"域。

② 文档中的相应位置会出现已插入的域标记。根据相同的方法插入其他合并域。

③ 将光标置于"经办单位意见"右侧的单元格中，在"邮件"选项卡的"编写和插入域"组中，单击"规则"按钮，在下拉列表中按照题意选择"如果…那么…否则"，弹出"插入 Word 域：IF"对话框，进行设置，单击"确定"按钮。

④ 单击"规则"按钮，在下拉列表中按照题意选择"跳过记录条件"，弹出"插入 Word 域"对话框，进行设置后，单击"确定"按钮。

⑤ 单击"下一步：预览信函"超链接。

（6）邮件合并分步向导第 5 步：在"预览信函"选项区域中，通过单击"<<"或">>"按钮可查看具有不同信息的信函，单击"下一步：完成合并"超链接。

（7）邮件合并分步向导第 6 步：单击"编辑单个信函"选项，弹出"合并到新文档"对话框，在"合并到新文档"对话框中选中"全部"单选框，单击"确定"按钮。

（8）在生成的新文档中，单击"文件"选项卡的"另存为"按钮，并将其命名为"批量结算单"。

（9）将邮件主文档保存为"Word.docx"。

## 2.4 个人简历制作

### 2.4.1 题目要求

新建一个空白 Word 文件，并命名为"Word.docx"（".docx"为扩展名），保存在考生文件夹中，此后的操作均基于此文件，否则不得分。创建文件所需素材保存在"Word 素材.txt"中。

张静是一名大学本科三年级学生，经多方面了解分析，她希望在下个暑期去一家公司实习。为获得难得的实习机会，她打算利用 Word 精心制作一份简洁而醒目的个人简历，示例样式如"简历参考样式.jpg"所示，要求如下：

（1）调整文档版面，要求纸张大小为 A4，页边距（上、下）为 2.5 厘米，页边距（左、右）为 3.2 厘米。

（2）根据页面布局需要，在适当的位置插入标准色为橙色与白色的两个矩形，其中的橙色矩形占满 A4 幅面，将文字环绕方式设为"浮于文字上方"，作为简历的背景。

（3）参照示例文件，插入标准色为橙色的圆角矩形，并添加文字"实习经验"，插入 1 个短划线的虚线圆角矩形框。

（4）参照示例文件，插入文本框和文字，并调整文字的字体、字号、位置和颜色。其中，"张静"为标准色橙色的艺术字，"寻求能够……"文本效果为跟随路径的"上弯弧"。

（5）根据页面布局需要，插入考生文件夹下的图片"1.png"，依据样例进行裁剪和调整，并删除图片的剪裁区域；然后根据需要插入图片"2.jpg"~"4.jpg"，并调整图片位置。

（6）参照示例文件，在适当的位置使用形状中的标准色橙色箭头（提示：其中横向箭头使用线条类型箭头），插入 SmartArt 图形，并进行适当编辑。

（7）参照示例文件，在"促销活动分析"等 4 处使用项目符号"√"，在"曾任班长"等 4 处插入符号"★"、颜色为标准色红色。调整各部分的位置、大小、形状和颜色，以展现统一、良好的视觉效果。

### 2.4.2 操作步骤

1. 建立文件

（1）打开考生文件夹下的"Word 素材.txt"素材文件。

（2）启动 Word 2010 软件，并新建空白文档。

（3）在"布局"选项卡的"页面设置"组中，单击对话框启动器按钮，弹出"页面设置"对话框，在"纸张"选项卡，将"纸张大小"设置为 A4。

（4）切换到"页边距"选项卡，将"页边距"的上、下、左、右分别设为 2.5 厘米、2.5 厘米、3.2 厘米、3.2 厘米。

## 2. 绘制图形

（1）在"插入"选项卡的"插图"组中，单击"形状"下拉按钮，在其下拉列表中选择"矩形"，并在文档中进行绘制使其与页面大小一致。

（2）选中矩形，切换到"绘图工具"下的"格式"选项卡，在"形状样式"组中分别将"形状填充"和"形状轮廓"颜色都设为"标准色－橙色"。

（3）选中橙色矩形，单击右键，在弹出的快捷菜单中选择"自动换行"→"浮于文字上方"选项。

（4）在橙色矩形上方，按同样的方式创建一个白色矩形，将其"自动换行"设为"浮于文字上方"，"形状填充"和"形状轮廓"的颜色都设为"主题颜色"下的"白色"。

（5）打开"简历参考样式.jpg"图片，参照图片上的样式，调整页面布局。

## 3. 绘制图形

（1）在"插入"选项卡的"插图"组中，单击"形状"下拉按钮，在其下拉列表中选择"圆角矩形"，参考示例文件，在合适的位置绘制圆角矩形，将"圆角矩形"的"形状填充"和"形状轮廓"的颜色都设为"标准色－橙色"。

（2）选中所绘制的圆角矩形，在其中输入文字"实习经验"，并适当调整字体、字号。

（3）根据参考样式，再绘制一个"圆角矩形"。选中此圆角矩形，选择"绘图工具"下的"格式"选项卡，在"形状样式"组中将"形状填充"设为"无填充颜色"，在"形状轮廓"列表中选择"虚线"下的"短划线"，设为0.5磅、橙色。

（4）为了不遮挡文字，就选中虚线圆角矩形，单击右键，在弹出的快捷菜单中选择"置于底层"→"下移一层"。

## 4. 插入艺术字

（1）在"插入"选项卡的"文本"组中，单击"艺术字"下拉按钮，在下拉列表中选择一种艺术字，输入文字"张静"，并调整好位置。

（2）选中艺术字，在"绘图工具/格式"选项卡的"艺术字样式"组中，将"文本填充"设置为"标准色－橙色"，"文本轮廓"设置为"标准色－红色"，参照示例文件调整字体、字号、位置等。

（3）切换到"插入"选项卡，在"文本"组中单击"文本框"下拉按钮，在下拉列表中选择"绘制文本框"，绘制一个文本框并调整好位置。

（4）在文本框上单击右键，在弹出的快捷菜单中选择"设置形状格式"，弹出"设置形状格式"对话框，选择"线条颜色"为"无线条"，然后单击"关闭"按钮。

（5）在文本框中输入与参考样式中对应的文字，并调整好字体、字号和位置。

（6）切换到"插入"选项卡，在页面最下方插入艺术字。在"文本"组中单击"艺术字"下拉按钮，选中艺术字，并输入文字"寻求能够不断学习进步，有一定挑战性的工作"，并适当调整文字大小。

（7）切换到"绘图工具"下的"格式"选项卡，在"艺术字样式"组中单击"文本效果"下拉按钮，在弹出的下拉列表中选择"转换"→"跟随路径"→"上弯弧"。

## 5. 插入图片

（1）切换到"插入"选项卡，在"插图"组中单击"图片"按钮，弹出"插入图片"对话框，选择考生文件夹下的素材图片"1.jpg"，单击"插入"按钮。

（2）选择插入的图片，单击右键，在弹出的快捷菜单中选择"环绕文字"→"四周型环绕"，依照样例利用"图片工具–格式"选项卡下"大小"选项组中的"剪裁"工具进行裁剪，并调整好大小和位置。

（3）使用相同的操作方法，在对应位置插入图片2.png、3.png、4.png，并调整好大小和位置。

## 6. 插入 SmartArt 图形

（1）切换到"插入"选项卡，在"插图"组中单击"形状"下拉按钮，在下拉列表中选择"线条"中的"箭头"，在对应的位置绘制水平箭头。

（2）选中水平箭头后，单击右键，在弹出的快捷菜单中选择"设置形状格式"，在"设置形状格式"对话框中设置"线条颜色"为"橙色"、在"线型"→"宽度"中适当调整线条宽度。

（3）切换到"插入"选项卡，在"插图"组中单击"形状"下拉按钮，在下拉列表中选择"箭头总汇"中的"上箭头"，在对应的位置绘制三个垂直向上的箭头。

（4）选中绘制的"箭头"，在"绘图工具–格式"选项卡中设置"形状轮廓"和"形状填充"均为"橙色"，并调整好大小和位置。

（5）切换到"插入"选项卡，在"插图"组中单击"SmartArt"按钮，弹出"选择SmartArt图形"对话框，选择"流程"→"上移流程"。

（6）输入相应的文字，并适当调整SmartArt图形的大小和位置。

（7）切换到"SmartArt工具"下的"设计"选项卡，在"SmartArt样式"组中，单击"更改颜色"下拉按钮，在其下拉列表中选择一种合适的颜色。

（8）切换到"SmartArt工具"下的"设计"选项卡，在"创建图形"组中单击"添加形状"按钮，在其下拉列表中选择"在后面形状添加"选项，使其成为四个。

（9）在文本框中输入相应的文字，并设置合适的字体和字号。

## 7. 插入项目符号

（1）在"实习经验"矩形框中输入对应的文字，并调整好字体、大小、位置。

（2）分别选中"促销活动分析"等文本框的文字，单击右键，在弹出的菜单中选择"项目符号"，在"项目符号库"中选择√，为其添加√。

（3）分别将光标定位在"曾任班长……"等4处位置的起始处，切换到"插入"选项卡，在"符号"组中选择"其他符号"，弹出"符号"对话框。在"字体"列表中选择"宋体"，"子集"列表中选择"其他符号"，选中★，最后单击"插入"按钮。

（4）选中插入的★，在"开始"选项卡中设置其颜色为"标准色–红色"。

（5）以"Word.docx"为文件名保存结果文档。

# 2.5 学生家长信及回执制作

## 2.5.1 题目要求

北京明华中学学生发展中心的小刘老师负责向学校本部及相关分校的学生家长传达有关学生儿童医保扣款方式更新的通知。该通知需要下发至每位学生,并请家长填写回执。参照"结果示例1.png~结果示例4.png",按下列要求帮助小刘老师编排家长信及回执:

(1) 在考生文件夹下,将"Word素材.docx"文件另存为"Word.docx"(".docx"为扩展名),后续操作均基于此文件,否则不得分。

(2) 进行页面设置:纸张方向为横向、纸张大小为A3(宽42厘米×高29.7厘米),上、下边距均为2.5厘米、左、右边距均为2.0厘米,页眉、页脚分别距边界1.2厘米。要求每张A3纸上从左到右按顺序打印两页内容,左右两页均于页面底部中间位置显示格式为"-1-、-2-、…"类型的页码,页码自1开始。

(3) 插入"空白(三栏)"型页眉,在左侧的内容控件中输入学校名称"北京明华中学",删除中间的内容控件,在右侧插入考生文件夹下的图片"Logo.jpg",代替原来的内容控件,适当缩小图片,使其与学校名称高度匹配。将页眉下方的分隔线设为标准红色、2.25磅、上宽下细的双线型。

(4) 将文中所有的空白段落删除,然后按下列要求为指定段落应用相应格式,如表2.3所示。

表2.3 样式设置要求

| 段落 | 样式或格式 |
| --- | --- |
| 文章标题"致学生儿童家长的一封信" | 标题 |
| "一、二、三、…"所示标题段落 | 标题1 |
| "附件1、附件2、附件3、…"所示标题段落 | 标题2 |
| 除上述标题行及蓝色的信件抬头段外,其他正文格式 | 仿宋、小四号,首行缩进2字符,段前间距0.5行,行间距1.25倍 |
| 信件的落款(三行) | 居右显示 |

(5) 利用"附件1 学校、托幼机构'一小'缴费经办流程图",用灰色底纹标出的文字、参考样例图绘制相关的流程图。要求:除右侧的两个图形之外,其他各个图形之间使用连接线,连接线将会随图形的移动而自动伸缩,中间的图形应沿垂直方向左右居中。

(6) 将"附件3 学生儿童'一小'银行缴费常见问题"下的绿色文本转换为表格,并参照素材中的样例图片进行版式设置,调整其字体、字号、颜色、对齐方式和缩进方式,使其有别于正文。合并表格同类项,套用一个合适的表格样式,然后将表格整体居中。

(7) 令每个附件标题所在的段落前自动分页,调整流程图,使其与附件1标题行合占一页。然后在信件正文之后（黄色底纹标示处）插入有关附件的目录，不显示页码，且目录内容能够随文章变化而更新。最后，删除素材中用于提示的多余文字。

（8）在信件抬头的"尊敬的"和"学生儿童家长"之间插入学生姓名；在"附件4 关于办理学生医保缴费银行卡通知的回执"下方的"学校："、"年级和班级："（显示为"初三一班"格式）、"学号："、"学生姓名："后分别插入相关信息，学校、年级、班级、学号、学生姓名等信息，存放在考生文件夹下的 Excel 文档"学生档案.xlsx"中。在下方将制作好的回执复制一份，将其中的"（此联家长留存）"改为"（此联学校留存）"，在两份回执之间绘制一条剪裁线、并保证两份回执在同一页上。

（9）为所有学校初三年级的每位在校状态为"在读"的女生生成家长通知。通知应包含家长信的主体、所有附件、回执。要求每封信中只能包含1位学生的信息。将所有通知页面另外以"正式通知.docx"为文件名保存在考生文件夹下（如果有必要，应删除文档中的空白页面）。

## 2.5.2 操作步骤

**1. 保存文件**

（1）打开考生文件夹下的"Word 素材.docx"文件。

（2）单击"文件"选项卡下的"另存为"按钮，弹出"另存为"对话框，在该对话框中将"文件名"设为"Word"，将其保存于考生文件夹下。

**2. 页面设置**

（1）在"页面布局"选项卡的"页面设置"组中，单击对话框启动器按钮，弹出"页面设置"对话框，在"页边距"选项卡中将"纸张方向"设为"横向"，将"页码范围"的"多页"设为"拼页"；在"页边距"组中将"上""下"设为"2.5厘米"，"左""右"（此时变为"外侧"和"内侧"）设为"2厘米"。

（2）切换至"纸张"选项卡，在"纸张大小"列表框中选择"A3"。切换至"版式"选项卡，在"距边界"区域设置页眉、页脚分别距边界"1.2厘米"，单击"确定"按钮。

（3）在"插入"选项卡的"页眉和页脚"组中，单击"页码"按钮，在弹出的快捷菜单中选择"设置页码格式"，弹出"页码格式"对话框，在"编号格式"下拉列表中选择"-1-，-2-，-3-，…"，在"页码编号"选项组中勾选"起始页码"选项，并设置起始页码为"-1-"，单击"确定"按钮。

（4）在"插入"选项卡的"页眉和页脚"组中，单击"页码"按钮，在弹出的快捷菜单中选择"页面底端"→"普通数字2"。

（5）在"页眉和页脚工具-设计"选项卡的"关闭"组中，单击"关闭页眉和页脚"按钮。

**3. 页眉页脚设置**

（1）在"插入"选项卡的"页眉和页脚"组中，单击"页眉"按钮，在弹出的快捷菜单中选择"空白(三栏)"样式。

(2)在第1个内容控件中输入"北京明华中学";选中第2个内容控件,使用【Delete】键将其删除;选中第3个内容控件,在"插入"选项卡的"插图"组中,单击"图片"按钮,打开"插入图片"对话框,在考生文件夹中选择"logo.jpg"文件,单击"插入"按钮。适当调整图片的大小及位置,使其与学校名称高度匹配。

(3)在"开始"选项卡的"段落"组中,单击"边框"按钮,在弹出的快捷菜单中选择"边框和底纹"命令,弹出"边框和底纹"对话框。在"边框"选项卡中,将"应用于"选项选择"段落",在"样式"列表框中选择"上宽下细的双线型"样式,在"颜色"下拉列表中选择"标准色-红色",在"宽度"下拉列表框中选择"2.25磅",在右侧"预览"界面中单击"下边框"按钮,最后单击"确定"按钮。

(4)在"页眉和页脚工具-设计"选项卡中,单击"关闭页眉和页脚"按钮。

4. 设置段落格式

(1)在"开始"选项卡的"编辑"组中,单击"替换"按钮,弹出"查找和替换"对话框。

(2)将光标置于"查找内容"列表框中,单击"特殊格式"按钮,在弹出的级联菜单中选择"段落标记",继续单击"特殊格式"按钮,再次选择"段落标记"。

(3)将光标置于"替换为"列表框中,单击"特殊格式"按钮,在弹出的级联菜单中选择"段落标记",单击"全部替换"按钮,在弹出的对话框中选择"确定"按钮。

(4)单击"关闭"按钮。

(5)选中文章标题"致学生儿童家长的一封信",在"开始"选项卡的"样式"组中,选择样式列表框中的"标题"样式。

(6)分别选中正文中"一、二、三、…"所示标题段落,在"开始"选项卡的"样式"组中,选择样式列表框中的"标题1"样式。

(7)分别选中正文中"附件1、附件2、附件3、…"所示标题段落,在"开始"选项卡的"样式"组中,选择样式列表框中的"标题2"样式。

(8)在"开始"选项卡的"样式"组中,单击右侧的对话框启动器按钮,在样式窗格中单击"正文"样式右侧的下拉三角形按钮,在弹出的快捷菜单中选择"修改"命令。

(9)弹出"修改样式"对话框,在"格式"组中设置"字体"为"仿宋"、"字号"为"小四";单击下方的"格式"按钮,在弹出的下拉列表框中选择"段落"命令,打开"段落"对话框,在"缩进和间距"选项卡的"缩进"选项组中设置"特殊格式"为"首行缩进",将对应的"磅值"设置为"2字符",单击"确定"按钮。

(10)选中文档结尾处信件的落款(三行),在"开始"选项卡的"段落"组中,单击"右对齐"按钮,使最后三行文本右对齐。

5. 绘制流程图

(1)将光标置于"附件1"文字的最后一行结尾处,在"页面布局"选项卡的"页面设置"组中,单击"分隔符"按钮,在下拉列表框中选择"分页符"命令,插入新的一页。

（2）参照素材中的样例图片，在"插入"选项卡的"插图"组中，单击"形状"按钮，在下拉列表中选择"流程图：准备"，在页面起始位置添加一个"准备"图形；选择该图形，在"绘图工具－格式"选项卡的"形状样式"组中，单击"形状填充"按钮，在下拉列表中选择"无填充颜色"按钮，单击"形状轮廓"按钮，在下拉列表中选择"标准色－浅绿"，将"粗细"设置为"1 磅"；选中该图形，单击右键，在弹出的快捷菜单中选择"添加文字"，将"附件1"中的第一行文本复制、粘贴到形状图形中。

（3）参照素材中的样例图片，在第一个图形下方添加一个"箭头"形状，在"插入"选项卡的"插图"组中，单击"形状"按钮，在下拉列表中选择"箭头"图形，使用鼠标在图形下方绘制一个箭头图形。

（4）在箭头图形下方，在"插入"选项卡的"插图"组中，单击"形状"按钮，在下拉列表中选择"矩形"，在箭头形状下方绘制一个矩形框，选中该图形，在"格式"选项卡的"形状样式"组中，单击"形状填充"按钮，在下拉列表中选择"无填充颜色"按钮，单击"形状轮廓"按钮，在下拉列表中选择"标准色－浅蓝"，将"粗细"设置为"1 磅"；选中该图形，单击右键，在弹出的快捷菜单中选择"添加文本"，将"附件1"中的第2行文本复制、粘贴到形状图形中（具体文本内容参考素材中的样例图片）。

（5）参照素材中的样例图片，依次添加矩形形状和箭头形状，设置方法同上述。

（6）为流程图添加一个"流程图"→"决策"图形，用于判断"是否扣款成功"。在"插入"选项卡的"插图"组中，单击"形状"按钮，在下拉列表中选择"流程图"→"决策"图形，根据样例图片添加相应的文本信息。

（7）在流程图的结束位置添加一个"流程图"→"终止"图形。在"插入"选项卡的"插图"组中，单击"形状"按钮，在下拉列表中选择"流程图"→"终止"图形，根据样例图片添加相应的文本信息。

（8）参考素材中的样例图片，将光标置于流程图中的相应位置，在"插入"选项卡的"插图"组中，单击"形状"按钮，在下拉列表中选择"流程图→文档"图形，选中该图形，在"格式"选项卡下"形状样式"组中，选择"细微效果 － 紫色，强调颜色4 样式"，根据样例图片添加相应的文本信息。

（9）参考素材中的样例图片，在流程图相应位置，在"插入"选项卡的"插图"组中，单击"形状"按钮，在下拉列表中选择"流程图"→"多文档"图形，选中该图形，在"格式"选项卡的"形状样式"组中，选择"细微效果 － 紫色，强调颜色4 样式"，根据样例图片添加相应的文本信息。

（10）选择中间的两个矩形形状，在"开始"选项卡的"段落"组中，单击"居中"按钮。

（11）选中除右侧两个图形外的所有图形，在"格式"选项卡的"排列"组中，单击"组合"按钮，使所选图形组合成一个整体。

6. 表格制作

（1）选中"附件3 学生儿童'一小'银行缴费常见问题"下的绿色文本，在"插入"选项卡的"表格"组中，单击"表格"按钮，在弹出的列表框中选择"文本转换成表格"命令，弹出"将文字转换成表格"对话框，采用默认设置，单击"确定"按钮。

（2）参照表格下方的样例图片，在"开始"选项卡下"字体"组中，将"字体"设置为"黑体","字号"设置为"五号","字体颜色"设置为"蓝色",并将左侧和上方表头设置为加粗。

(3) 选中整个表格,在"表格工具-设计"选项卡的"表格样式"组中,选择内置表格样式"浅色网格 – 强调文字颜色4"。

(4) 在"开始"选项卡的"段落"组中,参考示例设置表格内容的对其方式。

(5) 选择表格中内容相同的单元格,单击右键,在弹出的快捷菜单中选择"合并单元格"命令,删除合并后单元格中重复的文字信息。

(6) 选中所有合并单元格,在"开始"选项卡的"段落"组中单击"居中"按钮。

(7) 选中整个表格对象,在"开始"选项卡的"段落"组中,单击"居中"按钮。

(8) 拖动表格右下角的控制柄工具,适当缩小表格列宽,具体大小可参考示例图。

7. 插入目录

(1) 将光标置于每个附件标题的开始位置,在"页面布局"选项卡的"页面设置"组中,单击"分隔符"按钮,在下拉列表中选择"分页符"。

(2) 调整"附件1 学校、托幼机构'一小'缴费经办流程图"标题,使其与流程图在一页上。

(3) 将光标置于素材正文最后位置(黄底文字"在这里插入有关附件的目录")处,在"引用"选项卡的"目录"组中,单击"目录"下拉按钮,在下拉列表中选择"插入目录"。

(4) 弹出"目录"对话框,取消勾选"显示页码"复选框;单击"选项"按钮,在弹出的"目录选项"对话框中,将"标题""标题1"和"标题3"后面的数字均删除,只保留"标题2",单击"确定"按钮。返回"目录"对话框,单击"确定"按钮,即可插入目录。

(5) 选中素材中用于提示的文字(带特定底纹的文字信息),按【Delete】键删除。

8. 邮件合并

(1) 将光标置于信件抬头的"尊敬的"和"学生儿童家长"之间。

(2) 在"邮件"选项卡的"开始邮件合并"组中,单击"开始邮件合并"按钮,在下拉列表中选择"邮件合并分步向导"选项。启动"邮件合并"任务窗格,进入邮件合并分布向导的第1步。

(3) 单击"下一步:正在启动文档"超链接,进入第2步,继续单击"下一步:选取收件人"超链接,进入第3步,单击"浏览"超链接,在弹出的"选取数据源"对话框中,选择考生文件夹下的"学生档案.xlsx"文件,单击"打开"按钮。

(4) 在弹出的"选取表格"对话框中,默认选择"初三学生档案"工作表,单击"确定"按钮。

(5) 弹出"邮件合并收件人"对话框,采用默认设置,单击"确定"按钮。

(6) 单击"下一步:撰写信函"超链接,进入第4步,选择"其他项目"超链接,弹出"插入合并域"对话框,在"域"列表框中选择"姓名",单击"插入"按钮,然后单击"关闭"按钮,此时"姓名"域插入文档的指定位置。

(7) 在"附件4"页面中,将光标置于"学校"标题后,单击"邮件合并"对话框中的"其他项目"超链接,弹出"插入合并域"对话框,在"域"列表框中选择"学校",单击"插入"按钮,单击"关闭"按钮。

(8) 按照上述同样操作方法,分别插入"年级"域、"班级"域、"学号"域和"学生姓名"域。

(9) 将设计好的"附件4"内容,参照"结果示例4.jpg"图片内容,复制一份放在文档下半页位置,将标题下方"此联家长留存"更改为"此联学校留存"。

(10) 删除文档中青绿色底纹的提示文字,在"插入"选项卡的"插图"组中,单击"形状"按钮,从下拉列表中选择"直线"形状。

(11) 按住【Shift】键,在页面中间位置绘制一条直线,选中该直线,在"格式"选项卡的"形状样式"组中,单击"形状轮廓"按钮,从下拉列表中选择"虚线"→"圆点"。

9. 筛选收件人

(1) 在"邮件"选项卡的"开始邮件合并"组中,单击"编辑收件人列表"按钮,在弹出的"邮件合并收件人"对话框中,单击"调整收件人列表"选项组中的"筛选"超链接,弹出"筛选和排序"对话框,在"筛选记录"选项卡下,在"域"下方第1个列表框中,单击选择"在校状态",在"比较关系"列表框中选择"等于",在"比较对象"列表框中输入"在读";在第2行列表框中分别设置值为"与""年级""等于""初三";在第3行列表框中分别设置值为"与""性别""等于""女",最后单击"确定"按钮。

(2) 单击"下一步:预览信函"超链接,查看符合条件的学生信息。

(3) 单击"下一步:完成合并"超链接,在邮件合并的第6步中单击"编辑单个信函"超链接,在弹出的"合并到新文档"对话框中,选择"全部",最后单击"确定"按钮。

(4) 单击快速工具栏中的"保存"按钮,弹出"另存为"对话框,将"保存位置"选择为考生文件夹路径,在"文件名"文本框中输入"正式通知",单击"保存"按钮。

(5) 关闭"正式通知.docx"文档,在"Word.docx"主文档中单击"保存"按钮,然后关闭文档。

# 2.6 政策文件排版

## 2.6.1 题目要求

办事员小李需要整理一份有关高新技术企业的政策文件呈送给总经理查阅。参照"示例1.jpg""示例2.jpg",利用考生文件夹下提供的相关素材,按下列要求帮助小李完成文档的编排。

(1) 打开考生文件夹下的文档"Word素材.docx",将其另存为"Word.docx"(.docx为文件扩展名),之后所有的操作均基于此文件,否则不得分。

（2）首先将文档"附件4 新旧政策对比.docx"的的"标题1""标题2""标题3"及"附件正文"4个样式的格式应用到 Word.docx 文档中的同名样式；然后将文档"附件4 新旧政策对比.docx"的全部内容插入 Word.docx 文档的最下面，后续操作均应在 Word.docx 中进行。

（3）删除文档 Word.docx 中所有空行和全角（中文）空格；将"第一章""第二章""第三章"……所在段落应用"标题2"样式；将所有应用"正文1"样式的文本段落以"第一条、第二条、第三条、……"的格式连续编号，并替换原文中的纯文本编号、字号设为五号、首行缩进2字符。

（4）在文档的开始处插入"瓷砖型提要栏"文本框，将"插入目录"标记之前的文本移动到该文本框中，要求文本框内部边距分别为左右各1厘米、上0.5厘米、下0.2厘米，为其中的文本进行适当的格式设置以使文本框高度不超过12厘米，结果可参考"示例1.jpg"。

（5）在标题段落"附件3 高新技术企业证书样式"的下方插入图片"附件3 证书.jpg"，为其应用恰当的图片样式、艺术效果，并改变其颜色。

（6）将标题段落"附件2 高新技术企业申请基本流程"下的绿色文本参照其上方的样例转换成布局为"分段流程"的 SmartArt 图形，适当改变其颜色和样式，加大图形的高度和宽度，将第2级文本的字号统一设置为6.5磅，将图形中所有文本的字体设为"微软雅黑"。最后将多余的文本及样例删除。

（7）在标题段落"附件1 国家重点支持的高新技术领域"的下方插入以图标方式显示的文档"附件1 高新技术领域.docx"，将图标名称改为"国家重点支持的高新技术领域"，双击该图标应能打开相应的文档进行阅读。

（8）将标题段落"附件4 高新技术企业认定管理办法新旧政策对比"下的以连续符号"###"分隔的蓝色文本转换为一个表格，套用恰当的表格样式，在"序号"列插入自动编号"1、2、3、…"，将表格中所有内容的字号设为小五号、在垂直方向上居中。令表格与其上方的标题"新旧政策的认定条件对比表"占用单独的横向页面，且表格与页面同宽，并适当调整表格各列列宽，结果可参考"示例2.jpg"。

（9）文档的4个附件内容排列位置不正确，应将其按"1、2、3、…"的正确顺序进行排列，但不能修改标题中的序号。

（10）在文档开始的"插入目录"标记处，插入只包含第1、2级标题的目录并替换"插入目录"标记，目录页不显示页码。自目录后的正式文本另起一页，并插入自1开始的页码于页边距右侧，最后更新目录。

## 2.6.2 操作步骤

### 1. 保存文件

（1）打开考生文件夹下的"Word 素材.docx"，在"文件"选项卡中选择"另存为"，在弹出的对话框中输入文件名"Word.docx"，单击"保存"按钮。

### 2. 导入样式

（1）打开考生文件夹下的"附件4 新旧政策对比.docx"，在"开始"选项卡的"样式"组中，单击对话框启动器按钮，弹出"样式"窗格，单击"管理样式"按钮，弹出"管理样式"对话框。

（2）在弹出的对话框中单击"导入/导出"按钮，弹出"管理器"对话框，单击"样式"选项卡下右侧的"关闭文件"按钮。单击"打开文件"按钮，定位到考生文件夹，单击右侧的文件类型下拉按钮，选择"所有文件"，再选择考生文件夹下的"Word.docx"，单击"打开"按钮。

（3）选择左侧列表框中的"标题1"，单击"复制"按钮，在弹出的对话框中提示"是否要改写现有的样式 词条 标题1"，单击"是"按钮，即可将文档"附件4 新旧政策对比.docx"中的"标题1"样式应用到"Word.docx"中的同名样式。

（4）按照同样的方法，将文档"附件4 新旧政策对比.docx"中的"标题2""标题3"及"附件正文"3个样式的格式应用到"Word.docx"文档中的同名样式，单击"关闭"按钮，关闭"附件4 新旧政策对比.docx"。

（5）打开考生文件夹下的"Word.docx"文档，将光标定位到文档最后，在"插入"选项卡的"文本"组中，单击"对象"下拉按钮，选择"文件中的文字"，在弹出的"插入文件"对话框中选择考生文件夹下的"附件4 新旧政策对比.docx"，单击"插入"按钮。

3. 应用样式

（1）将光标定位在文档第1行，在"开始"选项卡的"编辑"组中，单击"替换"按钮，在弹出的"查找和替换"对话框中，将光标定位到"查找内容"文本框，删除"查找内容"文本框中的内容，单击"更多"按钮，在扩展的窗格中单击"特殊格式"下拉按钮，选择"段落标记"。再次单击"特殊格式"按钮，选择"段落标记"。将光标定位到"替换为"文本框，单击"特殊格式"下拉按钮，选择"段落标记"。单击"全部替换"按钮，单击"确定"按钮，再次单击"全部替换"按钮，单击"确定"按钮。完成替换后，单击"关闭"按钮，关闭对话框。手动删除文档中最后一行空行。

（2）将光标定位在文档第1行，在"开始"选项卡的"编辑"组中，单击"替换"按钮，在弹出的"查找和替换"对话框中，将光标定位到"查找内容"文本框，删除"查找内容"文本框中的内容，输入1个全角空格。删除"替换为"文本框中的内容。单击"全部替换"按钮，完成替换后，单击"关闭"按钮，关闭对话框。

（3）光标定位在"第一章"所在段落，在"样式"组中选择"标题2"样式。按照同样的方法将"第二章""第三章"……所在段落应用"标题2"样式。

（4）右键单击"样式"组中的"正文1"样式，选择"修改"，在弹出的"修改样式"对话框中，单击"格式"下拉按钮，选择"编号"，弹出"编号和项目符号"对话框，单击"定义新编号格式"按钮，在弹出的"定义新编号格式"对话框中，单击"编号样式"下拉按钮，选择"一、二、三（简）…"。将光标移动到"编号格式"输入框"一"前，输入"第"，删除"一"，后的"."，输入"条"，单击"确定"按钮，返回"编号和项目符号"对话框，单击"确定"按钮。在"修改样式"对话框中，单击"字号"下拉按钮，选择"五号"。单击"格式"下拉按钮，选择"段落"，在弹出的"段落"对话框中，在"缩进和间距"选项卡下，单击"特殊格式"下拉按钮，选择"首行缩进"，将"磅值"设置为"2字符"。单击"确定"按钮,返回"修改样式"对话框,单击"确定"按钮。

(5) 选中纯文本编号,按【Backspace】键删除。

4. 插入文本框

(1) 将光标定位在文档第1行,在"插入"选项卡的"文本"组中,单击"文本框"下拉按钮,选择"瓷砖型提要栏"。选中"插入目录"标记之前的文本,按【Ctrl + X】组合键进行剪切,光标定位在提要栏内,按【Ctrl + V】组合键,即可粘贴内容。

(2) 删除文本框中多余空行。

(3) 将光标定位到插入目录之前(在这里可使用键盘上的方向键进行定位),按两次【Backspace】键,删除多余空行。

(4) 选中文本框的边框,单击右键,选择"设置形状格式",在弹出的"设置形状格式"对话框中单击"文本框"选项,在"内部边距"中设置左、右各1厘米、上0.5厘米、下0.2厘米。设置完成后,单击"关闭"按钮。

(5) 将光标定位在提要栏内的文字"关于修订"前,按【Enter】键。选中第1段文字,在"开始"选项卡下的"字体"组中,单击"增大字体"按钮,单击"加粗"按钮。在"段落"组中单击"居中"按钮。

(6) 按照同样的方法,设置第2段文字和格式为加粗、居中对齐,第3段文字为居中对齐。

(7) 选中第5段文字,单击"段落"组中的对话框启动器按钮,设置特殊格式为"首行缩进",设置"磅值"为"2字符"。单击"行距"下拉按钮,选择"1.5倍行距",单击"确定"按钮。

(8) 选中最后两段内容,单击"段落"组中的"右对齐"按钮。

(9) 选中文本框,单击"绘图工具–格式"选项卡,确认"大小"组中的"高度"不超过12厘米。

5. 图片编辑

(1) 将光标定位在"附件3 高新技术企业证书样式"后,按【Enter】键,在"插入"选项卡的"插图"组中,单击"图片"按钮,在弹出的对话框中选择考生文件夹下的"附件3 证书.jpg"。单击"插入"按钮。

(2) 选中图片,在"图片工具–格式"选项卡的"图片样式"组中,选择"剪裁对角线,白色"样式。

(3) 单击"调整"组中的"艺术效果"下拉按钮,选择"塑封"命令。

(4) 单击"调整"组中的"颜色"下拉按钮,选择"色调"→"色温:4700K"。

6. 插入SmartArt图形

(1) 光标定位到"附件2 高新技术企业申请基本流程"后,按【Enter】键,在"插入"选项卡下"插图"组中,单击"SmartArt"按钮,在弹出的对话框中选择"流程"选项中的"分段流程"。单击"确定"按钮。

(2) 选中绿色文本,按【Ctrl + C】组合键复制,选中SmartArt图形,单击左侧的扩展按钮,即可打开文本窗格。将光标定位在文本窗格相应位置,按【Ctrl+V】组合键粘贴。

(3)将光标定位在文本窗格中第 2 行文字"1. 申请书"中,在"SmartArt 工具-设计"选项卡下的"创建图形"组中,单击"降级"按钮。使其从一级文本变为二级文本。将光标定位在第 10 行文字"认定机构组织专家评审"中,单击"升级"按钮,使其从二级文本变为一级文本。

(4)按照同样的方法,参照样例,为其他文字升级或降级。

(5)选中末尾多余的文本行,按【Delete】键删除。单击"关闭"按钮,关闭文本窗格。

(6)选中整个 SmartArt 图形,在"SmartArt 工具-设计"选项卡的"SmartArt 样式"组中,单击"更改颜色"下拉按钮,选择"彩色-强调文字颜色"。单击"SmartArt 样式"组中的"其他"扩展按钮,选择"三维"→"粉末"。

(7)选中整个 SmartArt 图形,参照样例,在"SmartArt 工具-格式"选项卡的"大小"组中,增大高度和宽度。

(8)打开文本窗格,按住【Ctrl】键,选中所有二级文本,单击右键,在弹出的快捷菜单中选择"字体"。在弹出的"字体"对话框中,设置"大小"为 6.5,单击"确定"按钮。选中文本窗格内所有文字内容,在"开始"选项卡下的"字体"组中,设置"字体"为"微软雅黑"。

(9)单击"关闭"按钮,关闭文本窗格。选中多余的文本和样例,按【Delete】键删除。

7. 插入对象

(1)将光标定位在"附件 1 国家重点支持的高新技术领域"后,按【Enter】键。

(2)在"插入"选项卡的"文本"组中,单击"对象"下拉按钮,选择"对象"。在弹出的"对象"对话框中单击"由文件创建"选项卡下的"浏览"按钮,选择考生文件夹下的"附件 1 高新技术领域.docx",单击"插入"按钮。

(3)勾选"显示为图标"复选框,单击"更改图标"按钮,在弹出的对话框中输入题注"国家重点支持的高新技术领域",单击"确定"按钮,返回"对象"对话框,单击"确定"按钮。

8. 表格设置

(1)选中"附件 4 高新技术企业认定管理办法新旧政策对比"下的以连续符号"###"分隔的蓝色文本。在"开始"选项卡的"编辑"组中,单击"替换"按钮,在弹出的"查找和替换"对话框中将光标定位到"查找内容"文本框,输入"###"。将光标定位到"替换为"文本框,输入"#",单击"全部替换"按钮。在弹出的对话框中单击"否"按钮,完成替换后,单击"关闭"按钮,关闭对话框。

(2)在"插入"选项卡的"表格"组中,单击"表格"下拉按钮,选择"文字转换成表格"。在弹出的"将文字转换成表格"对话框中,单击"确定"按钮。

(3)选中"序号"列中的空白单元格,在"开始"选项卡的"段落"组中,单击"编号"下拉按钮,选择编号"1 2 3 …"。

(4)在"表格工具-设计"选项卡的"表格样式"组中,选择一种合适的表格样式,如"浅色底纹-强调文字颜色4"。

（5）选中整个表格，在"开始"选项卡下的"字体"组中，设置"字号"为"小五"。单击右键，选择"表格属性"，在弹出的"表格属性"对话框中，单击"单元格"选项卡，选择"垂直对齐方式"下的"居中"，单击"确定"按钮。

（6）将光标定位在表格标题前，在"页面布局"选项卡下的"页面设置"组中，单击"分隔符"下拉按钮，选择"下一页"，将光标定位到"二、认定的程序性和监督管理方面事项"前，单击"分隔符"下拉按钮，选择"下一页"。光标定位到表格标题前，单击"页面设置"组中的"纸张方向"下拉按钮，选择"横向"。

（7）选中表格标题，在"开始"选项卡的"段落"组中，单击对话框启动器按钮，在弹出的"段落"对话框中，选择"换行和分页"选项卡，勾选"与下段同页"复选框，单击"确定"按钮。

（8）选中表格，单击右键，选择"自动调整"→"根据窗口调整表格"。

（9）参考"示例2.jpg"，适当调整表格列宽，使表格和标题占用单独的1页。

（10）选中表格第1行，在"表格工具-布局"选项卡的"对齐方式"组中，单击"水平居中"按钮，采用同样的方法，设置表格A2:A9右对齐。

（11）选中整个表格，在"表格工具-设计"选项卡的"表格样式"组中，单击"边框"下拉按钮，选择"边框和底纹"。在弹出的"边框和底纹"对话框中，单击"全部"按钮，在样式中选择虚线，单击"颜色"下拉按钮，选择"橄榄色，强调文字颜色3"，单击"确定"按钮。在"表格工具-设计"选项卡的"绘图边框"组中，单击"绘制表格"按钮，单击"笔样式"下拉按钮，选择单实线，单击"笔颜色"下拉按钮，选择"标准色-紫色"，按照示例图绘制表格边框线。绘制完成后，再次单击"绘制表格"按钮，取消绘制。

### 9. 调整标题顺序

（1）在"开始"选项卡的"编辑"组中，单击"查找"按钮，在文档左侧的导航窗格中单击"浏览您的文档中的标题"选项，选中标题"附件1"后，直接拖动到"附件2"前。

（2）按照同样的方法，调整附件的正确顺序。

### 10. 插入目录

（1）选中"插入目录"控件，按【Delete】键删除，然后按【Backspace】键。在"引用"选项卡下"目录"组中，单击"目录"下拉按钮，选择"插入目录"，在弹出的"目录"对话框中单击"选项"按钮，弹出"目录选项"对话框。删除标题3的目录级别，单击"确定"按钮，返回"目录"对话框，单击"确定"按钮。

（2）将光标定位在目录后的文本"高新技术企业认定管理办法"前，在"页面布局"选项卡的"页面设置"组中，单击"分隔符"下拉按钮，选择"下一页"。然后，删除目录下方的多余空行。

（3）在"插入"选项卡的"页眉和页脚"组中，单击"页码"下拉按钮，选择"页边距"→"圆（右侧）"。将光标定位在目录页的页脚处，在"页眉和页脚工具-设计"选项卡的"选项"组中，勾选"首页不同"复选框。

# 2.7 宣传海报制作

## 2.7.1 题目要求

某高校为了帮助学生更好地进行职场定位和职业准备，提高就业能力，该校学工处将于 2013 年 4 月 29 日（星期五）19:30—21:30 在校国际会议中心举办题为"领慧讲堂——大学生人生规划"就业讲座，特别邀请资深媒体人、著名艺术评论家赵蕈先生担任演讲嘉宾。

请根据上述活动的描述，利用 Microsoft Word 制作一份宣传海报（宣传海报的参考样式请参考"Word - 海报参考样式.docx"文件）。要求如下：

（1）调整文档版面，要求页面高度为 35 厘米，页面宽度为 27 厘米，页边距（上、下）为 5 厘米，页边距（左、右）为 3 厘米，并将考生文件夹下的图片"Word - 海报背景图片.jpg"设置为海报背景。

（2）根据"Word - 海报参考样式.docx"文件，调整海报内容文字的字号、字体和颜色。

（3）根据页面布局需要，调整海报内容中"报告题目""报告人""报告日期""报告时间""报告地点"信息的段落间距。

（4）在"报告人："位置后面输入报告人姓名（赵蕈）。

（5）在"主办：校学工处"位置后另起一页，并设置第 2 页的页面纸张大小为 A4，纸张方向设置为横向，页边距为普通页边距定义。

（6）在新页面的"日程安排"段落下面，复制本次活动的日程安排表（请参考"Word - 活动日程安排.xlsx"文件），要求表格内容引用 Excel 文件中的内容，若 Excel 文件中的内容发生变化，Word 文档中的日程安排信息将随之发生变化。

（7）在新页面的"报名流程"段落下面，利用 SmartArt，制作本次活动的报名流程（学工处报名、确认坐席、领取资料、领取门票）。

（8）设置"报告人介绍"段落下面文字的排版布局，参考示例文件中的样式。

（9）更换报告人照片为考生文件夹下的 Pic2.jpg 照片，将该照片调整到适当位置，且不遮挡文档中的文字内容。

（10）保存本次活动的宣传海报设计为 Word.docx。

## 2.7.2 操作步骤

1. 页面设置

（1）打开考生文件夹下的 Word.docx。

（2）根据题目要求，调整文档版面。在"页面布局"选项卡的"页面设置"组中，单击"页面设置"按钮。打开"页面设置"对话框,在"纸张"选项卡下,分别在"高度"和"宽度"微调框中设置"35 厘米"和"27 厘米",然后单击"确定"按钮。

(3)按照上面同样的方式,打开"页面设置"对话框,根据题目要求在"页边距"选项卡中的"上"和"下"微调框中都设置"5 厘米",在"左"和"右"微调框都设置"3 厘米"。然后,单击"确定"按钮。

(4)在"页面布局"选项卡的"页面背景"组中,单击"页面颜色"按钮,在弹出的下拉列表中选择"填充效果"命令,弹出"填充效果"对话框,选择"图片"选项卡,从目标文件中选择"Word – 海报背景图片. jpg"。

(5)单击"确定"按钮,即可看到实际填充效果图。

2. 格式设置

根据"Word – 最终参海报考样式. docx"文件,选中标题"'领慧讲堂'就业讲座",在"开始"选项卡的"字体"组中,单击"字体"下拉按钮,选择"华文琥珀",在"字号"下拉按钮中选择"初号",在"字体颜色"下拉按钮中选择"红色"。按同样方式设置正文部分的字体,在此把正文部分设置为"宋体""二号""深蓝"和"白色,文字 1",将"欢迎踊跃参加"设置为"宋体""初号""白色,文字 1"。

3. 段落格式设置

选中"报告题目""报告人""报告日期""报告时间""报告地点"所在的段落信息,在"开始"选项卡的"段落"组中,单击"段落"按钮,弹出"段落"对话框。在"缩进和间距"选项卡的"间距"选项组中,单击"行距"下拉列表,选择合适的行距,此处选择"单倍行距",在"段前"和"段后"微调框中都设置"0 行"。

4. 文字录入

在"报告人:"位置后面输入报告人"赵覃"。

5. 分节

(1)将光标置于"主办:校学工处"位置后面,在"页面布局"选项卡的"页面设置"组中,单击"分隔符"按钮,选择"分节符"中的"下一页"命令,即可另起一页。

(2)选择第 2 页,在"页面布局"选项卡的"页面设置"组中,单击"纸张大小"下拉按钮,在弹出的下拉列表中选择"A4"。

(3)单击"纸张方向"下拉按钮,在弹出的下拉列表中选择"横向"。

(4)单击"页边距"下拉按钮,在弹出的下拉列表中选择"普通"。

6. 表格制作

(1)打开"Word – 活动日程安排. xlsx",选中表格中的所有内容,按【Ctrl + C】组合键,复制所选内容。

(2)切换到 Word. docx 文件中,在"开始"选项卡的"剪贴板"组中,单击"粘贴"按钮,在下拉列表中选择"选择性粘贴",弹出"选择性粘贴"对话框。选择"粘贴链接",在"形式"下拉列表框中选择"Microsoft Excel 工作表对象"。

(3) 单击"确定"按钮后，更改"Word–活动日程安排.xlsx"文字单元格的背景色，在 Word 中的内容同步更新。

**7. 流程制作**

(1) 在"插入"选项卡的"插图"组中，单击"SmartArt"按钮，弹出"选择 SmartArt 图形"对话框，选择"流程"中的"基本流程"。

(2) 单击"确定"按钮。

(3) 在文本中输入相应的流程名称。

(4) 在"学工处报名"所处的文本框右键单击，在弹出的工具栏中单击"形状填充"的下三角按钮，选择"标准色–红色"。按照同样的方法，依次设置后三个文本框的填充颜色为"浅绿""紫色""浅蓝"。

**8. 设置首字下沉**

(1) 选中"赵"，在"插入"选项卡的"文本"组中，单击"首字下沉"按钮，选择"首字下沉选项"，弹出"首字下沉"对话框，在"位置"组中选择"下沉"，单击"选项"组中的"字体"下拉按钮，选择"+中文正文"，将"下沉行数"微调框设置为"3"。

(2) 将"报告人介绍"段落下面的文字字体颜色设置为"白色，背景 1"。

**9. 图片编辑**

选中图片，在"图片工具–格式"选项卡的"调整"组中，单击"更改图片"按钮，弹出"插入图片"对话框，选择"Pic 2.jpg"，单击"插入"按钮，实现图片更改，拖动图片到恰当位置。

**10. 保存文件**

单击"保存"按钮，保存本次的宣传海报设计为"Word.docx"文件名。

# 2.8 国外旅游城市介绍文档

## 2.8.1 题目要求

在某旅行社就职的小许为了开发德国旅游业务，在 Word 中整理了介绍德国主要城市的文档，按照如下要求帮助他对这篇文档进行完善。

(1) 在考生文件夹下，将"Word 素材.docx"文件另存为"Word.docx"（".docx"为扩展名），后续操作均基于此文件，否则不得分。

(2) 修改文档的页边距，上、下均为 2.5 厘米，左、右均为 3 厘米。

(3) 设置文档标题"德国主要城市"的格式，要求如表 2.4 所示。

表 2.4　样式设置要求

| 字体 | 微软雅黑，加粗 |
|---|---|
| 字号 | 小初 |
| 对齐方式 | 居中 |
| 文本效果 | 填充 – 橄榄色，强调文字颜色 3，轮廓 – 文本 2 |
| 字符间距 | 加宽，6 磅 |
| 段落间距 | 段前间距：1 行；段后间距：1.5 行 |

（4）将文档第 1 页中的绿色文字内容转换为 2 列 4 行的表格，并进行如下设置（效果可参考考生文件夹下的"表格效果.png"示例）：

① 设置表格居中对齐，表格宽度为页面的 80%，并取消所有的框线。
② 使用考生文件夹中的图片"项目符号.png"作为表格中文字的项目符号，并设置项目符号的字号为小一号。
③ 设置表格中的文字颜色为黑色，字体为方正姚体，字号为二号，其在单元格内中部两端对齐，并左侧缩进 2.5 字符。
④ 修改表格中内容的中文版式，将文本对齐方式调整为居中对齐。
⑤ 在表格的上、下方插入恰当的横线作为修饰。
⑥ 表格后插入分页符，使正文内容从新的页面开始。

（5）为文档中所有红色文字内容应用新建的样式，要求如表 2.5 所示（效果可参考考生文件夹中的"城市名称.png"示例）。

表 2.5　样式设置要求

| 样式名称 | 城市名称 |
|---|---|
| 字体 | 微软雅黑，加粗 |
| 字号 | 三号 |
| 字体颜色 | 深蓝，文字 2 |
| 段落格式 | 段前、段后间距为 0.5 行；行距为固定值 18 磅，并取消相对于文档网络的对齐；与下段同页，大纲级别为 1 级 |
| 边框 | 边框类型为方框，颜色为"深蓝，文字 2"，左框线宽度为 4.5 磅，下框线宽度为 1 磅，框线紧贴文字（到文字间距磅值为 0），取消上方和右侧框线 |
| 底框 | 填充颜色为"蓝色，强调文字颜色 1 淡色 80%"，图案样式为"5%"，颜色为自动 |

（6）为文档正文中除了蓝色的所有文本应用新建立的样式，要求如表 2.6 所示。

表 2.6　样式设置要求

| 样式名称 | 城市介绍 |
|---|---|
| 字号 | 小四号 |
| 段落格式 | 两端对齐，首行缩进 2 字符，段前、段后间距为 0.5 行，并取消相对于文档网格的对齐 |

（7）取消标题"柏林"下方蓝色文本段落中的所有超链接，并按表 2.7 所示的要求设

置格式（效果可参考考生文件夹中的"柏林一览.png"示例）。

表2.7　样式设置要求

| 设置并应用段落制表位 | 8字符，左对齐，第5个前导符样式；18字符，左对齐，无前导符；28字符，左对齐，第5个前导符样式 |
|---|---|
| 设置文字宽度 | 将第1列文字宽度设置为5字符，将第3列文字宽度设置为4字符 |

（8）将标题"慕尼黑"下方的文本"Muenchen"修改为"München"。

（9）在标题"波茨坦"下方，显示名为"会议图片"的隐藏图片。

（10）为文档设置"阴影"型页面边框，以及恰当的页面颜色，并设置打印时可以显示；保存"Word.docx"文件。

（11）将"Word.docx"文件另存为"笔画顺序.docx"到考生文件夹；在"笔画顺序.docx"文件中，将所有的城市名称标题（包含下方的介绍文字）按照笔画顺序升序排列，并删除该文档第1页中的表格对象。

## 2.8.2　操作步骤

1. 保存文件

（1）打开考生文件夹下的"Word素材.docx"文件。

（2）单击"文件"选项卡下的"另存为"按钮，弹出"另存为"对话框，在该对话框中将"文件名"设为"Word.docx"，将其保存于考生文件夹下。

2. 页面设置

在"页面布局"选项卡的"页面设置"组中，单击对话框启动器按钮，弹出"页面设置"对话框，将"上""下"均设置为"2.5厘米"，将"左""右"均设置为"3.0厘米"，单击"确定"按钮。

3. 基本格式设置

（1）选中文档中的标题文字"德国主要城市"。

（2）在"开始"选项卡的"字体"组中，单击右下角的对话框启动器按钮，弹出"字体"对话框，在"字体"选项卡中，将"中文字体"设置为"微软雅黑"；将"字形"设置为"加粗"；将"字号"设置为"小初"。切换到"高级"选项卡，将"间距"设置为"加宽"，将"磅值"设置为"6"，单击"确定"按钮。

（3）继续选中标题段文字，在"开始"选项卡的"字体"组中，单击"文本效果"按钮，在下拉列表中选择文本效果"填充 – 橄榄色，强调文字颜色3，轮廓 – 文本2"。单击"段落"组中的"居中"按钮，设置标题段落居中显示。

（4）选择标题段文字，单击"段落"组右下角的对话框启动器按钮，弹出"段落"对话框，将"段前"调整为"1行"；将"段后"调整为"1.5行"，单击"确定"按钮。

### 4. 将文本转换为表格并设置表格格式

（1）选中文档中第 1 页的绿色文字。

（2）在"插入"选项卡的"表格"组中，单击"表格"按钮，在下拉列表框中选择"文本转换成表格"命令，弹出"将文字转换成表格"对话框，保持默认设置，单击"确定"按钮。

（3）选中表格对象，在"开始"选项卡的"段落"组中，单击"居中"按钮。在"表格工具 – 布局"选项卡的"单元格大小"组中，单击右下角的对话框启动器按钮，弹出"表格属性"对话框，在"表格"选项卡下勾选"指定宽度"，将比例调整为"80%"，单击"确定"按钮。在"表格工具 – 设计"选项卡的"表格样式"组中，单击"边框"按钮，在下拉列表中选择"无框线"。

（4）选中整个表格，在"开始"选项卡的"段落"组中，单击"项目符号"按钮，在下拉列表中选择"定义新项目符号"，弹出"定义新项目符号"对话框，单击"字体"按钮，弹出"字体"对话框，将"字号"设置为"小一"，单击"确定"按钮；返回"定义新项目符号"对话框，单击"图片"按钮，打开"图片项目符号"对话框，单击"导入"按钮，弹出"将剪辑添加到管理器"对话框，浏览考生文件夹下的"项目符号.png"文件，单击"添加"按钮。最后，关闭所有对话框。

（5）选中整个表格，在"开始"选项卡的"字体"组中，单击右下角的对话框启动器按钮，弹出"字体"对话框，将"中文字体"设置为"方正姚体"，将"字号"设置为"二号"，将"字体颜色"设置为"黑色"，单击"确定"按钮。在"表格工具/布局"选项卡的"对齐方式"组中，单击"中部两端对齐"按钮；切换到"开始"选项卡，单击"段落"组右下角的对话框启动器按钮，弹出"段落"对话框，将"缩进"组中的"左侧"设置为"2.5 字符"，单击"确定"按钮。

（6）选中整个表格，单击"段落"组右下角的对话框启动器按钮，弹出"段落"对话框，切换到"中文版式"选项卡，将"文本对齐方式"设置为"居中"，单击"确定"按钮。

（7）将光标置于标题段之后，按【Enter】键，新建段落。在"开始"选项卡的"段落"组中，单击"边框"按钮，在下拉列表中选择"边框和底纹"命令，弹出"边框和底纹"对话框，单击对话框左下角的"横线"按钮，弹出"横线"对话框，在列表框中选择参考文件"表格效果.png"所示的横线类型，单击"确定"按钮。按照同样的方法，在表格下方插入相同的横线。

（8）将光标置于表格下方段落之前，在"页面布局"选项卡的"页面设置"组中，单击"分隔符"按钮，在下拉列表中选择"分页符"命令。

### 5. 样式设置

（1）在"开始"选项卡的"样式"组中，单击右下角的对话框启动器按钮，弹出"样式"对话框，在最底部位置单击"新建样式"按钮，弹出"根据格式设置创建新样式"对话框，在"属性"组"名称"文本框中输入"城市名称"；在"格式"组中设置文字格式为"微软雅黑""三号""加粗""深蓝，文字 2"。

（2）单击对话框底部的"格式"按钮，在下拉列表中选择"段落"，弹出"段落"对话框,在"缩进和间距"选项卡中将"大纲级别"调整为"1级";将"段前"和"段后"间距调整为0.5行,单击"行间距"下拉按钮,在下拉列表中选择"固定值","设置值"为"18磅";取消勾选下方"如果定义了文档网格,则对齐到网格"复选框。切换到"换行和分页"选项卡,勾选"分页"组中的"与下段同页"复选框。单击"确定"按钮,关闭对话框。

(3)单击对话框底部的"格式"按钮,在下拉列表中选择"边框",弹出"边框和底纹"对话框,在"边框"选项卡下,单击左侧的"方框",将"颜色"设置为"深蓝,文字2","宽度"选择为"1.0磅"。单击选中左侧设置中的"自定义",将"宽度"设置为"4.5磅",然后单击右侧预览中的左框线,将左框线宽度应用为"4.5磅",单击预览中的上方和右侧边框线,将其取消(注意:每处需要单击两次),最后只保留左侧和下方边框线,然后单击底部的"选项"按钮,弹出"边框和底纹选项"对话框,将"上""下""左""右"边距全部设置为"0",单击"确定"按钮。

(4)切换到"底纹"选项卡,在填充中选择"主题颜色:蓝色,强调文字颜色1,淡色80%",在图案中的样式中选择"5%",将颜色设置为"自动"。设置完成后,单击"确定"按钮。最后,单击"根据格式设置创建新样式"对话框中的"确定"按钮,关闭对话框。

(5)选中文中所有红色文字,在"开始"选项卡的"样式"组中,单击新建的"城市名称"样式,将所有红色城市名称应用该样式。

6. 样式设置

(1)在"开始"选项卡的"样式"组中,单击右下角的对话框启动器按钮,弹出"样式"对话框,在最底部位置单击"新建样式"按钮,弹出"根据格式设置创建新样式"对话框,在"属性"组名称中输入"城市介绍",在"格式"组中选择字号为"小四"。

(2)单击对话框底部的"格式"按钮,在下拉列表中选择"段落",弹出"段落"对话框。在"缩进和间距"选项卡中将对齐方式设置为"两端对齐";将特殊格式设置为"首行缩进",对应的磅值调整为"2字符";调整"段前""段后"间距为"0.5行";取消勾选下方"如果定义了文档网格,则对齐到网格"复选框。设置完成后,单击"确定"按钮。最后,单击"根据格式设置创建新样式"对话框中的"确定"按钮,关闭对话框。

(3)选中文档正文中除了蓝色文本的所有文本,在"开始"选项卡的"样式"组中,单击新建的"城市介绍"样式,将文档正文中除了蓝色文本的所有文本应用"城市介绍"样式。

7. 段落格式设置

(1)选中标题"柏林"下方蓝色文本段落中的所有文本内容,按【Ctrl + Shift + F9】组合键,取消所有超链接。

(2)在"开始"选项卡的"段落"组中,单击右下角的对话框启动器按钮,弹出"段落"对话框,单击对话框底部的"制表位"按钮,弹出"制表位"对话框,在"制表位位置"文本框中输入"8字符",将"对齐方式"设置为"左对齐",将"前导符"设置为"5……(5)",单击"设置"按钮;按照同样的方法,在"制表位位置"文本框中输入"18字符",将"对齐方式"设置为"左对齐",将"前导符"设置为"1无(1)",单击"设置"按钮;在"制表位位置"文本框中输入"28字符",将"对齐方式"设置为"左对齐",将"前导符"设置为"5……(5)",单击"设置"按钮。最后,单击"确定"按钮,关闭对话框。

(3)参考"柏林一览.png"示例文件,将光标置于第1段"中文名称"文本后,按【Tab】键;将光标置于"柏林"之后,按【Tab】键;将光标置于"气候条件"之后,按【Tab】键。按同样方法设置后续段落。

(4)选中第1列第1行文本"中文名称",在"开始"选项卡的"段落"组中,单击"中文版式"按钮,在下拉列表中选择"调整宽度",弹出"调整宽度"对话框,在"新文字宽度"中输入"5字符",单击"确定"按钮。设置完成后,在"开始"选项卡的"剪贴板"组中,双击"格式刷"按钮,然后逐个选中第1列中的其他内容,将该样式应用到第1列其他行的文本中,再次单击"格式刷"按钮,取消格式刷的选中状态。

(5)选中第3列第1行文本"气候条件",在"开始"选项卡的"段落"组中,单击"中文版式"按钮,在下拉列表中选择"调整宽度",弹出"调整宽度"对话框,在"新文字宽度"中输入"4字符",单击"确定"按钮。设置完成后,双击"剪贴板"组中的"格式刷",然后逐个选中第3列中的其他内容,将该样式应用到第3列其他行的文本中,同理,再次单击"格式刷"按钮,取消格式刷的选中状态。

8. 插入符号

将文本"Muenchen"中的"ue"字符删除,在"插入"选项卡的"符号"组中,单击"符号"按钮,在下拉列表中选择"其他符号",弹出"符号"对话框,在"字体"组的下拉列表中选择"(普通文本)",找到字符"ü",单击"插入"按钮,单击"关闭"按钮。

9. 显示隐藏图片

选中"波斯坦"下方的图片,在"图片工具-格式"选项卡的"排列"组中,单击"选择窗格"按钮,在右侧会出现"选择和可见性"窗格,单击"会议图片"右侧的方框,出现一个眼睛图标,则"会议图片"可见。

10. 页面边框设置

(1)在"页面布局"选项卡的"页面背景"组中,单击"页面边框"按钮,弹出"边框和底纹"对话框,选择左侧"设置"中的"阴影",单击"确定"按钮。

(2)在"页面布局"选项卡的"页面背景"组中,单击"页面颜色"按钮,在下拉列表中选择一种"主题颜色"(在此选择"茶色,背景2,深色25%")。

(3)单击"文件"→"选项"按钮,弹出"Word选项"对话框,单击左侧的"显示",在右侧的"打印选项"中勾选"打印背景色和图像"复选框,单击"确定"按钮。

(4)单击快速访问工具栏上的"保存"按钮。

11. 按照笔画顺序升序排列

(1)单击"文件"选项卡中的"另存为"命令,将文件保存到考生文件夹下,并命名为"笔画顺序"。

(2)在"视图"选项卡的"文档视图"组中,单击"大纲视图"按钮,将文档切换为

"大纲视图",在"大纲视图"下,在"大纲"选项卡的"大纲工具"组中,单击"显示级别"按钮,将"显示级别"设置为"1级",结果如图 2.1 所示。

(3)在"开始"选项卡的"段落"组中,单击"排序"按钮,弹出"排序文字"对话框,在"主要关键字"中选择"段落数",将"类型"设置为"笔划",选择"升序",单击"确定"按钮。在"大纲"视图中,单击"关闭大纲视图"按钮。选中第 1 页的表格对象,按【Backspace】键进行删除。

图 2.1 使用大纲工具设置显示级别

12. 保存文件

单击快速访问工具栏中的"保存"按钮,关闭所有文档。

## 2.9 准考证制作

### 2.9.1 题目要求

培训部小方正在为本部门报考会计职称的考生准备相关通知及准考证,利用考生文件夹下提供的相关素材,按下列要求帮助小方完成文档的编排。

(1)打开一个空白 Word 文档,利用文档"准考证素材及示例.docx"中的文本素材,并参考其中的示例图,制作准考证主文档,以"准考证.docx"为文件名保存在考生文件夹下(".docx"为文件扩展名)。以下操作均基于此文件,否则不得分。具体制作要求如下:

① 准考证表格整体在水平、垂直方向均位于页面的中间位置。

② 表格宽度根据页面自动调整,为表格添加任一图案样式的底纹,以不影响阅读其中的文字为宜。

③ 适当加大表格第 1 行中标题文本的字号、字符间距。

④ "考生须知"四个字竖排且在水平、垂直方向均在单元格内居中,"考生须知"下包含的文本以自动编号排列。

(2)为指定的考生每人生成一份准考证,要求如下:

① 在主文档"准考证.docx"中,将表格中的红色文字替换为相应的考生信息,考生信息保存在考试文件夹下的 Excel 文档"考生名单.xlsx"中。

② 标题中的考试级别信息根据考生所报考科目自动生成:"考试科目"为"高级会计实务"时,考试级别为"高级";否则,为"中级"。

③ 在考试时间栏中令中级三个科目名称(素材中蓝色文本)均等宽占用 6 个字符宽度。

④ 表格中的文本格式均设置为"微软雅黑""黑色",并选用适当的字号。

⑤ 在"贴照片处"插入考生照片(提示:只有部分考生有照片)。

⑥ 为所属"门头沟区"且报考中级全部三个科目(中级会计实务、财务管理、经济法)或报考高级科目(高级会计实务)的考生每人生成一份准考证,并以"个人准考证.docx"为文件名保存到考生文件夹下,同时保存主文档"准考证.docx"的编辑结果。

(3) 打开考生文件夹下的文档"Word 素材.docx",将其另存为"Word.docx"。以下所有的操作均基于此文件,否则不得分。

① 将文档中的所有手动换行符(软回车)替换为段落标记(硬回车)。

② 在文号与通知标题之间插入高度为 2 磅、宽度为 40%、标准色 - 红色、居中排列的横线。

③ 用文档"样式模板.docx"中的样式"标题、标题 1、标题 2、标题 3、正文、项目符号、编号"替换本文档中的同名样式。

④ 参考素材文档中的示例,将其中的蓝色文本转换为一个流程图,选择适当的颜色及样式。完成后,将示例图删除。

⑤ 将文档最后的两个附件标题分别超链接到考生文件夹下的同名文档。修改超链接的格式,使其访问前为标准色 - 紫色,访问后变为标准色 - 红色。

⑥ 在文档的最后,以图标形式将"个人准考证.docx"嵌入当前文档,在任何情况下单击该图标即可开启相关文档。

### 2.9.2 操作步骤

**1. 建立表格并进行表格格式设置**

(1) 在考生文件夹下新建空白 Word 文档,并将文件名修改为"准考证.docx"。

(2) 打开"准考证.docx",在"插入"选项卡的"表格"组中,单击"表格"按钮,在下拉列表中选择"插入表格"选项,弹出"插入表格"对话框,在"表格尺寸"组下的"列数"中输入"3",在"行数"中输入"9",单击"确定"按钮。

(3) 选中整个表格对象,在"表格工具 - 布局"选项卡的"表"组中,单击"属性"按钮,弹出"表格属性"对话框,在"表格"选项卡下,将"对齐方式"设置为"居中",单击"确定"按钮,关闭对话框。

(4) 在"表格工具 - 布局"选项卡的"单元格大小"的"自动调整"下拉列表中,选择"根据窗口自动调整表格"。

(5) 选中整个表格对象,在"表格工具 - 设计"选项卡的"表格样式"组中,单击"边框"下拉按钮,选择"边框和底纹"命令,弹出"边框和底纹"对话框。在"底纹"选项卡设置图案样式和颜色,以不影响阅读文字为宜,单击"确定"按钮。

(6) 参考"准考证素材及示例.docx"文件中的"准考证示例图",选中表格中的第一行单元格,在"表格工具 - 布局"选项卡的"合并"组中,单击"合并单元格"按钮,对单元格进行合并操作。按照同样的方法,对其他单元格进行相应的合并操作。

(7) 参考"准考证素材及示例.docx"文件中的"准考证示例图",将素材文件中的数据复制到表格相对应的单元格中。

(8) 参考"准考证素材及示例.docx"文件中的"准考证示例图",选中需要调整高度的行,通过"表格工具 - 布局"选项卡的"单元格大小"组中的"高度"微调框,适当调整行高。

（9）将光标置于第1行文字"准考证"之前，按【Enter】键，产生一个新段落。选中第1行文字，在"开始"选项卡的"字体"组中，单击右下角的对话框启动器按钮，弹出"字体"对话框，在"字体"选项卡中设置字号和字形；切换到"高级"选项卡，在"字符间距"组中将"间距"设置为"加宽"，适当调整磅值，单击"确定"按钮。

（10）按照同样的方法，选中标题第2行文字"准考证"，打开"字体"对话框，设置字号、字形和字符间距。

（11）选中表格最后一行"考生须知"，在"表格工具－布局"选项卡的"对齐方式"组中，单击"文字方向"按钮，将文字方向设置为"纵向"，然后单击左侧的"中部居中"按钮，设置文字在水平、垂直方向居中于单元格内。

（12）选中"考生须知"右侧的文本内容，在"开始"选项卡的"段落"组中，单击"编号"按钮，在下拉列表中选择"编号库"中的相应的编号格式。

2. 使用邮件合并方法制作考生准考证

（1）在"邮件"选项卡的"开始邮件合并"组中，单击"选择收件人"按钮，在下拉列表中选择"使用现有列表"，弹出"选取数据源"对话框，浏览考生文件夹，选择"考生名单.xlsx"文件，单击"打开"按钮，弹出"选择表格"对话框，单击"确定"按钮。

（2）将表格中红色"填写准考证号"文本框删除，在"邮件"选项卡的"编写和插入域"组中，单击"插入合并域"按钮，在下拉列表中选择"准考证号"域。按照同样的方法，插入其余域。

（3）选中标题行中红色"填写考试级别"文本框，将其删除，在"邮件"选项卡的"编写和插入域"组，单击"规则"按钮，在下拉列表中选择"如果…那么…否则"，弹出"插入Word域：IF"对话框，如图2.2所示进行设置，单击"确定"按钮。

图2.2 设置邮件合并的规则

（4）设置完成后，适当调整第1行文本的格式（字体大小一致，居中对齐）。

（5）选中"考试时间"行中"中级"对应的科目"财务管理"，在"开始"选项卡的"段落"组中，单击"中文版式"按钮，在下拉列表框中选择"调整宽度"命令，弹出"调整宽度"对话框，将"新文字宽度"设置为"6字符"，单击"确定"按钮。按照同样的方法，设置"经济法"和"中级会计实务"为"6字符"宽度。

（6）参考"准考证素材及示例.docx"文件中的"准考证示例图"，在"开始"选项卡下"字体"组中，将表格的文本设置为"微软雅黑""黑色"，并适当调整字号。最后，在"表格工具－布局"选项卡的"对齐方式"组中，设置单元格中的文本对齐方式为"水平居中"。

(7)将光标置于表格的"贴照片处",在"插入"选项卡的"文本"组中,单击"文档部件"按钮,在下拉列表中选择"域",弹出"域"对话框,在"类别"选择框中选择"链接和引用",在"域名"列表框中选择"IncludePicture",单击下方的"域代码"按钮,在窗体右侧出现"域代码"文本框,在文本框中的"IncludePicture"后输入"C:\考生文件夹"(此处可以根据文件的具体存放位置设置),然后单击下方的"选项"按钮,弹出"域选项"对话框,在"开关"列表框中选择"\d",单击右侧的"添加到域"按钮,然后单击"确定"按钮,关闭"域选项"对话框。最后,单击"确定"按钮,关闭"域"对话框。

(8)按【Alt+F9】组合键,切换显示"域代码",在相片处将光标置于"C:\\考生文件夹"之后,输入"\\",然后在"邮件"选项卡的"编写和插入域"组中,单击"插入合并域"按钮,在下拉列表中选择"照片",输入完成后,按【Alt+F9】组合键,切换显示图片信息(注意:可以使用【F9】快捷键进行刷新操作)。

(9)在"邮件"选项卡的"开始邮件合并"组中,单击"编辑收件人列表",弹出"邮件合并收件人"对话框,单击下方的"筛选"按钮,弹出"筛选和排序"对话框,如图2.3所示进行设置,单击"确定"按钮。

图2.3 设置邮件合并的筛选和排序

(10)在"邮件"选项卡的"完成"组中,单击"完成并合并"按钮,在下拉列表中选择"编辑单个文档"命令,弹出"合并到新文档"对话框,采用默认设置,单击"确定"按钮。

(11)对新生成的文档,单击快速访问工具栏中的"保存"按钮,弹出"另存为"对话框,选择保存位置为考生文件夹下,并将文件名修改为"个人准考证",最后保存原文档。

3. 修饰文档

(1)在考生文件夹下打开"Word素材.docx"文件,在"文件"选项卡单击"另存为"目录,弹出"另存为"对话框,将文件名修改为"Word",单击"保存"按钮。

(2)在"开始"选项卡的"编辑"组中的单击"替换"按钮,弹出"查找和替换"对话框,在"替换"选项卡下,将光标置于"查找内容"文本框中,单击下方的"更多"按钮,在"替换"组中单击"特殊格式"按钮,在弹出的列表中选择"手动换行符",继续将光标置于"替换为"文本框中,单击"特殊格式"按钮,在弹出的列表中选择"段落标记"。设置完成后,单击"全部替换"按钮。

(3)将光标置于段落"京财会〔2016〕123号"之后,按【Enter】键,产生新的段落。在"开始"选项卡的"段落"组中,单击"下框线"按钮,在下拉列表中选择"横线"命令,即可在光标处插入一个横线对象。双击该横线对象,弹出"设置横线格式"对话框,按照题目要求,如图 2.4 所示设置横线格式。

（4）在"开始"选项卡的"样式"组中,单击右下角的对话框启动器按钮,弹出"样式"对话框,单击最后一行的"管理样式"按钮,弹出"管理样式"对话框。单击最下方的"导入/导出"按钮,弹出"管理器"对话框。

（5）在左侧列表框的"样式的有效范围"下单击"关闭文件"按钮,然后单击"打开文件"按钮,选择并打开考生文件夹下的"样式模板.docx"

图 2.4　设置横线格式

文件。按同样的方式在右侧列表框的"样式的有效范围"中关闭原有文件,选择并打开"Word.docx"文件。

（6）在左侧列表框中选择需要复制的样式（标题、标题 1、标题 2、标题 3、正文、项目符合、编号）,单击中间的"复制"按钮,在弹出的对话框中单击"全是"按钮,即可添加并覆盖"Word.docx"中的同名样式。最后,关闭"管理器"对话框。

⚠ 注意：

此处同时选择多个样式,可以结合【Ctrl】键进行多选。

（7）将光标置于蓝色文本后,在"插入"选项卡的"插图"组中,单击"SmartArt"按钮,弹出"选择 SmartArt 图形"对话框,单击左侧的"流程"选项,在右侧列表框中选择"分段流程",单击"确定"按钮。

（8）在"SmartArt 工具 – 设计"选项卡的"创建图形"组中,单击"文本窗格"按钮,通过右侧的"升级""降级"命令调整图形的样式。参考下方的"流程图示例"图片,将上方的蓝色文本复制到"SmartArt"图形相应的文本框中。(注意：如果不能直接输入文字,可以右键单击该区域,在弹出的快捷菜单中选择"编辑文字"命令)

（9）选中 SmartArt 对象,在"SmartArt 工具 – 设计"选项卡的"SmartArt 样式"组中,单击"其他"按钮,在下拉列表框中选择"三维/优雅",单击左侧的"更改颜色"按钮,在下拉列表框中选择"彩色强调文字颜色"。

（10）按住【Ctrl】键,选中图形中所有文字,设置字体为"微软雅黑",适当调整字号,设置完成后,将下方的"流程图示例"删除。

（11）在"页面布局"选项卡的"主题"组中,单击"颜色"按钮,在下拉列表中选择"新建主题颜色",弹出"新建主题颜色"对话框,单击"超链接"右侧的按钮,在颜色选择面板中选择"标准色 – 紫色",单击下方的"已访问的超链接"右侧的按钮,在颜色选择面板中选择"标准色 – 红色"。完成后,单击"保存"按钮。

（12）在文档的最后一页,选中附件 1 标题,在"插入"选项卡的"链接"组中,单击"超链接"按钮,弹出"插入超链接"对话框,选择考生文件夹下对应的文档,单击"确定"按钮。按照同样的方法,对附件 2 设置超链接。

(13) 将光标置于文档结束位置"准考证打印"段落之后,在"插入"选项卡的"文本"组中,单击"对象"按钮,在下拉列表中选择"对象",弹出"对象"对话框,切换到"由文件创建"选项卡,单击"浏览"按钮,选择考生文件夹下的"个人准考证.docx"文件,单击"插入"按钮。勾选"对象"对话框中的"链接到文件"和"显示为图标"两个复选框,最后单击"确定"按钮。此处,可适当调整插入图标的大小,使其不产生新的一页。

(14) 单击快速访问工具栏中的"保存"按钮,关闭所有文档。

## 2.10 科普文章排版

### 2.10.1 题目要求

张老师需要对一篇 Word 格式的科普文章进行排版,按照如下要求,帮助她完成相关工作。

(1) 在考生文件夹下,将"Word 素材.docx"文件另存为"Word.docx"(".docx"为扩展名),后续操作均基于此文件,否则不得分。

(2) 修改文档的纸张大小为 B5,纸张方向为横向,上、下页边距为 2.5 厘米,左、右页边距为 2.3 厘米,页眉和页脚距离边界均为 1.6 厘米。

(3) 为文档插入"字母表型"封面,将文档开头的标题文本"西方绘画对运动的描述和它的科学基础"移动到封面页标题占位符中,将下方的作者姓名"林凤生"移动到作者占位符中,适当调整它们的字体和字号,并删除副标题和日期占位符。

(4) 删除文档中的所有全角空格。

(5) 在文档的第 2 页,插入"飞越型"提要栏的内置文本框,并将红色文本"一幅画最优美的地方和最大的生命力就在于它能够表现运动,画家们将运动称为绘画的灵魂。——拉玛左(16 世纪画家)"移动到文本框内。

(6) 将文档中 8 个字体颜色为蓝色的段落设置为"标题 1"样式,3 个字体颜色为绿色的段落设置为"标题 2"样式,并按照表 2.8 所示的要求修改"标题 1"和"标题 2"样式的格式。

表 2.8 样式设置要求

| | | |
|---|---|---|
| 标题 1 样式 | 字体 | 方正姚体,小三号,加粗,字体颜色为"白色,背景 1" |
| | 段落 | 段前段后间距为 0.5 行,左对齐,并与下段同页 |
| | 底纹 | 应用于标题所在段落,颜色为"紫色,强调文字颜色 4,深色 25%" |
| 标题 2 样式 | 字体 | 方正姚体,四号,字体颜色为"紫色,强调文字颜色 4,深色 25%" |
| | 段落 | 段前段后间距为 0.5 行,左对齐,并与下段同页 |
| | 边框 | 对标题所在段落应用下框线,宽度为 0.5 磅,颜色为"紫色,强调文字颜色 4,设色 25%",且距正文的间距为 3 磅 |

（7）新建"图片"样式，应用于文档正文中的10张图片，并修改样式为"居中""与下段同页"。修改图片下方的注释文字，将手动输入的标签和编号"图1"～"图10"替换为可以自动编号和更新的题注，并设置所有题注内容为"居中"、"小四"，中文字体为"黑体"，西文字体为"Arial"，段前、段后间距为0.5行；修改标题和题注以外的所有正文文字的段前、段后间距均为0.5行。

（8）将正文中使用黄色突出显示的文本"图1"～"图10"替换为可以自动更新的交叉引用，引用类型为图片下方的题注，只引用标签和编号。

（9）在标题"参考文献"下方，为文档插入书目，样式为"APA 第五版"，书目中文献的来源为文档"参考文献.xml"。

（10）在标题"人名索引"下方插入格式为"流行"的索引，栏数为2，排序依据为拼音，索引项来自文档"人名.docx"；在标题"参考文献"和"人名索引"前分别插入分页符，使它们位于独立的页面中（若文档最后有空白页，就将其删除）。

（11）为文档除了首页外，在页脚正中央添加页码，正文页码自1开始，格式为"Ⅰ，Ⅱ，Ⅲ，…"。

（12）为文档添加自定义属性，名称为"类别"，类型为"文本"，取值为"科普"。

## 2.10.2 操作步骤

### 1. 保存文件

（1）打开考生文件夹下的"Word 素材.docx"文件。

（2）单击"文件"选项卡的"另存为"按钮，弹出"另存为"对话框，在该对话框中将"文件名"设为"Word.docx"，并保存于考生文件夹下。

### 2. 页面设置

（1）在"页面布局"选项卡的"页面设置"分组中，单击"纸张大小"下拉按钮，在弹出的下拉列表中选择"B5（JIS）"。

（2）单击"纸张方向"下拉按钮，在弹出的下拉列表中选择"横向"。

（3）单击"页边距"下拉按钮，在弹出的下拉列表中单击"自定义边距"命令，打开"页面设置"对话框。

（4）在"页面设置"对话框的"页边距"选项卡，设置"页边距"中的上、下页边距为"2.5厘米"，左、右页边距为"2.3厘米"。

（5）在"页面设置"对话框的"版式"选项卡，在"页眉和页脚"下的"距边界"中，将页眉和页脚均设置为"1.6厘米"。

### 3. 设置封面格式

（1）在"插入"选项卡的"页"组中，单击"封面"下拉按钮，在"内置"分类中选择"字母表型"封面。

（2）选中标题文字"西方绘画对运动的描述和它的科学基础"，并剪贴到封面标题的占位符,将作者姓名"林凤生"剪贴到作者占位符中。

(3)选中标题文字"西方绘画对运动的描述和它的科学基础",在"开始"选项卡的"字体"组中,单击"字体"下拉框,在弹出的下拉列表中选择除宋体之外的其他字体(例如:黑体)。在"字号"下拉列表中选择一种字号(例如:二号)。

(4)选中作者姓名"林凤生",在"开始"选项卡的"字体"组中,单击"字体"下拉按钮,在下拉列表中选择除宋体之外的其他字体(例如:楷体)。在字号下拉框中选择一种字号(例如:三号)。

(5)选中"副标题"和"日期"占位符,按【Delete】键即可删除。

4. 查找替换

按【Ctrl+H】组合键,打开"查找和替换"对话框。从文档中复制一个全角空格,并粘贴到"查找内容"文本框中。在"替换"文本框中不输入,单击"更多"按钮,在扩展"搜索选项"中,选中"区分/半角"选项,单击"全部替换"按钮。单击"关闭"按钮。

5. 内置文本框

(1)将光标定位于第2页文字的首行,在"插入"选项卡的"文本"组中,单击"文本框"下拉按钮,在"内置"中选择"飞越型"提要栏的内置文本框。

(2)选中红色文本"一幅画最优美的地方和最大的生命力就在于它能够表现运动,画家们将运动称为绘画的灵魂。——拉玛左(16世纪画家)",将其移动到文本框内。

6. 样式设置

(1)按【Ctrl+H】组合键,打开"查找和替换"对话框。

(2)将光标定位在"查找内容"输入框中,单击"格式"按钮,在弹出列表中选择"字体",打开"字体"对话框。单击在"字体颜色"下拉按钮,选择其中的"蓝色"。

(3)将光标定位在"替换为"输入框中,在输入框中不输入。单击"格式"按钮,在弹出列表中选中"样式",在打开的"替换样式"对话框中选择"标题1",单击"确定"按钮,返回"查找和替换"对话框,单击"全部替换"按钮。

(4)采用同样的方式,将3个字体颜色为绿色的段落设置为"标题2"。

(5)在"开始"选项卡的"样式"组中,在"标题1"上单击右键,在弹出的快捷菜单中选择"修改"命令。

(6)在"修改样式"对话框中的"格式"分组中,将"字体"设置为"方正姚体"、"字号"设置为"小三",选中"加粗",将字体颜色设置为"白色,背景1"。

(7)单击"格式"按钮,在弹出列表中选择"段落"命令。在打开的"段落"对话框中将"段前"和"段后"间距均设置为"0.5行"。将常规中的对齐方式设置为"左对齐"。单击"换行和分页"选项卡,选中"分页"组中的"与下段同页"复选框。单击"确定"按钮。

(8)单击"格式"按钮,在弹出列表中选择"边框"命令。在弹出的"边框和底纹"对话框中选择"底纹"选项卡,在"填充"中选择"紫色,强调文字颜色4,深色25%",将"应用于"设置为"段落"。单击"确定"按钮。

(9)单击"修改样式"对话框中的"确定"按钮。

(10) 在"开始"选项卡的"样式"分组中,在"标题2"上单击右键,在弹出的快捷菜单中选择"修改"命令。

(11) 在"修改样式"对话框中的"格式"组中,将"字体"设置为"方正姚体"、"字号"设置为"四号"、将字体颜色设置为"紫色,强调文字颜色4,深色25%"。

(12) 单击"格式"按钮,在弹出列表中选择"段落"命令。在打开的"段落"对话框中将"段前"和"段后"间距均设置为"0.5行"。将"常规"组中的"对齐方式"设置为"左对齐"。单击"换行和分页"选项卡,选中"分页"中的"与下段同页"复选框。单击"确定"按钮。

(13) 单击"格式"按钮,在弹出列表中选择"边框"命令。在弹出的"边框和底纹"对话框中单击"边框"选项卡。选中预览中的"下边框"按钮,设置颜色为"紫色,强调文字颜色4,深色25%"、宽度设置为"0.5磅"。

(14) 单击"选项"按钮,在打开的"边框和底纹选项"对话框中,设置距正文间距上、下、左、右均为"4磅",单击"确定"按钮。

(15) 将"应用于"设置为"段落"。单击"确定"按钮,返回"修改样式"对话框,单击"确定"按钮。

7. 图片样式及题注

(1) 在"开始"选项卡中"样式"分组中,单击对话框启动器按钮,打开"样式"对话框。

(2) 在底部单击"新建样式"按钮,打开"根据格式设置创建新样式",对话框。

(3) 将"名称"框中的名称改成"图片"。单击"格式"按钮,在弹出的列表中单击"段落"命令,打开"段落"对话框。

(4) 将"常规"中的"对齐方式"设置为"居中"。单击"换行和分页"选项卡,选中"分页"中的"与下段同页"复选框,单击"确定"按钮,返回"根据格式设置创建新样式"对话框,单击"确定"按钮。

(5) 选中第1张图片,然后选中样式中的"图片"样式。采用同样的方法,设置其他图片样式。

(6) 选中第1张图片的图注前的"图1",删除。在"引用"选项卡的"题注"组,单击"插入题注"按钮,打开"题注"对话框。

(7) 单击"新建标签"按钮,打开"新建标签"对话框。在标签输入框中输入"图",单击"确定"按钮。

(8) 单击"编号"按钮,打开"题注编号"对话框。在"格式"下拉列表框中选中"1,2,3,…",取消勾选"包含章节号"复选框。单击"确定"按钮。返回"新建标签"对话框,单击"确定"按钮。

(9) 复制"图1",依次粘贴到"图2"~"图10"。选中全文,单击右键,在弹出的菜单中单击"更新域"命令,完成图标号的自动更新。

(10) 选中图1的题注内容"图1 公元前1600年,出土于古希腊克里特岛的一个匕首的剑套,装饰的画面动感强烈",单击"开始"选项卡中"字体"组的对话框启动器按钮,打开"字体"对话框。

（11）在"中文字体"中设置"字体"为"黑体"，在"西文字体"中设置"字体"为"Arial"，在"字号"中设置"小四"，单击"确定"按钮。

（12）单击"开始"选项卡中"段落"组中的对话框启动器按钮，打开"段落"对话框。

（13）单击"缩进和间距"选项卡。设置"常规"中的"对齐方式"为"居中"，设置"间距"中的段前和段后间距均为"0.5行"，单击"确定"按钮。

（14）在选中"图1 公元前1600年，出土于古希腊克里特岛的一个匕首的剑套，装饰的画面动感强烈"情况下双击格式刷。然后用各格式刷刷新图2～10的题注。

（15）在"开始"选项卡的"样式"组中，在"正文"样式上单击右键，在弹出的列表中单击"修改"命令，打开"修改样式"对话框。

（16）单击"格式"按钮，在弹出的列表中单击"段落"命令，打开"段落"对话框。

（17）将"间距"中的段前和段后间距均设置为"0.5行"，单击"确定"按钮，返回"修改样式"对话框，单击"确定"按钮。

8. 交叉引用

（1）选中正文中有黄色底色的文字"图1"，在"引用"选项卡的"题注"分组中，单击"交叉引用"按钮，弹出"交叉引用"对话框。

（2）在"引用类型"下拉列表中选择"图"，在"引用内容"下选择"只有标签和编号"。选中"引用哪一个题注"列表框中的"图1…"，单击"确定"按钮。采用同样的方法，设置"图2"～"图10"的引用。

9. 参考文献

（1）将光标定位于参考文献的下方，在"引用"选项卡的"引文与书目"分组中，单击"管理源"按钮，打开"源管理器"对话框。

（2）单击"浏览"按钮，打开"打开源列表"找到考生文件夹下的"参考文献.xml"，单击"确定"按钮。

（3）选择左侧文本框中所有文字，单击"复制"按钮，将它们复制到"当前列表"文本框中，单击"关闭"按钮。

（4）单击"书目"下拉按钮，在弹出的下拉列表中选择"插入书目"，即完成参考文献的插入工作。

10. 人名索引

（1）将光标定位于"人名索引"下方，在"引用"选项卡的"索引"组中，单击"插入索引"按钮，打开"索引"对话框。

（2）在"格式"下拉列表框中选择"流行"，设置"栏数"为"2"，在"排序依据"下拉列表中选择"拼音"。

（3）单击"自动标记"按钮，打开"打开索引自动标记文件"对话框，在考生文件夹下找到"人名.docx"，单击"打开"按钮。

（4）单击"插入索引"按钮，单击"确定"按钮，完成人名索引的建立。

（5）分别将光标定位于标题"参考文献"和"人名索引"前，在"插入"选项卡的

"页"组中单击"分页"命令,使"参考文献"和"人名索引"位于不同的页。若文档最后有空白页,则删除。

11. 页眉和页脚的设置

(1) 将光标置于正文首行,在"插入"选项卡的"页眉和页脚"组中,单击"页码"下拉按钮,在弹出的下拉列表中选择"页面底端"中的"普通数字2"。

(2) 在"页眉和页脚工具-设计"选项卡的"页眉和页脚"分组中,单击"页码"下拉按钮,在下拉列表中选择"设置页码格式"命令,弹出"页码格式"对话框。

(3) 在对话框中将编号格式设置为"Ⅰ,Ⅱ,Ⅲ…",在页码编号选中"起始页码",设置为"Ⅰ",单击"确定"按钮。

(4) 在"设计"选项卡的"选项"组中,勾选"首页不同"复选框。单击"关闭页眉和页脚"按钮,退出页码编辑状态。

12. 自定义属性

(1) 单击"文件"选项卡中"信息"选项。单击右侧的"属性"下拉按钮,在弹出的下拉列表中选择"高级属性",打开"Word.docx属性"对话框。

(2) 单击"自定义"选项卡,在"名称"中输入"类别",将"类型"设置为"文本",将"取值"设置为"科普",单击"确定"按钮。

13. 保存文件

单击快速访问工具栏中的"保存"按钮,关闭所有文档。

## 2.11 公司战略规划文档制作

### 2.11.1 题目要求

为了更好地介绍公司的服务与市场战略,市场部助理小王需要协助制作完成公司战略规划文档,并调整文档的外观与格式。现在,按照如下需求完成制作工作:

(1) 在考生文件夹下,将"Word 素材.docx"文件另存为"Word.docx"(".docx"为扩展名),后续操作均基于此文件,否则不得分。

(2) 调整文档纸张大小为A4幅面,纸张方向为纵向,并调整上、下页边距为2.5厘米,左、右页边距为3.2厘米。

(3) 打开考生文件夹下的"Word_样式标准.docx"文件,将其文档样式库中的"标题1,标题样式一"和"标题2,标题样式二"复制到Word.docx文档样式库中。

(4) 将文档中的所有红色文字段落应用"标题1,标题样式一"段落样式。

(5) 将文档中的所有绿色文字段落应用"标题2,标题样式二"段落样式。

(6) 将文档中出现的全部"软回车"符号(手动换行符)更改为"硬回车"符号(段落标记)。

(7) 修改文档样式库中的"正文"样式,使文档中所有正文段落首行缩进2字符。

(8) 为文档添加页眉,并将当前页中样式为"标题1,标题样式一"的文字自动显示在页眉区域中。

(9) 在文档的第4个段落后(标题为"目标"的段落之前)插入一个空段落,并按照表2.9所示的数据方式在此空段落中插入一个折线图图表,将图表的标题命名为"公司业务指标"。

表2.9 公司业务指标

| 年份 | 销售额 | 成本 | 利润 |
| --- | --- | --- | --- |
| 2010 | 4.3 | 2.4 | 1.9 |
| 2011 | 6.3 | 5.1 | 1.2 |
| 2012 | 5.9 | 3.6 | 2.3 |
| 2013 | 7.8 | 3.2 | 4.6 |

## 2.11.2 操作步骤

1. 保存文件

打开考生文件夹下的"Word素材.docx"文件,单击"文件"选项卡下的"另存为"按钮,弹出"另存为"对话框,在该对话框中将"文件名"设为"Word.docx",将其保存于考生文件夹下。

2. 页面设置

在"页面布局"选项卡的"页面设置"组中,单击对话框启动器按钮,弹出"页面设置"对话框,在"页边距"选项卡中的"页边距"区域中设置页边距(上、下)为2.5厘米,页边距(左、右)为3.2厘米。在"纸张"选项卡中的"纸张大小"设置为"A4"。

3. 从样式文件中复制样式

在"开始"选项卡的"样式"组中,单击"应用样式"按钮,弹出"样式"对话框,单击对话框中的"管理样式"按钮,在打开的"管理样式"对话框中单击"导入和导出"按钮即可。将右侧切换为样本文档,单击样本文档,即可复制该样式。

4. 应用样式

(1) 选中Word.docx文档中的所有红色文字段落,在"开始"选项卡的"样式"组中,选择"标题1"。

(2) 选中Word.docx文档中的所有绿色文字段落,在"开始"选项卡的"样式"组中,选择"标题2"。

5. 替换符号

（1）在"开始"选项卡的"编辑"组中，单击"替换"按钮，弹出"替换和查找"对话框。

（2）在"替换"选项卡中单击"更多"按钮，然后单击"特殊格式"按钮，在"查找内容"处输入手动换行符，在"替换为"处输入段落标记。

（3）单击"全部替换"按钮，完成替换。

6. 修改样式

（1）将光标定位在正文第 1 段的开头。

（2）在"开始"选项卡的"样式"组中，在"正文"上单击右键，在弹出的快捷菜单中选择"修改"命令，然后依次单击"格式"→"段落"→"特殊格式""首行缩进 2 个字符"，单击"确定"按钮。

7. 设置页眉

（1）将各章标题设置为标题样式（如设置为"标题 1"）。

（2）将光标置于页眉设置区域，在"插入"选项卡单击"文档部件"下拉按钮，在下拉菜单中选择"域"，在弹出的"域"对话框中选择"StyleRef"→"标题1"，单击"确定"按钮。

说明：

StyleRef 域，是 Word 的域的一种，属于链接和引用类的域。StyleRef 域在 Word 中主要应用于页眉的自动生成，利用它可以实现自动从正文中提取标题文字来作为页眉。

8. 插入折线图

（1）将光标置于第 4 段后。

（2）在"插入"选项卡的"图表"组中，单击"折线图"按钮，更改为折线图（系统默认带数据标记的折线图）。

（3）页面会自动弹出 Excel 电子表格，在 Excel 中输入相应的数据后，关闭 Excel 文档。

（4）在"图表工具 – 布局"选项卡的"标签"组中，单击"图表标题"下拉按钮，在下拉列表中选择"图表上方"，在出现的文本框中输入标题"公司业务指标"。

9. 保存文件

单击快速访问工具栏中的"保存"按钮，关闭所有文档。

## 2.12 会议秩序册制作

### 2.12.1 题目要求

北京计算机大学组织专家对"学生成绩管理系统"的需求方案进行评审，为使参会人员对会议流程和内容有清晰的了解，需要会议会务组提前制作一份有关评审会的秩序手册。请根据考生文件夹下的文档"Word 素材.docx"和相关素材完成编排任务，具体要求如下：

（1）在考生文件夹下，将素材文件"Word 素材.docx"另存为"Word.docx"（".docx"为扩展名），后续操作均基于此文件，否则不得分。

（2）设置页面的纸张大小为16开，上、下页边距均为2.8厘米，左、右页边距均为3厘米，并指定文档每页为36行。

（3）会议秩序册由封面、目录、正文三部分内容组成。其中，正文分为四部分，每部分的标题均以中文大写数字（一、二、三、…）进行编排。要求将封面、目录、正文中包含的四个部分分别独立设置为 Word 文档的一节。页码编排要求：封面无页码；目录采用罗马数字编排；正文从第一部分内容开始连续编码，起始页码为1（如采用格式 - 1 -），页码设置在页脚右侧位置。

（4）按照素材中"封面.jpg"所示的样例，将封面上的文字"北京计算机大学"学生成绩管理系统"需求评审会"设置为"华文中宋""二号"；将文字"会议秩序册"放置在一个文本框中，设置为"华文中宋""小一""竖排"；将其余文字设置为"仿宋""四号"，并调整到页面合适的位置。

（5）将正文中的标题"一、报到、会务组"设置为一级标题、单倍行距、悬挂缩进2字符，段前段后的间距设置为自动，并以自动编号格式"一、二、三、…"替代原来的手动编号。其他三个标题"二、会议须知""三、会议安排""四、专家及会议代表名单"的格式，均参照第一个标题的设置。

（6）将第一部分（"一、报到、会务组"）和第二部分（"二、会议须知"）中的正文内容设置为"宋体""五号"，行距为"固定值""16磅"，左、右各缩进2字符，首行缩进2字符，对齐方式设置为左对齐。

（7）参照素材图片"表1.jpg"中的样例，完成"会议安排表"的制作，并插入第三部分的相应位置。格式要求：合并单元格，序号自动排序并居中，表格标题行的字体采用黑体。表格中的内容可以从素材文档"秩序册文本素材.docx"中获取。

（8）参照素材图片"表2.jpg"中的样例，完成专家及会议代表名单的制作，并插入第四部分相应位置。格式要求：合并单元格，序号自动排序并居中，适当调整行高（其中，样例中彩色填充的行高要求大于1厘米），为单元格填充颜色，所有列内容水平居中，表格标题行的字体采用黑体。表格中的内容可从素材文档"秩序册文本素材.docx"中获取。

（9）根据素材中的要求自动生成文档的目录，插入目录页中的相应位置，并将目录内容的字体设置为四号。

## 2.12.2 操作步骤

### 1. 保存文件

打开考生文件夹下的"Word 素材.docx"文件，在"文件"选项卡中单击"另存为"按钮，弹出"另存为"对话框，在该对话框中将"文件名"设为"Word.docx"，将其保存于考生文件夹下。

2. 页面设置

在"页面布局"选项卡的"页面设置"组中，单击对话框启动器按钮，弹出"页面设置"对话框。在"纸张"选项卡下，将"纸张大小"设为"16开（18.4×26厘米）"；在"页边距"选项卡下，将页边距"上""下"都设置为2.8厘米，将"左""右"都设置为3厘米；在"文档网格"选项卡下，选择"网格"组中的"只指定行网格"单选按钮，将"行数"组中的"每页"微调框设置为"36"，单击"确定"按钮。

3. 分节设置文档封面

（1）将光标置于"二○一三年三月"的右侧，在"页面布局"选项卡的"页面设置"组中，依次选择"分隔符"→"分节符"→"下一页"选项。

（2）将光标置于标黄部分中的"四、专家及会议代表名单6"的右侧，在"页面布局"选项卡的"页面设置"组中，依次选择"分隔符"→"分节符"→"下一页"选项。使用同样的方法，将正文的四个部分进行分节。

（3）双击第3页的页脚，打开"页眉和页脚工具"选项卡，单击"页眉和页脚"→"页码"→"删除页码"。

（4）将光标置于第3页的页脚，单击"导航"组→"链接到前一条页眉"按钮。然后单击"页眉和页脚"组→"页码"→"设置页码格式"选项，弹出"页码格式"对话框，勾选"页码编号"组中的"起始页码"，并设置为"1"，单击"确定"按钮。

（5）单击"页眉和页脚"组→"页码"→"页面底端"→"普通数字3"选项。

（6）将光标置于目录页脚，单击"导航"组→"链接到前一条页眉"按钮。按步骤（4）的方法打开"页码格式"对话框，将"编号格式"设置为罗马数字"Ⅰ,Ⅱ,Ⅲ,…"，将"起始页码"设置为"1"，并设置页码为"页面底端"中的"普通数字3"。然后，单击"关闭页眉和页脚"按钮。

4. 封面排版

（1）打开考生文件夹下的"封面.jpg"素材文件，根据该图片来设置文档的封面。将第1页的文字全选，在"开始"选项卡的"段落"组中，单击"居中"按钮。

（2）将光标置于"北京计算机大学'学生成绩管理系统'"右侧，按【Enter】键。然后选中文字"北京计算机大学'学生成绩管理系统'需求评审会"，在"开始"选项卡的"字体"组中，设置"字体"为"华文中宋"，设置"字号"为"二号"。

（3）将光标置于"需求评审会"右侧，按【Enter】键，在"插入"选项卡的"文本"组中选择"文本框"→"绘制竖排文本框"选项，在"需求评审会"下方绘制一个竖排文本框，单击"样式"选项卡的"形状样式"组，选择"形状轮廓"→"无轮廓"选项。

（4）在竖排文本框中输入"会议秩序册"，并选中文字，在"开始"选项卡的"字体"组中，设置"字体"为"华文中宋"，设置"字号"为"小一"。

（5）通过鼠标拖动来调整文本框的位置。选中封面中的剩余文字，在"开始"选项卡的"字体"组中，设置"字体"为"仿宋"，设置"字号"为"四号"，并调整到页面合适的位置。

5. 样式设置

（1）选中文本"一、报到、会务组"，在"开始"选项卡的"样式"组中，选择"标题1"。

（2）确定文字为选中状态，单击"段落"组中的对话框启动器按钮，弹出"段落"对话框。切换至"缩进和间距"选项卡，在"缩进"组中，设置"特殊格式"为"悬挂缩进"，"磅值"为"2字符"；在"间距"组中，设置"行距"为"单倍行距"，"段前""段后"均设置为"自动"。单击"确定"按钮。

（3）确定文字为选中状态，单击"段落"组中的"编号"按钮，然后选择题目要求的编号。

（4）将其他三个标题的编号删除。选中"一、报到、会务组"文字，在"开始"选项卡的"剪贴板"组中，双击"格式刷"按钮，然后分别选择余下的三个标题。选择完成后，按【Esc】键。

6. 样式修改

（1）选中第一部分和第二部分的正文内容，在"开始"选项卡的"字体"组中，设置"字体"为"宋体"，"字号"为"五号"。

（2）确定文字为选中状态，单击"段落"组中的对话框启动器按钮，弹出"段落"对话框，在"缩进"组中，设置"特殊格式"为"首行缩进"，"磅值"为"2字符"，"左侧"和"右侧"均为"2字符"；在"间距"组中，设置"行距"为"固定值"，"设置值"为"16磅"；在"常规"组，设置"对齐方式"为"左对齐"。单击"确定"按钮。

7. 表格制作

（1）删除第三部分的标黄文字。在"插入"选项卡的"表格"组，依次选择"表格"→"插入表格"选项。在弹出的对话框中，设置"行数""列数"分别为"2""4"，单击"确定"按钮。

（2）适当调整新插入的表格的行高和列宽，并参照素材图片"表1.jpg"输入文字。

（3）选中标题行，在"开始"选项卡的"字体"组中，设置"字体"为"黑体"。在"表格工具－布局"选项卡的"对齐方式"组中，单击"水平居中"按钮。

（4）将光标置于第2行第1列单元格，在"开始"选项卡的"段落"组中，依次选择"编号"→"定义新编号格式"选项，弹出"定义新编号格式"对话框。在该对话框中，设置"编号样式"为"1，2，3，…"，"编号格式"为"1"，"对齐方式"为"居中"，单击"确定"按钮。

（5）将光标置于表格第2行的右侧，按【Enter】键，新建一行。

（6）选中第2列单元格中的第1、2行单元格，在"表格工具－布局"选项卡的"合并"组中，单击"合并单元格"按钮。使用同样的方法，根据素材文件，合并其他单元格，然后打开考生文件夹下的"秩序册文本素材.docx"素材文件，将其中的相应内容复制、粘贴到表格中。

(7) 选中第 1 行的所有单元格,在"设计"选项卡的"表格样式"组中,依次选择"底纹"→"主题颜色"→"白色,背景 1,深色 25%"。

8. 表格格式设置

(1) 删除第四部分的标黄文字,在"插入"选项卡的"表格"组中,依次选择"表格"→"插入表格"选项,弹出"插入表格"对话框。在该对话框中,设置"列数""行数"分别为"5""3",单击"确定"按钮。

(2) 选中第 1 行的所有单元格,在"表格工具 – 布局"选项卡的"单元格大小"选项组中,设置表格"高度"为"1 厘米"。

(3) 使用步骤(2)同样的方法,将第 2、3 行单元格的行高分别设置为 1.2 厘米、0.8 厘米。

(4) 选中第 2 行的所有单元格,在"布局"选项卡的"合并"组中,单击"合并单元格"按钮。选中整个表格,在"对齐方式"组中单击"水平居中"按钮。

(5) 将光标置于第 3 行第 1 列单元格,在"开始"选项卡的"段落"组中,"编号",选择在上一项(7. 表格制作)设置的编号。

(6) 右键单击插入的编号,在弹出的快捷菜单中选择"重新开始于 1"命令。

(7) 将光标置于第 3 行单元格的右侧,按 6 次【Enter】键,新建 6 行。

(8) 选择编号为 9 行的所有单元格,在"布局"选项卡的"合并"组中,单击"合并单元格"按钮,在"单元格大小"组中设置"高度"为"1.2 厘米"。

(9) 选中合并后的单元格,右键单击,在弹出的快捷菜单中选择"边框和底纹"命令,弹出"边框和底纹"对话框,在"底纹"选项卡下,单击"填充"→"主题颜色"→"橙色,强调文字颜色 6,深色 25%"选项。按照同样的方法,将第一次合并的单元格的底纹的颜色设置为"标准色 – 深红"。

(10) 根据素材"表 2. jpg",在第一行单元格内输入文字,然后选中输入的文字,在"开始"选项卡的"字体"组中,设置"字体"为"黑体"。

(11) 打开"秩序册文本素材. docx"素材文件,将文档中的相应内容复制、粘贴至表格,然后适当调整行高。

9. 生成目录

(1) 删除目录页中的黄色部分文字,在"引用"选项卡的"目录"组中,依次选择"目录"→"插入目录"选项。在弹出的"目录"对话框中保持默认设置,单击"确定"按钮。

(2) 选中目录,在"开始"选项卡的"字体"组中,设置"字号"为"四号"。

10. 保存文件

单击快速访问工具栏中的"保存"按钮,关闭所有文档。

# 2.13 邀请函制作

## 2.13.1 题目要求

公司将于今年举办"创新产品展示说明会",市场部助理小王需要将会议邀请函制作完成,并寄送相关客户。请按照如下要求完成以下工作:

(1) 在考生文件夹下,将"Word 素材.docx"文件另存为"Word.docx"(".docx"为扩展名),后续操作均基于此文件,否则不得分。

(2) 将文档中"会议议程:"段落后的 7 行文字转换为 3 列、7 行的表格,并根据窗口大小自动调整表格列宽。为制作完成的表格套用一种表格样式,使表格更加美观。

(3) 为了可以在以后的邀请函制作中再利用会议议程内容,将文档中的表格内容保存至"表格"部件库,并将其命名为"会议议程"。

(4) 将文档末尾处的日期调整为可以根据邀请函生成日期而自动更新的格式,日期格式显示为"2014 年 1 月 1 日"。

(5) 在文字"尊敬的"后面,插入拟邀请的客户姓名和称谓。拟邀请的客户姓名在考生文件夹下的"通讯录.xlsx"文件中,客户称谓则根据客户性别自动显示为"先生"或"女士",如"范俊弟(先生)""黄雅玲(女士)"。

(6) 每个客户的邀请函占 1 页,且每页邀请函中只能包含 1 位客户姓名,所有邀请函页面另外保存在一个名为"Word – 邀请函.docx"文件中。如果需要,删除"Word – 邀请函.docx"文件中的空白页面。

(7) 本次会议邀请的客户均来自台资企业,因此,将"Word – 邀请函.docx"中的所有文字内容设置为繁体中文格式,以便客户阅读。

(8) 文档制作完成后,分别保存"Word.docx"文件和"Word – 邀请函.docx"文件。

(9) 关闭 Word 应用程序,并保存所提示的文件。

## 2.13.2 操作步骤

**1. 保存文件**

(1) 打开考生文件夹下的"Word 素材.docx"文件。

(2) 单击"文件"选项卡的"另存为"按钮,弹出"另存为"对话框。在该对话框中,将"文件名"设为"Word.docx",将其保存于考生文件夹下。

**2. 文本转换为表格**

(1) 选中"会议议程:"段落后的 7 行文字。

（2）在"插入"选项卡的"表格"组中，单击"表格"下拉按钮，在弹出的下拉列表中选择"文本转换成表格"。

（3）选中表格，在"布局"选项卡的单元格大小组中，单击"自动调整"下拉按钮，在弹出的下拉列表中选择"根据窗口自动调整表格"。

（4）选中表格，在"设计"选项卡的"表格样式"组中，选择合适的样式应用即可。

3. 保存文档部件

选中表格，在"插入"选项卡的"文本"组中，单击"文档部件"下拉按钮，在弹出的下拉列表中选择"将所选内容保存到文档部件库"，弹出"新建构建基块"的对话框，输入名称"会议议程"，并选择"库"为"表格"，单击"确定"按钮。

4. 日期自动更新

删除原日期，在"插入"选项卡的"文本"组中，单击"日期和时间"按钮，在弹出的"日期和时间"对话框中，将语言选择"中文(中国)"，可选择要求的格式，勾选"自动更新"复选框，单击"确定"按钮。

5. 利用邮件合并制作邀请函

（1）光标定位到"尊敬的："之后，在"邮件"选项卡中，单击"开始邮件合并"下拉按钮，在弹出的下拉列表中选择"信函"。

（2）单击"选择收件人"下拉按钮，在弹出的下拉列表中选择"使用现有列表"，打开"选取数据源"对话框，选择保存拟邀请的客户（在考生文件夹下的"通讯录.xlsx"文件中）。单击"打开"按钮，打开"选择表格"对话框，选择保存客户姓名信息的工作表名称，然后单击"确定"按钮。

（3）单击"插入合并域"下拉按钮，在弹出的下拉列表中选择"姓名"，将光标定位到插入的姓名域后，单击"规则"→"如果…那么…否则"命令，打开"插入Word域"对话框，进行信息设置："域名"选择"性别"，"比较条件"选择"等于"，"比较对象"下输入"男"；在"则插入此文字"下的文本框中输入"（先生）"，在"否则插入此文字"下的文本框中输入"（女士）"。单击"确定"按钮。

（4）保存文件为Word.docx。

6. 生成邀请函文件

（1）单击"完成合并"按钮下拉按钮，在弹出的下拉列表中选择"编辑单个信函"，打开"合并到新文档"对话框，选中"全部"按钮，单击"确定"按钮。

（2）将"信函1"另存到考生文件夹下，文件名为"Word-邀请函.docx"。

7. 简体转换为繁体

单击"审阅"选项卡下的"简转繁"按钮，即可将简体字转换为繁体字。

8. 保存文件

文档制作完成后，分别保存"Word.docx"文件和"Word-邀请函.docx"文件。再次分别保存两个文件。

### 9. 关闭 Word

关闭 Word 应用程序，并保存所提示的文件。

# 2.14 信函制作

## 2.14.1 题目要求

某高校学生会计划举办一场"大学生网络创业交流会"的活动，拟邀请部分专家和老师给在校学生进行演讲。因此，校学生会外联部需制作一批邀请函，并分别递送给相关的专家和老师。请按如下要求，完成邀请函的制作：

(1) 调整文档版面，要求页面高度为 18 厘米、宽度为 30 厘米，上、下页边距均为 2 厘米，左、右页边距均为 3 厘米。

(2) 将考生文件夹下的图片"背景图片.jpg"设置为邀请函背景。

(3) 根据"Word-邀请函参考样式.docx"文件，调整邀请函中内容文字的字体、字号和颜色。

(4) 调整邀请函中内容文字的段落对齐方式。

(5) 根据页面布局需要，调整邀请函中"大学生网络创业交流会"和"邀请函"两个段落的间距。

(6) 在文字"尊敬的"和"（老师）"之间，插入拟邀请的专家和老师姓名，拟邀请的专家和老师姓名在考生文件夹下的"通讯录.xlsx"文件中。每页邀请函中只能包含 1 位专家或老师的姓名，所有邀请函页面请另外保存在一个名为"Word-邀请函.docx"文件中。

(7) 邀请函文档制作完成后，请保存"Word.docx"文件。

## 2.14.2 操作步骤

### 1. 页面设置

打开考生文件夹下的文档"Word.docx"，在"页面布局"选项卡的"页面设置"组中，单击对话框启动器按钮，打开"页面设置"对话框，在"页边距"选项卡中的"页边距"区域中设置上、下页边距均为 2 厘米，左、右页边距均为 3 厘米。将"纸张大小"设置为"自定义"，然后设置页面高度为 18 厘米，页面宽度为 30 厘米。

### 2. 背景设置

在"页面布局"选项卡的"页面背景"组中，单击"页面颜色"下拉按钮，在下拉列表中选择"填充效果"，打开"填充效果"对话框，单击"图片"选项卡的"选择图片"按钮，选择考生文件夹下的图片"背景图片.jpg"即可。

3. 格式设置

（1）选中文本"大学生网络创业交流会"，设置"字号"为"初号"、"字体"为"黑体"、"颜色"为"深蓝"，"对齐方式"为"居中"。

（2）选中文本"邀请函"，设置"字号"为"初号"、"字体"为"黑体"、"颜色"为"黑色"。"对齐方式"为"居中"。

4. 调整对齐方式

选中剩下的文本，在"开始"选项卡的"段落"组中，单击对话框启动器按钮，打开"段落"对话框，在"行距"中选择的"多倍行距"，在"设置值"中设置"3"，或者将"段后""段前"均设置为"1行"。

5. 调整段落间距

选中"大学生网络创业交流会"，在"开始"选项卡的"段落"组中，单击对话框启动器按钮，打开"段落"对话框，将"段前""段后"均设置为"1行"。

6. 制作信函

（1）在"邮件"选项卡的"开始邮件合并"组中，依次选择"开始邮件合并"→"邮件合并分步向导"命令，打开"邮件合并"任务窗格，进入"邮件合并分步向导"的第1步（共6步），在"选择文档类型"中选择"信函"。

（2）单击"下一步：正在启动文档"链接，进入"邮件合并分步向导"的第2步，在"选择开始文档"中选择"使用当前文档"，即以当前的文档作为邮件合并的主文档。

（3）单击"下一步：选取收件人"链接，进入"邮件合并分步向导"的第3步。在"选择收件人"中选择"使用现有列表"按钮，然后单击"浏览"按钮，打开"选取数据源"对话框，选择保存拟邀请的专家和老师姓名（在考生文件夹下的"通讯录.xlsx"文件中）。单击"打开"按钮，打开"选择表格"对话框，选择保存专家和老师姓名信息的工作表名称，单击"确定"按钮。打开"邮件合并收件人"对话框，可以对需要合并的收件人信息进行修改，然后单击"确定"按钮，完成现有工作表的链接。

（4）单击"下一步：撰写信函"链接，进入"邮件合并分步向导"的第4步。如果用户此时还没有撰写邀请函的正文，可以在活动文档窗口输入与输出一致的文本。如果需要将收件人信息添加到信函中，先将光标定位在文档中的合适位置，然后单击"地址块"等超链接，本例单击"其他项目"超链接。

（5）打开"编写和插入域"对话框，在"域"列表中，选择要添加邀请函的邀请人的姓名所在位置的域（本例选择"姓名"），单击"插入"按钮。插入完毕后，单击"关闭"按钮，关闭"插入合并域"对话框。此时，在文档中的相应位置就会出现已插入的标记。

（6）在"邮件"选项卡的"开始邮件合并"组中，依次选择"规则"→"如果…那么…否则"命令，打开"插入Word域"对话框，进行信息设置后，单击"确定"按钮。

（7）在"邮件合并"任务窗格单击"下一步：预览信函"链接，进入"邮件合并分步向导"的第5步。

(8)在"邮件合并"任务窗格单击"下一步:完成合并"链接,进入"邮件合并分步向导"的第6步。选择"编辑单个信函"超链接。

(9)打开"合并到新文档对话框",选中"全部"按钮,单击"确定"按钮。这样,Word将Excel中存储的收件人信息自动添加到邀请函正文中,并合并生成一个新文档。

# 2.15 政府统计工作年报制作

## 2.15.1 题目要求

文档"Word素材.docx"是一篇从互联网上获取的文字资料。打开该文档,并按下列要求进行排版及保存操作:

(1)在考生文件夹下,将"Word素材.docx"文件另存为"Word.docx"(".docx"为扩展名),后续操作均基于此文件,否则不得分。

(2)将文档中的西文空格全部删除。

(3)将纸张大小设为16开,页面的上边距设为3.2厘米、下边距设为3厘米,左、右页边距均设为2.5厘米。

(4)利用文档的前三行文字内容制作一个封面,将其放置在文档的最前端,并独占一页(封面样式可参考"封面样例.png"文件)。

(5)将文档中以"一、二、…"编号开头的段落设为"标题1"样式;以"(一)(二)…"编号开头的段落设为"标题2"样式;以"1、2、…"编号开头的段落设为"标题3"样式。

(6)将标题"(三)咨询情况"下用蓝色标出的段落转换为表格,为表格套用一种表格样式,使其更加美观。基于该表格数据,在表格下方插入一个饼图,用于反映各咨询形式所占比例,要求在饼图中仅显示百分比。

(7)为正文第2段中用红色标出的文字"统计局队政府网站"添加超链接,链接地址为"http://www.bjstats.gov.cn"。另外,在"统计局队政府网站"后添加脚注,内容为"http://www.bjstats.gov.cn"。

(8)将除封面页外的所有内容分为两栏布局显示,但是前述表格及相关图表仍需跨栏居中显示,无须分栏。

(9)在封面页与正文之间插入文档目录,目录中要求包含标题1、标题2、标题3样式标题及对应的页号。文档目录单独占用一页,且无须分栏。

(10)除封面页和目录页外,在正文页中添加页眉,页眉内容包含文档标题"北京市政府信息公开工作年度报告"和页码,要求页码编号从正文第1页开始。其中,奇数页页眉文字右对齐,页码放置在标题文字右侧;偶数页页眉文字左对齐,页码放置在标题文字左侧。

(11)保存"Word.docx"文件,并根据文档内容生成一份同名的PDF文档。

## 2.15.2 操作步骤

**1. 保存文件**

打开考生文件夹下的"Word 素材.docx"文件,单击"文件"选项卡下的"另存为"按钮,弹出"另存为"对话框,在该对话框中将"文件名"设为"Word.docx",将其保存于考生文件夹下。

**2. 查找替换**

打开考生文件夹下的文档"北京政府统计工作年报.docx"。按【Ctrl+H】组合键,弹出"查找和替换"对话框,在"查找内容"文本框中输入西文空格(即在英文状态下按空格键),在"替换为"文本框内不输入,单击"全部替换"按钮。

**3. 页面设置**

在"页面布局"选项卡的"页面设置"组中,单击对话框启动器按钮,弹出"页面设置"对话框,在"纸张"选项卡下,设置"纸张大小"为"16 开";切换到"页边距"选项卡,在"页边距"组的"上"和"下"微调框中分别输入"3.2 厘米"和"3 厘米",在"左"和"右"微调框中输入"2.5 厘米",单击"确定"按钮。

**4. 制作封面**

(1)在"插入"选项卡的"页"组中,单击"封面"按钮,从弹出的下拉列表中选择"运动型"。

(2)参考"封面样例.png",将素材前三行剪切、粘贴到封面的相对位置,并设置适当的字体和字号。

**5. 样式应用**

(1)选中标题"(三)咨询情况"下用蓝色标出的段落部分,在"插入"选项卡的"表格"组中,单击"表格"下拉按钮,从下拉列表中选择"文本转换成表格"命令,弹出"将文字转换成表格"对话框,单击"确定"按钮。

(2)选中表格,在"表格工具–设计"选项卡的"表格样式"组中,选择一种样式,在此选择"浅色底纹"。

(3)将光标定位到表格下方,在"插入"选项卡的"插图"组中,单击"图表"按钮,弹出"插入图表"对话框,选择"饼图"→"饼图",单击"确定"按钮。将 Word 中的表格数据的第 1 列和第 3 列分别复制、粘贴到 Excel 表格中 A 列和 B 列的相关内容中。

(4)选中图表,在"图表工具–布局"选项卡的"标签"组中,单击"数据标签"下拉按钮,从弹出的下拉列表中选择一种样式,此处选择"居中"。关闭 Excel 文件。

**6. 插入饼图**

(1)按住【Ctrl】键,同时选中文档中以"一、二、…"编号开头的段落,在"开始"

选项卡的"样式"组中选择"标题1"。

（2）按住【Ctrl】键，同时选中以"（一）（二）…"编号开头的段落，在"开始"选项卡的"样式"组中选择"标题2"。

（3）按住【Ctrl】键，同时选中以"1、2、…"编号开头的段落，在"开始"选项卡的"样式"组中选择"标题3"。

7. 添加超链接和脚注

（1）选中正文第3段中的红色文字"统计局队政府网站"，在"插入"选项卡的"链接"组中，单击"超链接"按钮，弹出"插入超链接"对话框，在地址栏中输入"http://www.bjstats.gov.cn"，单击"确定"按钮。

（2）选中"统计局队政府网站"，在"引用"选项卡的"脚注"组中，单击"插入脚注"按钮，输入"http://www.bjstats.gov.cn"。

8. 分栏设置

（1）选中除封面页、表格及相关图表外的所有内容，在"页面布局"选项卡的"页面设置"组中，单击"分栏"下拉按钮，从弹出的下拉列表中选择"两栏"。

（2）选中表格，在"页面布局"选项卡的"页面设置"组中，单击"分栏"下拉按钮，从弹出的下拉列表中选择"一栏"。按照同样的方法，对饼图进行操作，即可将表格和相关图表跨栏居中显示。

9. 插入文档目录

（1）将光标定位在第2页的开始，在"页面布局"选项卡的"页面设置"组中，单击"分隔符"按钮，从弹出的下拉列表中选择"分节符"→"下一页"。

（2）将光标定位在新建的空白页，单击"页面设置"组中的"分栏"下拉按钮，从弹出的下拉列表中选择"一栏"。

（3）在"引用"选项卡的"目录"组中，单击"目录"按钮，从弹出的下拉列表中选择"插入目录"，弹出"目录"对话框，单击"确定"按钮。

10. 设置页眉页脚和页码

（1）双击目录页码处，将光标置于第3页页眉，在"设计"选项卡的"导航"组中，单击"链接到前一条页眉"按钮。将光标置于第4页页眉处，在"设计"选项卡的"导航"组中，单击"链接到前一条页眉"按钮。

（2）在"页眉和页脚"组中单击"页码"按钮，在弹出的下拉列表选择"设置页码格式"命令，在打开的对话框中将"起始页码"设置为"1"，单击"确定"按钮。

（3）将光标移至第3页页眉，在"设计"选项卡的"选项"组中，勾选"奇偶页不同"复选框，取消勾选"首页不同"复选框。

（4）将光标移至第3页页眉，单击"页眉和页脚"组中"页码"按钮，在弹出的下拉列表中选择"页面顶端"→"普通数字3"。

（5）将光标移至第4页页眉，在"导航"组中单击"链接到前一条页眉"按钮，在

"页眉和页脚"组中单击"页码"按钮,在弹出的下拉列表中选择"页面顶端"→"普通数字1"。

(6)将光标置于第3页页眉,在页眉输入框中的页码左侧输入"北京市政府信息公开工作年度报告",并将页眉居右显示。将光标置于第4页页眉,在页眉输入框中的页码右侧输入"北京市政府信息公开工作年度报告",并将页眉居左显示。关闭"页眉和页脚"按钮。

11. 保存文件,并另存为 PDF 文件类型

(1)单击"保存"按钮,保存"北京政府统计工作年报.docx"。

(2)单击"文件"按钮,选择"另存为"选项,弹出"另存为"对话框,在"文件名"文本框输入"北京政府统计工作年报",设置"保存类型"为"PDF",单击"保存"按钮。

# 2.16 论文格式排版

## 2.16.1 题目要求

北京××大学信息工程学院讲师张东明撰写了一篇名为"基于频率域特性的闭合轮廓描述子对比分析"的学术论文,拟投稿至某大学学报,根据该学报相关要求,论文必须遵照该学报论文样式进行排版。请根据考生文件夹下"素材.docx"和相关图片文件等素材完成排版任务。具体要求如下:

(1)将素材文件"素材.docx"另存为"论文正样.docx",保存于考生文件夹下,并在此文件中完成所有要求,最终排版不超过5页,样式可参考考生文件夹下的"论文正样1.jpg"~"论文正样5.jpg"。

(2)论文页面设置为A4幅面,上、下、左、右页边距分别为3.5、2.2、2.5和2.5厘米。对论文页面指定行网格(每页42行),页脚距边距1.4厘米,在页脚居中位置设置页码。

(3)论文正文以前的内容,段落不设首行缩进,其中论文标题、作者、作者单位的中英文部分均居中显示,其余为两端对齐。文章编号格式为黑体、小五号;论文标题(红色字体)的大纲级别为1级、样式为标题1,中文字体为黑体,英文字体为TimesNewRoman,字号为三号。作者姓名的字号为小四,中文字体为仿宋,西文字体为TimesNewRoman。作者单位、摘要、关键字、中图分类号等中英文部分的字号为小五号,中文字体为宋体,西文字体为TimesNewRoman,其中摘要、关键字、中图分类号等中英文内容的第一个词(冒号前面的部分)的字体设置为黑体。

(4)参考"论文正样1.jpg"示例,将作者姓名后面的数字和作者单位前面的数字(含中文、英文两部分)设置为正确的格式。

(5)自正文开始到参考文献列表为止,页面布局分为对称2栏。正文(不含图、表、

独立成行的公式）为五号字，中文字体为宋体，西文字体为 TimesNewRoman，首行缩进 2 字符，行距为单倍行距；表注和图注为小五号字，表注中文字体为黑体，图注中文字体为宋体，西文字体均为 TimesNewRoman，居中显示，正文中的"表 1""表 2"与相关表格有交叉引用关系（注意："表"与数字之间没有空格）；参考文献列表采用小五号字，中文字体为宋体，西文字体用 TimesNewRoman，采用项目编号，编号格式为"［序号］"。

（6）素材中的黄色字体部分为论文的第 1 层标题，大纲级别为 2 级，样式为"标题 2"，多级项目编号格式为"1、2、3、…"，文字格式为"黑体""黑色""四号"，段落行距为"最小值"30 磅，无段前段后间距；素材中蓝色字体部分为论文的第 2 层标题，大纲级别为 3 级，样式为"标题 3"，对应的多级项目编号格式为"2.1、2.2、…、3.1、3.2、…"，文字格式为"黑体""黑色""五号"，段落行距为"最小值""18 磅"，段前、段后的间距设置为"3 磅"，参考文献无多级编号。

### 2.16.2　操作步骤

1. 保存文件

打开考生文件夹下的"Word 素材.docx"文件，单击"文件"选项卡下的"另存为"按钮，弹出"另存为"对话框，在该对话框中将"文件名"设置为"论文正样.docx"，将文件保存于考生文件夹下。

2. 页面设置

（1）切换到"页面布局"选项卡，在"页面设置"选项组中单击对话框启动器按钮，打开"页面设置"对话框，在"页边距"选项卡中的"页边距"区域中设置页边距的"上"和"下"分别为 3.5 厘米、2.2 厘米，"左"和"右"页边距均为 2.5 厘米。

（2）切换到"纸张"选项卡，将"纸张大小"设为"A4"。

（3）切换到"版式"选项卡，在"页眉和页脚"选项组中将"页脚"设为"1.4 厘米"。

（4）切换到"文档网格"选项卡，在"网格"组中选中"只指定行网络"单选框，在"行数"组中将"每页"设为"42"行，单击"确定"按钮。

（5）在"插入"选项卡的"页眉和页脚"选项组中，单击"页脚"下拉按钮，在其下拉列表中选择"编辑页脚"命令；在"开始"选项卡的"段落"组中，单击"居中"按钮。

（6）在"页眉和页脚工具 - 设计"选项卡的"页眉和页脚"选项组中，单击"页码"下拉按钮，在下拉列表中选择"当前位置 - 颚化符"选项，单击"关闭页眉和页脚"按钮，将其关闭。

3. 设置字体格式和段落格式

（1）选择正文以前的内容（包括论文标题、作者、作者单位的中英文部分），在"开始"选项卡的"段落"选项组中，单击对话框启动器按钮，弹出"段落"对话框，选择"缩放和间距"选项卡,将"缩进"组中的"特殊格式"设置为"无",单击"确定"按钮。

(2) 选中论文标题、作者、作者单位的中英文部分,在"开始"选项卡的"段落"组中,单击"居中"按钮。

(3) 选中正文内容,在"开始"选项卡的"段落"组中,单击"两端对齐"按钮。

(4) 选中"文章编号"部分内容,在"开始"选项卡的"字体"组中,将"字体"设为"黑体",将"字号"设为"小五"。

(5) 选中论文标题中文部分(红色字体),在"开始"选项卡的"段落"组中,单击对话框启动器按钮,弹出"段落"对话框,在"缩进和间距"选项卡的"常规"组中,将"大纲级别"设为"1级",单击"确定"按钮。在"开始"选项卡的"样式"组中,对其应用"标题1"样式,并将"字体"修改为"黑体","字号"为"三号"。

(6) 选择论文标题的英文部分,设置与中文标题同样的"大纲级别"和"样式",并将"字体"修改为"TimesNewRoman","字号"为"三号"。

(7) 选中作者姓名的中文部分,在"开始"选项卡将"字体"设置为"仿宋",将"字号"为"小四"。

(8) 选中作者姓名的英文部分,在"开始"选项卡将"字体"设置为"TimesNewRoman",将"字号"设置为"小四"。

(9) 选中作者单位、摘要、关键字、中图分类号等中文部分,在"开始"选项卡的"字体"组中,设置"字体"为"宋体",将冒号前面的文字部分设置为"黑体",将"字号"都设置为"小五"。

(10) 选中作者单位、摘要、关键字、中图分类号等英文部分,在"开始"选项卡将"字体"设置为"TimesNewRoman",其中冒号前面的部分设置为"黑体",将"字号"都设置为"小五"。

4. 数字格式设置

(1) 选中作者姓名后面的"数字"(含中文、英文两部分),在"开始"选项卡的"字体"选项组中,单击对话框启动器按钮,弹出"字体"对话框,在"字体"选项卡的"效果"组中,选中"上标"复选框。

(2) 选中作者单位前面的"数字"(含中文、英文两部分),按上述同样的操作方式,设置正确的格式。

5. 表注、题注及交叉引用等

(1) 选中正文文本及参考文献,在"页面布局"选项卡的"页面设置"组中,单击"分栏"下拉按钮,在其下拉列表中选择"两栏"选项。

(2) 选择正文第一段文本,在"开始"选项卡的"编辑"组中,单击"选择"下拉按钮,在弹出的下拉菜单中选择"选择格式相似的文本"选项。选择文本后,在最后一页,按住【Ctrl】键,选择"参考文献"的英文部分,在"字体"选项组中将"字号"设置为"五号"将"字体"设置为"宋体",然后将"字体"设置为"TimesNewRoman"。

(3) 确定上一步选择的文本处于选择状态,在"段落"选项组中,单击对话框启动器按钮，弹出"段落"对话框，选择"缩进和间距"选项卡，在"缩进"组中将"特殊格式"设置为"首行缩进"、"磅值"设置为"2字符"，在"间距"组中，将"行距"设置为"单倍行距"，单击"确定"按钮。

(4) 选中所有中文表注，将"字体"设置为"黑体"、"字号"设置为"小五"，在"段落"选项组中单击"居中"按钮。

(5) 选中所有中文图注，将"字体"设置为"宋体"、"字号"设置为"小五"，在"段落"选项组中单击"居中"按钮。

(6) 选中所有英文表注与图注，将"字体"设置为"TimesNewRoman"、"字号"设置为"小五"，在"段落"选项组中单击"居中"按钮。

(7) 选中所有的参考文献，将"字体"设置为"宋体"、然后将"字体"设置为"TimesNewRoman"，"字号"设置为"小五"。

(8) 确认参考文献处于选中状态，在"段落"选项组中，单击"编号"下拉按钮，在其下拉列表中选择"定义新编号格式"选项，弹出"定义新编号格式"对话框，将"编号格式"设为"＊1＋"，单击"确定"按钮。

6. 样式设置

(1) 选中第1个黄色字体，在"开始"选项卡的"样式"组中，选中"标题2"样式，单击右键，在弹出的快捷菜单中选择"修改"选项，弹出"修改样式"对话框，将"字体"设置为"黑体"、字体颜色设置为"黑色"、"字号"设置为"四号"。

(2) 单击"格式"按钮，在弹出的下拉菜单中选择"段落"，弹出"段落"对话框。选择"缩进和间距"选项卡，在"常规"组中将"大纲级别"设为"2级"，在"间距"组中，将"行距"设置为"最小值"、"设置值"设置为"30磅"，"段前"和"段后"都设置为"0行"，并对余下黄色文字应用"标题2"样式。

(3) 选中第一个蓝色字体，在"开始"选项卡的"样式"组中，选中"标题3"样式，单击右键，在弹出的快捷菜单中选择"修改"选项，弹出"修改样式"对话框，将"字体"设置为"黑体"、"字体颜色"设置为"黑色"、"字号"设置为"五号"。

(4) 单击"格式"下拉按钮，在弹出的下拉菜单中选择"段落"，弹出"段落"对话框。选择"缩进和间距"选项卡，在"常规"组中将"大纲级别"设置为"3级"，在"间距"组中，将"行距"设置为"最小值"、"设置值"设置为"18磅"、"段前"和"段后"都设置为"3磅"，并对余下蓝色文字应用"标题3"样式。

(5) 选择应用"标题2"样式的文字，在"开始"选项卡的"段落"组中单击"多级列表"选项，在弹出的下拉列表中选择"定义新的多级列表"选项，弹出"定义新多级列表"对话框，单击要修改的级别"1"，单击"更多"按钮，将"级别链接到样式"设置为"标题2"。

(6) 单击要修改的级别"2"，将"级别链接到样式"设为"标题3"，单击"确定"按钮。

7. 保存文档

单击快速访问工具栏中的"保存"按钮，关闭所有文档。

# 2.17 制作公司本财年年度报告

## 2.17.1 题目要求

财务部助理小王需要协助公司管理层制作本财年的年度报告，请你按照如下需求完成制作工作：

（1）打开"Word_素材.docx"文件，将其另存为"Word.docx"，之后所有的操作均在"Word.docx"文件中进行。

（2）查看文档中含有绿色标记的标题（如"致我们的股东""财务概要"等），将其段落格式赋予到本文档样式库中的"样式1"。

（3）修改"样式1"样式，设置其字体为黑色、黑体，并为该样式添加0.5磅的黑色、单线条下划线边框，将该下划线边框应用于"样式1"所匹配的段落，将"样式1"重新命名为"报告标题1"。

（4）将文档中所有含有绿色标记的标题文字段落应用"报告标题1"样式。

（5）在文档的第1页与第2页之间，插入新的空白页，并将文档目录插入该页。文档目录要求包含页码，并仅包含"报告标题1"样式所示的标题文字。将自动生成的目录标题"目录"段落应用"目录标题"样式。

（6）由于财务数据信息较多，因此设置文档第5页"现金流量表"段落区域内的表格标题行可以自动出现在表格所在页面的表头位置。

（7）在"产品销售一览表"段落区域的表格下方，插入一个产品销售分析图，图表样式请参考"分析图样例.jpg"文件所示，并将图表调整到与文档页面宽度相匹配。

（8）修改文档页眉。要求：文档第1页不包含页眉，文档目录页不包含页码，从文档第3页开始在页眉的左侧区域包含页码，在页眉的右侧区域自动填写该页中"报告标题1"样式所示的标题文字。

（9）为文档添加水印，水印文字为"机密"，并设置为斜式版式。

（10）根据文档内容的变化，更新文档目录的内容与页码。

## 2.17.2 操作步骤

**1. 保存文件**

打开考生文件夹下的"Word 素材.docx"文件，选择"文件"选项卡，在下拉列表中单击"另存为"，弹出"另存为"对话框，在文件名中输入"Word.docx"，保存到考生文件夹下，单击"确定"按钮。

## 2. 样式设置

按住【Ctrl】键，选中所有绿色标题文字，在"开始"选项卡的"样式"组中，单击"其他"下拉按钮，在弹出的下拉列表中选择"应用样式"命令，弹出"应用样式"对话框，选择"样式1"，单击"重新应用"按钮。

## 3. 修改样式

（1）在"样式"中选中"标题1"，单击右键，在弹出的快捷菜单中选择"修改"，弹出"修改样式"对话框，将"名称"修改为"报告标题1"，将"字体"设置为"黑体"、"字体颜色"设置为"黑色"。

（2）单击"格式"按钮，在其下拉列表中选择"边框"，打开"边框和底纹"对话框，在对话框中依次设置"单线条"、颜色为"黑色"、宽度为"0.5磅"，然后单击"下边框"按钮，单击"确定"按钮。返回"修改样式"对话框，单击"确定"按钮。

## 4. 样式设置

按住【Ctrl】键，选择所有绿色标记的标题文字，单击"样式"中的"报告标题1"按钮，对其应用"报告标题1"样式。

## 5. 生成文档目录

（1）将光标置于第2页"致我们的股东"最前面，在"插入"选项卡下的"页"选项组中，单击"空白页"按钮，即可插入一张空白页，并将第2页多余的横线部分删除，输入文字"目录"。

（2）在"引用"选项卡的"目录"选项组中，单击"目录"下拉按钮，在下拉列表中选择"插入目录"选项，弹出"目录"对话框，将"显示级别"设置为"1"，单击"确定"按钮。

（3）选中目录标题"目录"二字，在"开始"选项卡的"样式"组中，单击"样式"中的"其他"下拉按钮，在下拉列表中选择"目录标题"，即可应用该样式。

## 6. 重复标题行

选中第5页的"现金流量表"表格第1行，在"表格工具-布局"选项卡的"数据"组中，单击"重复标题行"按钮。

## 7. 插入图表

（1）将光标置于"产品销售一览表"段落区域的表格下方，在"插入"选项卡的"插图"组中，单击"图表"按钮，弹出"插入图表"对话框，选择"饼图"→"复合条饼图"，单击"确定"按钮。

（2）将表格数据复制到饼图的数据表里，关闭Excel表格。

（3）选中饼图，在"图表工具-布局"选项卡的"标签"组中，单击"数据标签"按钮，在弹出的下拉列表中选择"其他数据标签选项"命令，弹出"设置数据标签格式"对话框。

（4）在"标签包括"组中，勾选"类别名称"复选框，取消勾选"值"复选框。在"标签位置"选项组中，选中"数据标签外"单选框，单击"关闭"按钮。

（5）选中饼图中的数据，单击右键，在弹出的快捷菜单中选择"设置数据系列格式"，弹出"设置数据系列格式"对话框，将"系列分割依据"设置为"位置"，将"第二绘图区包含最后一个"设置为"4"，单击"关闭"按钮。

（6）选中饼图，在"图表工具-布局"选项卡的"标签"组中，单击"图例"下拉按钮，在下拉列表中选择"无"。

（7）适当调整图表位置，与文档页面宽度相匹配。

8．设置页眉页脚

（1）将光标置于"致我们的股东"前，在"页面布局"选项卡的"页面设置"组中，单击"分隔符"下拉按钮，在下拉列表中选择"分节符"→"连续"。

（2）双击第3页页眉，使其处于编辑状态，在"页眉和页脚工具-设计"选项卡的"导航"组中，单击"链接到前一条页面"按钮，使其取消选中链接。然后，将第2页目录中的页码文字删除，把第1页页眉的所有内容删除。

（3）切换到第3页，将光标置于页眉位置，在"插入"选项卡的"文本"组中，单击"文档部件"下拉按钮，在其下拉列表中选择"域"，弹出"域"对话框，将"域名"设为"StyleRef"，将"域属性-样式名"设置为"报告标题1"。选中标题，将其放到右侧。

9．添加水印

在"页面布局"选项卡的"页面背景"组中，单击"水印"下拉按钮，在下拉列表中选择"自定义水印"，在弹出的"水印"对话框中选择"文字水印"，版式为"斜式"，单击"确定"按钮，为每页添加水印。

10．更新目录

将光标定位在目录中，在"引用"选项卡的"目录"组中，单击"更新目录"按钮，弹出"更新目录"对话框，选中"更新整个目录"单选框，单击"确定"按钮。

11．保存文档

单击快速访问工具栏中的"保存"按钮，关闭所有文档。

# 2.18 课程论文的排版

## 2.18.1 题目要求

2012级企业管理专业的林楚楠同学选修了"供应链管理"课程，并撰写了题目为"供应链中的库存管理研究"的课程论文。论文的排版和参考文献还需要进一步修改。根据以下要求，帮助林楚楠对论文进行完善。

（1）在考生文件夹下，将文档"Word 素材.docx"另存为"Word.docx"（".docx"为扩展名），此后所有操作均基于该文档，否则不得分。

（2）为论文创建封面，将论文题目、作者姓名和作者专业放置在文本框中，并居中对齐；文本框的环绕方式为四周型，在页面中的对齐方式为左右居中。在页面的下侧插入图片"图片1.jpg"，环绕方式为四周型，并应用一种映像效果。整体效果可参考示例文件"封面效果.docx"。

（3）对文档内容进行分节，使"封面""目录""图表目录""摘要""1. 引言""2. 库存管理的原理和方法""3. 传统库存管理存在的问题""4. 供应链管理环境下的常用库存管理方法""5. 结论""参考书目"和"专业词汇索引"各部分的内容都位于独立的节，且每节都从新的一页开始。

（4）修改文档中样式为"正文文字"的文本，使其首行缩进2字符，段前和段后的间距均为0.5行；修改"标题1"样式，将其自动编号的样式修改为"第1章，第2章，第3章，…"；修改标题2.1.2下方的编号列表，使用自动编号，样式为"1）、2）、3）、…"；复制考生文件夹下"项目符号列表.docx"文档中的"项目符号列表"样式到论文中，并应用于标题2.2.1下方的项目符号列表。

（5）将文档中的所有脚注转换为尾注，并使其位于每节的末尾；在"目录"节中插入"流行"格式的目录，替换"请在此插入目录！"文字；目录中需包含各级标题和"摘要""参考书目"以及"专业词汇索引"，其中"摘要""参考书目"和"专业词汇索引"在目录中应与标题1的级别相同。

（6）使用题注功能，修改图片下方的标题编号，以便其编号可以自动排序和更新，在"图表目录"节中插入格式为"正式"的图表目录；使用交叉引用功能，修改图表上方正文中对于图表标题编号的引用（已经用黄色底纹标记），以便这些引用能够在图表标题的编号发生变化时能自动更新。

（7）将文档中所有的文本"ABC分类法"都标记为索引项；删除文档中文本"供应链"的索引项标记；更新索引。

（8）在文档的页脚居中插入页码，要求封面页无页码，目录和图表目录部分使用"Ⅰ、Ⅱ、Ⅲ、…"格式，正文以及参考书目和专业词汇索引部分使用"1、2、3、…"格式。

（9）删除文档中的所有空行。

## 2.18.2 操作步骤

**1. 保存文件**

打开考生文件夹下的"Word 素材.docx"文件，单击"文件"选项卡的"另存为"，弹出"另存为"对话框，在该对话框中将"文件名"设为"Word"，将其保存于考生文件夹下。

2. 设置封面效果

（1）把光标定位到"目录"前面，在"插入"选项卡的"页"组中，单击"空白页"按钮，在文件首页新增一空白页。

（2）单击"文本"组中的"文本框"下拉按钮，在下拉列表框中选择"简单文本框"，在新插入的空白页页面中绘制一个文本框，输入文本"供应链中的库存管理研究""林楚楠"和"2012级企业管理专业"。

（3）参照考生文件夹中的素材"封面效果.docx"文件，选中"供应链中的库存管理研究"文本，在"开始"选项卡的"字体"组中，将"字体"设置为"黑体"、"字号"设置为"小初"，单击"加粗"按钮；同理，选中"林楚楠"和"2012级企业管理专业"文本，将"字体"设置为"黑体"、"字号"设置为"小三"。

**说明：**

参考素材是一张图片，并未指出具体的字体和字号，操作步骤只提供了其中一种设置方式。

（4）选中文本框中的文本文字，在"开始"选项卡的"段落"组中，单击"居中"按钮。

（5）选中"文本框"控件，单击右键，在弹出的快捷菜单中选择"设置形状格式"，在弹出的"设置形状格式"对话框中，选择左侧的"线条颜色"选项，选中右侧的"无线条"单选按钮，然后单击"关闭"按钮。

（6）选中文本框控件，单击右键，在弹出的快捷菜单中选择"自动换行"→"四周型环绕"。

（7）选中文本框控件，在"绘图工具-格式"选项卡的"排列"组中，单击"对齐"下拉按钮，在下拉列表中选择"左右居中"方式。

（8）把光标定位到文本框下方，在"插入"选项卡的"插图"组中，单击"图片"按钮，打开"插入图片"对话框，选择文件"图片1.jpg"，单击"插入"按钮。

（9）选中图片文件，单击右键，在弹出的快捷菜单中选择"自动换行"→"四周型环绕"。

（10）单击右键，在弹出的快捷菜单中选择"设置图片格式"，弹出"设置图片格式"对话框，选择左侧列表框中的"映像"，在右侧的映像属性设置框中单击"预设"选项右侧的下拉按钮，在下拉列表中选择一种映像变体，在此选择"紧密映像，接触"，单击"关闭"按钮。最后，调整图片文件的大小和位置。

3. 使用分节符分节

（1）将光标置于"封面"内容的结尾处，在"页面布局"选项卡的"页面设置"组中，单击"分隔符"按钮，在弹出的下拉列表中选择"分节符"→"下一页"。

（2）使用同样的方式，分别为"目录""图表目录""摘要""1. 引言""2. 库存管理的原理和方法""3. 传统库存管理存在的问题""4. 供应链管理环境下的常用库存管理方法""5. 结论""参考书目"和"专业词汇索引"各部分的内容设置"分节符""下一页"，使各部分都位于独立的节。

4. 样式设置

（1）在"开始"选项卡的"样式"组中，单击右下角的对话框启动器按钮，打开"样式"窗格，将光标指向"正文文字"样式，单击右侧的下拉按钮，在弹出的快捷菜单中选择"修改"命令，弹出"样式"窗格。

（2）将光标指向"标题1"样式，单击右侧的下拉按钮，在弹出的下拉菜单中选择"修改"命令，弹出"修改样式"对话框，单击"格式"按钮右侧的下拉按钮，在弹出的快捷菜单中选择"编号"命令，弹出"编号和项目符号"对话框。

（3）在"编号"选项卡中，单击"定义新编号格式"按钮，弹出"定义新编号格式"对话框，在"编号格式"中的"1"前面输入"第"，在"1"后面输入"章"，并删除"."号，最后单击"确定"按钮。

（4）选中标题2.1.2下方的编号列表，在"开始"选项卡的"段落"组中，单击"编号"下拉按钮，在弹出的下拉列表中选择"编号库"中的"1）、2）、3）、…"样式的编号。

（5）打开考生文件夹下的"项目符号列表.docx"文档，在"开始"选项卡的"样式"组中，单击对话框启动器按钮，在弹出的"样式"窗格中单击最下方"管理样式"按钮，弹出"管理样式"对话框。

（6）单击"管理样式"选项卡最后一行的"导入/导出"按钮。

（7）在右边列表框中单击"关闭文件"按钮，再单击"打开文件"按钮，在弹出的"打开"对话框中将"文件类型"选择"Word 文档（*.docx）"，然后在考生文件夹中选择"Word.docx"文件，单击"打开"按钮，打开"管理器"对话框。

（8）在"管理器"对话框左侧列表框中选择"项目符号列表"，单击"复制"按钮，即可将"项目符号列表"文档中的"项目符号列表"样式复制到"Word.docx"文件中，单击"关闭"按钮，最后关闭"项目符号列表.docx"文档。

（9）在打开的"Word.docx"文档中，选择标题2.2.1下方的编号列表，在"开始"选项卡的"样式"组中，单击样式列表框中的"项目符号列表"样式。

5. 插入目录

（1）在"引用"选项卡的"脚注"组中，单击对话框启动器按钮，打开"脚注和尾注"对话框，在"位置"选项框中选择"尾注"单选框，在下拉框中选择"节的结尾"，在"应用更改"选项框中选择将更改应用于"本节"，单击"位置"选项框中的"转换"按钮，弹出"转换注释"对话框，单击"确定"按钮，然后单击"应用"按钮。

（2）选中"摘要"标题，在"开始"选项卡的"样式"组中，选择样式列表中的"标题1"样式，出现"第1章摘要"，选中编号"第1章"，单击右键，在弹出的快捷菜单中选择"编号"→"无"。

（3）选中"参考书目"标题，按照上述同样的方法，将该标题段落应用"标题1"样式，并删除自动出现的项目编号。按照同样的方法，设置标题"专业词汇索引"。

（4）在目录页中将光标置于"请在此插入目录！"文字间，在"引用"选项卡的"目录"组中，单击"目录"按钮，在弹出的下拉列表中选择"插入目录"，弹出"目录"对话框，在"常规"选项框"格式"列表框中选择"流行"样式，单击"确定"按钮。插入目录后，将黄底文字"请在此插入目录！"删除。

## 6. 添加题注及交叉引用

（1）在正文 2.1.1 节中，删除图片下方的"图 1"文字，在"引用"选项卡的"题注"组中，单击"插入题注"按钮，打开"题注"对话框，单击"新建标签"按钮，弹出"新建标签"对话框，在"标签"文本框中输入"图"，单击"确定"按钮；单击"编号"按钮，弹出"题注编号"对话框，勾选"包含章节号"复选框，单击"确定"按钮；单击"题注"对话框中的"确定"按钮，结束对题注的设置。修改题注的对齐方式为"居中"。

（2）拖动垂直滚动条，找到"图 2"位置。按照上述同样的方法，首先删除正文中的黄底文字，然后在"交叉引用"对话框的"引用哪一个题注"列表框中选择"图 2 – 2 最优订货批量"，单击"插入"按钮。后续操作与对题注的引用操作方法相同。

## 7. 索引的标记、删除和更新

（1）在文档的"专业词汇索引"页中，选中索引目录中的"ABC 分类法"，在"引用"选项卡的"索引"组中，单击"标记索引项"按钮，弹出"标记索引项"对话框，单击"标记全部"按钮。

（2）根据"专业词汇索引"页中，索引目录中的"供应链"索引项所对应的页号，找到正文中对应的索引项，逐个选中索引项，按【Delete】键将其删除。

（3）在"引用"选项卡的"索引"组中，单击"更新索引"按钮。

（4）单击"文件"选项卡，在弹出的下拉列表中单击"选项"，弹出"Word 选项"对话框，在"显示"选项卡"始终在屏幕上显示这些格式标记"区域内，取消勾选"显示所有格式标记"复选框，单击"确定"按钮。

## 8. 分节设置页码

（1）双击封面页的页脚位置，在"页眉和页脚工具 – 设计"选项卡的"选项"组中，选中"首页不同"复选框。

（2）将光标置于目录页的页脚位置，在"页眉和页脚工具 – 设计"选项卡的"导航"组中，单击"链接到前一条页眉"选项，取消其选中状态。

（3）单击"页眉和页脚"组中的"页码"下拉按钮，在下拉列表中选择"设置页码格式"命令，弹出"页码格式"对话框，将"编号格式"设置为"Ⅰ、Ⅱ、Ⅲ、…"样式，在"页码编号"选项组中选中"起始页码"单选框，并采用默认值"Ⅰ"，单击"确定"按钮，关闭"页码格式"对话框。再次单击"页码"选项，在下拉列表中选择"当前位置"→"普通数字 1"。

（4）将光标置于"图表目录"页的页脚位置，单击"链接到前一条页眉"选项，取消其选中状态。

（5）单击"页眉和页脚"组中的"页码"下拉按钮，在下拉列表中选择"设置页码格式"命令，弹出"页码格式"对话框，将"编号格式"设置为"Ⅰ、Ⅱ、Ⅲ、…"样式，在"页码编号"选项组中选中"续前节"单选框，单击"确定"按钮。"摘要"页的设置方式与此相同。

（6）将光标置于正文第 1 章的页脚位置，单击"链接到前一条页眉"选项，取消其选中状态。

(7) 单击"页眉和页脚"组中的"页码"下拉按钮,在下拉列表中选择"设置页码格式"命令,弹出"页码格式"对话框,将"编号格式"设置为"1、2、3、…"样式,在"页码编号"选项组中选中"起始页码"单选框,并采用默认值"1"。

(8) 在"设计"选项卡的"关闭"组中,单击"关闭页眉和页脚"按钮。

9. 查找替换

(1) 在"开始"选项卡的"编辑"组中,单击"替换"按钮,弹出"查找和替换"对话框。

(2) 将光标置于"查找内容"列表框中,单击"更多"按钮,在下方的"替换"组中单击"特殊格式"按钮,在弹出的下拉列表中选择"段落标记",继续单击"特殊格式"按钮,再次选择"段落标记"。

(3) 将光标置于"替换为"列表框中,单击"特殊格式"按钮,在弹出的下拉列表中选择"段落标记",单击"全部替换"按钮,在弹出的对话框中选择"确定"按钮。

(4) 返回"查找和替换"对话框,单击"关闭"按钮。

10. 保存文档

单击快速访问工具栏中的"保存"按钮,关闭所有文档。

# 2.19 制作请柬

## 2.19.1 题目要求

书娟是海明公司的前台文秘,她的主要工作是管理各种档案,为总经理起草各种文件。新年将至,公司定于2013年2月5日下午2:00,在中关村海龙大厦办公大楼五层多功能厅举办一场联谊会,重要客人名录保存在名为"重要客户名录.docx"的Word文档中,公司联系电话为010-66668888。

根据上述内容制作请柬,具体要求如下:

(1) 以"董事长:王海龙"名义发出邀请,请柬中需要包含标题、收件人名称、联谊会时间、联谊会地点和邀请人。

(2) 对请柬进行适当排版,具体要求:改变字体、加大字号,且标题部分("请柬")与正文部分(以"尊敬的×××"开头)采用不相同的字体和字号;加大行间距和段间距;对必要的段落改变对齐方式,适当设置左、右及首行缩进,以美观且符合中国人阅读习惯为准。

(3) 在请柬的左下角位置插入一幅图片(图片自选),调整其大小及位置,不影响文字排列、不遮挡文字内容。

（4）进行页面设置，加大文档的上边距；为文档添加页眉，要求页眉内容包含本公司的联系电话。

（5）运用邮件合并功能制作内容相同、收件人不同（收件人为"重要客户名录.docx"中的每个人，采用导入方式）的多份请柬。将合并主文档以"请柬1.docx"为文件名进行保存，在进行效果预览后，生成可以单独编辑的单个文档"请柬2.docx"。

### 2.19.2 操作步骤

1. 新建请柬文件

（1）打开 Word 2010，新建一个空白文档。
（2）按照题意在文档中输入请柬的基本信息，请柬初步建立完毕。

2. 对请柬格式排版

（1）根据题目要求，对已经初步建立的请柬进行适当排版。选中"请柬"二字，在"开始"选项卡的"字体"组中，单击"字号"下拉按钮，在弹出的下拉列表中选择适合的字号，此处选择"小一"。按照同样的方式，在"字体"下拉列表中设置字体，此处选择"黑体"。

（2）选中除了"请柬"以外的正文部分，在"开始"选项卡的"字体"组中，单击"字体"下拉按钮，在弹出的下拉列表中选择合适的字体，此处选择"楷体"。按照同样的方式，设置"字号"为"小二"。

（3）选中正文（除了"请柬"和"董事长：王海龙"），在"开始"选项卡的"段落"组中，单击对话框启动器按钮，弹出"段落"对话框。在"缩进和间距"选项卡的"间距"组中，单击"行距"下拉列表，选择合适的行距，此处选择"固定值"，将"设置值"选择"50磅"，在"段前"和"段后"微调框中分别选择合适的数值，设为"0.5行"。

（4）在"缩进"组中，设置合适的"左侧"微调框以及"右侧"微调框缩进字符，此处均选择"1字符"；在"特殊格式"中选择"首行缩进"，在对应的"磅值"微调框中选择"2字符"；在"常规"组中，单击"对齐方式"下拉按钮，选择合适的对齐方式，此处选择"左对齐"。

3. 插入图片

（1）根据题意，将光标置于正文下方，在"插入"选项卡的"插图"组中，单击"图片"按钮，在弹出的"插入图片"对话框中选择合适的图片，此处选择"图片2"，单击"插入"按钮。
（2）选中图片，将光标置于图片右上角。
（3）当光标变成双向箭头状，拖动鼠标即可调整图片的大小。将图片调整至合适大小后，再利用光标插入点移动图片在文档中的位置。

4. 页面设置

（1）在"页面布局"选项卡的"页面设置"组中，单击"页边距"下拉按钮，在下拉列表中选择"自定义边距"。

（2）在弹出的"页面设置"对话框中选择"页边距"选项卡。在"页边距"选项的"上"微调框中选择合适的数值，以适当加大文档的上边距为准，此处选择"3厘米"。

（3）在"插入"选项卡的"页眉页脚"组中，单击"页眉"下拉按钮，在弹出的下拉列表中选择"空白"选项。

（4）在光标显示处输入该公司的联系电话"010－66668888"，单击"关闭页眉和页脚"按钮。

5. 利用邮件合并功能制作多份请柬

（1）将光标定位在"尊敬的"后面，删除"×××"。在"邮件"选项卡的"开始邮件合并"组中，单击"开始邮件合并"下的"邮件合并分步向导"命令，打开"邮件合并"任务窗格，进入"邮件合并分步向导"的第1步。

（2）在"选择文档类型"中选择一个希望创建的输出文档的类型，此处选择"信函"单选框。

（3）单击"下一步：正在启动文档"超链接，进入"邮件合并分步向导"的第2步，在"选择开始文档"选项区域中选中"使用当前文档"单选框，以当前文档作为邮件合并的主文档。

（4）单击"下一步：选取收件人"超链接，进入第3步，在"选择收件人"选项区域中选中"使用现有列表"单选框。

（5）单击"浏览"超链接，打开"选取数据源"对话框，选择"重要客户名录.docx"文件后单击"打开"按钮，打开"选择表格"对话框，选择默认选项后，单击"确定"按钮。进入"邮件合并收件人"对话框，单击"确定"按钮，完成现有工作表的链接工作。

（6）单击"下一步：撰写信函"超链接，进入第4步。在"撰写信函"区域单击"其他项目"超链接，打开"插入合并域"对话框。

（7）在"域"列表框中，按照题意选择"姓名"域，单击"插入"按钮，然后单击"关闭"按钮，关闭"插入合并域"对话框。文档中的相应位置就会出现已插入的域标记。

（8）在"邮件合并"任务窗格中，单击"下一步：预览信函"超链接，进入第5步。在"预览信函"选项区域中，单击"<<"或">>"按钮，可查看具有不同邀请人的姓名和称谓的信函。

（9）预览并处理输出文档后，单击"下一步：完成合并"超链接，进入"邮件合并分步向导"的最后一步，此处选择"编辑单个信函"超链接。打开"合并到新文档"对话框。

（10）在"合并记录"选项区域，选中"全部"单选框。最后，单击"确定"按钮，Word就会将存储的收件人的信息自动添加到请柬的正文，并合并生成一个新文档。

（11）将合并主文档以"请柬1.docx"为文件名进行保存。

（12）预览效果后，生成可以单独编辑的单个文档，并以"请柬2.docx"为文件名进行保存。

6. 保存文档

在快速访问工具栏中单击"保存"按钮，关闭所有文档。

# 2.20 制作新闻提要

## 2.20.1 题目要求

在考生文件夹下打开文档 Word.docx，按照下列要求完成操作，并以该文件名（Word.docx）保存文件，按照参考样式"Word 参考样式.gif"完成设置和制作。

具体要求如下：

(1) 设置上、下、左、右均为 2.7 厘米页边距，装订线在左侧；设置文字水印页面背景，文字为"中国互联网信息中心"，水印版式为斜式。

(2) 设置第 1 段的文字"中国网民规模达 5.64 亿"为标题；设置第 2 段的文字"互联网普及率为 42.1%"为副标题；改变段间距和行间距（间距单位为行），使用"独特"样式修饰页面；在页面顶端插入"边线型提要栏"文本框，将第 3 段文字"中国经济网北京 1 月 15 日讯中国互联网信息中心今日发布《第 31 展状况统计报告》。"移入文本框内，设置字体、字号、颜色等；在该文本的最前面插入类别为"文档信息"、名称为"新闻提要"的域。

(3) 设置第 4～6 段文字，要求首行缩进 2 字符。将 4～6 段的段首"《报告》显示"和"《报告》表示"均设置为斜体、加粗、红色、双下划线。

(4) 将文档"附：统计数据"后面的内容转换成 2 列 9 行的表格，为表格设置样式；将表格的数据转换成簇状柱形图，插入文档中"附：统计数据"的前面，保存文档。

## 2.20.2 操作步骤

1. 页面设置、制作水印

(1) 打开考生文件夹下的素材文件"Word.docx"。

(2) 在"页面布局"选项卡的"页面设置"组中，单击对话框启动器按钮，打开"页面设置"对话框，在"页边距"选项卡中，将"页边距"选项中的"上""下""左""右"微调框均设置为"2.7 厘米"，单击"装订线位置"下拉按钮，从弹出的下拉列表中选择"左"。然后，单击"确定"按钮。

(3) 在"页面布局"选项卡的"页面背景"组中，单击"水印"下拉按钮，从下拉列表中选择"自定义水印"命令，弹出"水印"对话框，选中"文字水印"单选框，在"文字"文本框中输入"中国互联网信息中心"，选中"版式"中的"斜式"单选框，单击"确定"按钮。

2. 文字和段落设置

(1) 选中第 1 段文字"中国网民规模达 5.64 亿"，在"开始"选项卡的"样式"组中，单击"标题"按钮。

（2）选中第2段文字"互联网普及率为42.1%"，在"开始"选项卡的"样式"组中，单击"副标题"按钮。

（3）拖动鼠标选中全文（或按【Ctrl + A】组合键），在"开始"选项卡的"段落"组中，单击对话框启动器按钮，打开"段落"对话框。在"缩进和间距"选项卡中，将"间距"下的"段前"和"段后"都设置为"0.5行"，选择"行距"为"1.5倍行距"，单击"确定"按钮。

（4）在"开始"选项卡的"样式"组中，单击"更改样式"下拉按钮，从弹出的下拉列表中选择"样式集"→"独特"。

（5）将光标定位到页面顶端，在"插入"选项卡的"文本"组中，单击"文本框"按钮，从弹出的下拉列表中选择"边线型提要栏"，选中第3段文字，剪切并粘贴到文本框内。选中文本框内的文字，在"开始"选项卡的"字体"组中，单击对话框启动器按钮，弹出"字体"对话框，此处设置"中文字体"为"黑体"、"字号"为"小四"，单击"字体颜色"下拉按钮，从弹出的下拉列表中选择"标准色-红色"，单击"确定"按钮。

（6）将光标定位到上述文本的最前面，在"插入"选项卡的"文本"组中，单击"文档部件"下拉按钮，从弹出的下拉列表中选择"域"，弹出"域"对话框，选择"类别"为"文档信息"，在"新名称"文本框中输入"新闻提要:"，单击"确定"按钮。

3. 字体格式设置

（1）选中第4～6段文字，在"开始"选项卡的"段落"组中，单击对话框启动器按钮，弹出"段落"对话框，在"缩进和间距"选项卡下设置"特殊格式"为"首行缩进"，"磅值"为"2字符"，单击"确定"按钮。

（2）选中第4段中的"《报告》显示"，按住【Ctrl】键，同时选中第5段中的"《报告》显示"和第6段中的"《报告》表示"，在"开始"选项卡的"字体"组中，分别单击"加粗"按钮和"倾斜"按钮，然后单击"下划线"下拉按钮，从弹出的下拉列表中选择"双下划线"，单击"字体颜色"下拉按钮，从弹出的下拉列表中选择"标准色-红色"。

4. 制作表格

（1）选中文档"附：统计数据"下面的9行内容，在"插入"选项卡的"表格"组中，单击"表格"下拉按钮，从弹出的下拉列表中选择"文本转换成表格"命令，弹出"将文字转换成表格"对话框，单击"确定"按钮。

（2）按题目要求为表格设置样式。选中整个表格，在"表格工具-设计"选项卡的"表格样式"组中，选择一种样式，此处选择"浅色底纹-强调文字颜色2"。

（3）将光标定位到文档"附：统计数据"的前面，在"插入"选项卡的"插图"组中，单击"图表"下拉按钮，弹出"插入图表"对话框，选择"柱形图"中的"簇状柱形图"，单击"确定"按钮。将Word中的表格数据复制、粘贴到Excel表格中，然后删除Excel表格中的C列和D列即可，关闭Excel文件。

（4）单击Word左上角的快速访问工具栏中的"保存"按钮，保存文档Word.docx。

# 第 3 章 电子表格软件 Excel 2010

## 3.1 Excel 2010 简介

Excel 2010 是 Microsoft Office 2010 软件套装的组件之一，它是一种电子表格软件。电子表格软件是办公自动化应用中非常重要的一类软件，不仅仅能够方便地处理表格和进行图形分析，其更强大的功能体现在对数据的自动处理和计算，Excel 2010 有助于用户制作各种复杂的表格文档，进行烦琐的数据计算，并能对输入的数据进行各种复杂统计运算后显示为可视性极佳的表格，同时它还能形象地将大量枯燥无味的数据以多种漂亮的彩色商业图表显示，极大地增强了数据的可视性。另外，电子表格还能将各种统计报告和统计图打印输出。

### 3.1.1 Excel 2010 的基本概念

1. 工作簿与工作表

工作簿是指在 Excel 2010 环境中用来储存并处理数据的文件，Excel 2010 的工作簿的文件扩展名默认为.xlsx。.xlsx 格式文件由 Excel 2007 开始被引入 Office 产品，它是一种压缩包格式的文件。Excel 2010 也兼容在 Excel 2007 之前广泛使用的.xls 文件格式，如果工作簿需要在 Excel 97-2003 环境下使用，就要把工作簿保存为.xls 格式。每个工作簿包含多个工作表，每个工作表都是一个相对独立的二维表格，这些工作表可以储存不同类型的数据，Excel 2010 中的每个工作簿可以包含无限数量的工作表。每一个工作簿文件在默认状态下打开 3 个工作表，分别以 Sheet1、Sheet2、Sheet3 命名。工作表的名字显示在工作簿文件窗口底部的标签里，在标签上单击工作表名，可以实现在同一工作簿中不同工作表间的切换。

2. 单元格

每个工作表由规则排列的长方形的小格子组成，这些小格子称为"单元格"，输入的数据都保存在这些单元格内。正在操作的单元格称为"活动单元格"。

3. 单元格区域

单元格区域是指一组被选中的单元格，可以是相邻的，也可以是彼此分离的。对一个单元格区域的操作就是对该区域中的所有单元格执行相同的操作。当单元格区域被选中后，所选范围内的所有单元格都呈蓝色；取消时，恢复原样。

### 3.1.2　Excel 2010 界面

在桌面上双击 Excel 2010 图标，或进入 Windows 的"开始"菜单，选择"所有程序"→Microsoft Office→Microsoft Excel 2010，打开 Excel 2010。Excel 2010 空白工作簿界面如图 3.1 所示，中间白色的网格就是工作表。其中，行以数字编号，列以字母编号，通过行、列编号就可以确定每一个单元格的名称，如 A 列 1 行的名称就是"A1"。当选中或者编辑某个单元格的内容时，这个单元格的名称就会在表格的左上角的名称框中显示。

图 3.1　Excel 2010 空白工作簿界面

Excel 2010 可以同时打开多个工作簿，每个打开的工作簿都表现为一个独立的 Excel 窗口，窗口最上方显示打开的工作簿名称，可以通过 Windows 的任务栏进行切换。右键单击页标签，可以在弹出的快捷菜单中插入、删除页，以及编辑页的名称。

工作表上方是从 Microsoft Office 2007 开始使用的菜单功能区，菜单界面将功能区的图标按功能分成几个页面的形式呈现，可以避免以前存在的工具栏显示占用太多屏幕空间问题，也便于用户快速找到所需功能。每个组内根据功能的不同也把图标进行了分类，不同类的图标之间有竖线分隔，下方显示类别名称。功能区的图标位置固定，无法像以前的工具栏一样可以在主界面内浮动，或者附着到左右边框上。

在功能区之上的是 Excel 2010 的标题栏，在菜单界面里没有了以往常见的排列成一行的主菜单，标题栏上显示当前编辑的工作簿名称和工作模式，在标题栏左边有一组图标，包含 ，这是 Excel 2010 的快速访问工具栏，默认只有存盘、撤销、重做三个功能，可以通过最右边的 来进行自定义，把功能区中属于各个组的图标加到快速访问工具栏中，这样无论何时都可以直接单击该图标，而无须先切换功能区的页面，再找图标。快速访问工具栏的空间有限，应当只放置频繁用到的图标。

## 3.2　Excel 2010 的工作簿操作

### 3.2.1　Excel 2010 界面操作

在 Excel 2010 中新建工作簿的操作方法和在 Word 2010 中新建文档的方法一样，在功能区"文件"页中选择"新建"选项，在右侧选择"空白工作簿"后，单击界面右下角的"创建"图标就可以新建一个空白的表格。也可以选择由模板建立工作簿，Excel 2010 给出了 office.com 上的大量模板供选择。

1. 打开工作簿

工作簿的打开操作是指打开一个已经存在的工作簿文件。单击"打开"选项，在列表中选择需要打开的工作簿文件，然后单击"打开"按钮。

2. 保存工作簿

保存工作簿是把正在编辑的工作簿文件保存到磁盘上，以备下次继续编辑或使用。如果需要保存的是一个新建的工作簿，在保存时，应先为其命名、指定文件的存放位置，然后执行保存操作。

保存文件的常用方式有以下两种。

（1）单击"文件"选项列表的"保存"命令；如果文件是第一次保存，会弹出"另存为"对话框，要求为其命名并选择文件存放的路径，在"文件名"文本框中，输入文件的名称，然后单击"保存"按钮。如果保存的是已有文件，则不会有任何提示。

（2）在快速访问工具栏上，单击 按钮。效果与前者相同。

需要指出，如果保存的是一个已有文件，则保存后，原来的文件就被后保存的数据覆盖，无法恢复。如果想要保留原有文件，可以使用功能区里"文件"页中"另存为"命令，为需保存的工作簿指定一个新的文件名或者路径，使新的文件和旧的文件可以并存。

3. 关闭工作簿

（1）关闭当前呈激活状态的窗口：选择要关闭的窗口，在功能区里"文件"页中单击"关闭"命令。或者单击功能区右上角的 ✖ 按钮。

（2）退出整个应用程序：在功能区里"文件"页中单击"退出"命令，或者单击主界面右上角的 ✖ 按钮。

如果要关闭的工作簿经过编辑，尚未保存，则会弹出询问"是否保存修改"的对话框，如果需要保存，就单击"保存"按钮；否则，单击"不保存"按钮，放弃所修改的内容；如果单击"取消"按钮，则放弃关闭工作簿，继续保持打开状态。

### 3.2.2 Excel 2010 工作表编辑

在制作一份表格前，要进行数据输入。单击要输入数据的单元格，就可以选中它作为输入的对象，这时它周围会呈现粗线框，表示它现在是活动单元格。选定单元格之后，就可以向里面输入数据。Excel 2010 中允许使用的数据类型包括文本、数字、图表、声音等。在当前活动单元格中输入的数据都将保存在当前单元格。在输入过程中，按【Enter】键表示确认输入的数据，同时单元格指针自动移到下一个单元格，还可使用【Tab】键和方向键移动单元格指针，按【Esc】键则可取消当前的输入。

1. 输入数据类型

1）输入数字

在 Excel 2010 中，当建立新的工作表时，所有单元格都采用默认的通用数字格式。通用格式一般采用整数（如：123）、小数（如：1.23）格式，而当数字的整数位数大于 11 位或者长度超过单元格的宽度时，Excel 2010 将自动使用科学计数法来表示该数字，数字通常靠右对齐。

2）输入文字

文字是指字符或者是任何数字和字符的组合。任何输入单元格内的字符集，只要不被系统解释成数字、公式、日期、时间或逻辑值，就一律将其视为文字。对于全部由数字组成的字符串（如邮政编码、电话号码等字符串）的输入，为了避免被认为是数字型数据，Excel 2010 提供了在这些输入项前添加单引号"'"的方法来区别是"数字字符串"而非"数字"数据。

3）输入日期和时间

在 Excel 2010 中，输入日期时，通常使用连字符来分隔年、月、日。例如：2018 - 01 - 10、2018/01/10 等。当在单元格中输入可识别的日期和时间数据时，单元格的格式就会自动从"通用"格式转换为相应的"日期"或"时间"格式，而无须用户设定该单元格为日期或时间格式；可以在同一单元格中输入日期和时间，但二者间必须用空格分隔，如 2018/01/10  17:00。

2. 数据输入方式

1）直接输入法

首先选定要输入数据的单元格。在单元格中输入文字，此时在编辑栏上将出现与单元格中相对应的内容,也可以不在单元格中输入而单击编辑栏的输入框,在编辑栏中输入。这两种方法都可以实现文字的录入,前者较为直观,后者适合录入较多的内容。另外,录入公式时,也常在编辑栏中录入。

当在单元格中输入内容后,编辑栏上多出了×和√两个工具按钮。这两个工具按钮的作用是:

×:单击此按钮,将取消此次输入,按【Esc】键与单击该按钮的效果相同。

√:单击此按钮,确认刚才的输入有效,完成输入的操作,按【Enter】键与单击该按钮的效果相同。

2) 快速填充式输入

(1) 利用单元格区域批量输入。首先,批量选中需要输入的单元格。如果它们的位置彼此相邻,就可以通过先用鼠标选中一个单元格,然后在不松开左键的状态下采用拖动的方法进行选择;如果需要输入的单元格彼此分散,可以按住【Ctrl】键,逐个点选。被选中的单元格底色会变成蓝色,当所有需要输入的单元格都被选中,它们就组成了单元格区域,然后输入内容,按【Ctrl+Enter】组合键结束,则单元格区域内所有单元格都被填入所输入的数据。

(2) 通过填充柄进行行、列填充。当选中一个单元格时,会发现它的边框的右下角有一个和边框同色的方块,如图 3.2 所示。这个方块叫做填充柄,利用它可以进行表格中一行或者一列的填充。方法如下:

先在第一个单元格中输入,然后将光标移动到单元格的右下角填充柄处,光标会变为一个没有箭头的黑色"十"字,按住【Ctrl】键,拖动填充柄至该单元格所

图 3.2 填充柄

在行(或列)需填充的最后一个单元格。松开鼠标后就会发现,所经过的单元格都被填充了第一个单元格的内容。

(3) 通过填充柄创建填充序列。首先选定作为初始值的单元格,然后拖动单元格填充柄进行填充。如果初始单元格内容是一般文字,则效果和前面的行列填充是一样的;如果单元格中存在数字或者其他够构成序列元素的内容,Excel 2010 在填充时会将它看成是一个序列,并能预测序列的趋势,在相邻的单元格中填入相同趋势的数据。

例如,在 B4 中输入数字 5,然后将光标置于填充柄处,此时光标将变成黑色"十"字形状,接着拖动鼠标,使 B5～B8 都被选中,默认填充内容都是数字 5。单击选中单元格区域右下角的填充图标,在弹出列表中选择填充序列,将在 B5～B8 中依次自动填入 6～9 这几个数字,如图 3.3 所示。

另外通过填充柄填充,还可直接识别连续的数字和递增的等差数列。例如,在连续两个单元格内输入 5、7,然后将这两个单元格一起选中,接着拖动填充柄,其他连续的单元格内将按照 5 和 7 的差值自动填充为 9、11、13、……。

此外,"自动填充"功能还可以完成时间和日期等序列的填充。例如:

输入"Monday",填充时可以自动填充 Tuesday、Wednesday、Thursday、Friday、…

输入"January",填充时可以自动填充 February、March、April、…

输入"星期一",填充时可以自动填充星期二、星期三、星期四、…

在功能区"开始"选项卡中单击"填充"图标,在弹出的列表中选择"系列"命令,出现如图 3.4 所示的填充序列设置对话框,在此可设置"等差序列""等比序列""日期"

等序列的填充，还可以确定步长值、终止值及按行填充还是按列填充。

图3.3 趋势填充

图3.4 序列填充

单击功能区"文件"选项卡中的"选项"命令，从弹出的选项对话框中左边列表选择"高级"，在右边单击"常规"组中的"编辑自定义列表"按钮，就可以自己定义序列，如图3.5所示。

图3.5 自定义填充

### 3.2.3 编辑表格

1. 编辑单元格内容

双击待编辑的单元格，在出现竖线样式的闪动光标后，即可直接在单元格中进行编辑。也可以选中需要编辑的单元格后，单击上方编辑栏的输入框，在输入框中进行编辑。编辑完成后，按【Enter】键确认，如果取消修改，可按【Esc】键。

2. 复制、粘贴

1）单元格的复制粘贴

（1）选中要复制的单元格或者单元格区域，如果要复制整行（或列），可以单击相应的行号（或列号），就可以选中该行（或该列）、也可以用按住左键拖动鼠标的方法选择多行（或多列），然后用右键快捷菜单中的"复制"命令或者功能区"开始"选项卡的  图标进行复制。

（2）将光标移到要粘贴的位置，右键单击，从弹出的快捷菜单中选择"粘贴"命令或者使用功能区"开始"选项卡的 图标，即可粘贴所选内容。还可以在选中单元格区域后，将光标移到其边框处，当光标变为带箭头的"十"字标记后，按住【Ctrl】键，用鼠标将其拖动到要粘贴的位置即可。

2）选择性粘贴

当复制的区域中包括的不仅仅含有数值，还包含公式、格式和批注时，可以使用"选择性粘贴"，有选择地进行粘贴。方法如下：

（1）选择源单元格，并进行"复制"操作。

（2）在目标单元格中，单击右键，在弹出的快捷菜单中选择"选择性粘贴"命令，在弹出的子菜单中选择要粘贴的项目，如图 3.6 所示。也可以单击子菜单中最下方的"选择性粘贴"，打开"选择性粘贴"对话框，在"粘贴"选项组中选择合适的粘贴项目，单击"确定"按钮进行粘贴，如图 3.7 所示。

图 3.6 右键快捷菜单

图 3.7 "选择性粘贴"对话框

3. 单元格内容的移动

在选中单元格区域后，将光标移到其边框处，当光标变为带箭头的十字标记时，直接按住左键并将单元格拖动到要粘贴的位置，或者利用快捷菜单或者功能区图标的剪切、粘贴功能完成。

4. 插入单元格、行或列

若要插入空白的单元格，则先在所选位置上，根据需要选择相应大小的单元格区域。若要插入一行，则先选择需插入新行之下的行中的任意单元格。例如，若要在第 6 行上方插入一行，应先单击第 6 行中的任意单元格。若要插入多行，则先选择需插入新行之下的若干行（插入的行数与选定的行数相等）。

若要插入一列，则先选择需插入新列右侧的列中的任意单元格。例如，若要在C列左侧插入一列，应先单击C列中的任意单元格。若要插入多列，则先选择需要插入新列右侧的若干列（插入的列数与选定的列数相等）。

选择后，使用右键快捷菜单中的"插入"命令，弹出"插入"对话框，如图3.8所示。根据需要，选择对应的插入方式。也可以使用功能区"开始"选项卡中的"插入"按钮来实现。

图3.8 "插入"对话框

### 5. 删除单元格、行或列

若要进行删除操作，则应先选择要删除的单元格、行或列，然后在功能区"开始"选项卡中，单击"删除"按钮。如果删除单元格，就直接单击图标；如果删除整行（或列），则可以单击"删除"下拉按钮，在下拉列表中选择，如图3.9所示。也可以在选定之后，使用右键快捷菜单中的"删除"命令，在弹出的"删除"对话框中设置，如图3.10所示。

图3.9 "删除"下拉列表　　　图3.10 "删除"对话框

⚠ **注意：**

如果公式中引用的单元格被删除，则该公式将显示错误值#REF!。

### 6. 隐藏行、列

选中要隐藏的行（列），在右键快捷菜单中选择"隐藏"命令。也可以通过鼠标拖动来实现。操作方法：将光标移至待隐藏的行（列）标的下（右）交界线，此时光标变为标准分隔光标，向上（左）拖动鼠标，即可完成隐藏操作。

若要取消隐藏，则可以在行（列）标区选中隐藏行（列）上下（左右）的两行（列），单击右键，从快捷菜单中选择"取消隐藏"命令即可。

### 7. 清除单元格格式和内容

1) 采用功能区图标清除

选定需要清除其格式或内容的单元格、行或列。在功能区"开始"选项卡，单击"清除"下拉按钮，在下拉列表中根据需要选择清除的种类：全部、格式、内容、批注。如图3.11所示。

图3.11 "清除"下拉列表

2）用键盘删除

选择需要清除内容的单元格、行或列，按【Delete】键，即可清除单元格的内容。

8. 查找与替换

1）查找

用户可以按指定的方式、指定的条件在指定的范围内进行查找。

具体操作步骤如下：

（1）选中要搜索的区域。在"开始"选项卡，单击"查找和选择"下拉按钮，在下拉列表中选择"查找"，弹出"查找和替换"对话框，在"查找"选项卡的"查找内容"文本框中输入要查找的内容。

（2）单击右下角的"选项"按钮，可以显示查找的选项，如图3.12所示。在"范围""搜索""查找范围"项分别选择合适的项目；若勾选"区分大小写"复选框，则可在搜索字符串时区分大小写；若勾选"单元格匹配"复选框，则在比较字符串时必须与单元格内的整个字符串完全一致。

图3.12 查找替换

（3）单击"查找下一个"按钮开始查找，当查找到第一个符合条件的单元格时，会在这个单元格停下，等待用户进行替换操作或者继续查找。按【Esc】键可以中止查找。

2）替换

对满足指定条件、指定范围的单元格内容可以进行指定的替换操作。

具体操作步骤如下：

在"开始"选项卡，单击"查找和选择"下拉按钮，在下拉列表中选择"替换"，弹出"查找和替换"对话框，在"替换"选项卡下，单击右下角的"选项"按钮，可以显示替换的选项，如图3.13所示。在"查找内容"栏中输入被换的内容；在"替换内容"栏输入新的内容，然后选择搜索的方向、方式等。单击"全部替换"按钮，即可替换查找到的符合条件的全部内容；如果不需要全部替换，则单击"查找下一个"按钮进行查找，直到光标停在符合条件的单元格；如果需要替换，则单击"替换"按钮；如果不需要替换，则单击"查找下一个"按钮继续查找，或者按【Esc】键中止。

图 3.13 查找替换

## 3.2.4 工作表操作

1. 工作表的切换

一个工作簿文件可以包含若干个工作表。在工作簿中可进行表的插入、删除、移动、复制、重命名等操作，还可以将一个工作表分割、冻结，或在不同的工作表间执行复制数据、插入新表等操作。在工作簿中的各个工作表，只有一个为当前工作表，可以利用工作表标签快速地在不同的工作表之间进行切换。在切换工作表的过程中，如果该工作表的名字显示在屏幕左下方的标签中，则可以单击对应的标签来进行切换。

如果要切换的工作表标签没有显示在当前的工作表标签中，则可以通过对快捷键或滚动按钮的操作来实现。

2. 插入或删除工作表

1）插入工作表

在一个新打开的工作簿中，通常默认含有 3 个工作表，分别以"Sheet1""Sheet2""Sheet3"命名，如图 3.14 所示。若要插入一张工作表，可单击工作表标签右边的图标，一张新的工作表将插入工作簿中并被命名为"Sheet4"，依此类推。

图 3.14 工作表标签

2）删除工作表

若要"删除"一张工作表，可以在想要将其删除的工作表标签上单击右键，在弹出的快捷菜单中选择"删除"命令，并在打开的对话框中单击"确定"按钮即可。一个工作表被删除后，该工作表的下一工作表将成为新的活动工作表。

3. 移动、复制工作表

1）移动工作表

（1）在工作簿中移动工作表。单击要移动的工作表，然后沿着标签行拖动选中的工作表到达新的位置，松开鼠标键即可将工作表移动到新的位置。在拖动过程中，屏幕上会出现一个黑色的三角形来指示工作表将要被插入的新位置。

（2）将工作表移动到另一个工作簿中。首先，在源工作簿中单击要移动的工作表标签，然后执行右键快捷菜单中的"移动或复制"命令，弹出"移动或复制工作表"对话框，如图 3.15 所示。在工作簿列表框中选择目的工作簿，单击"确定"按钮即可。

2）复制工作表

图 3.15 "移动或复制工作表"对话框

在同一工作簿中执行移动工作表的操作时，按住【Ctrl】键，就可以在同一工作簿中复制工作表。新工作表的名字以旧工作表的名字＋"(2)"来命名。要想将工作表复制到其他工作簿中，只需按前面介绍的移动工作表到另一个工作簿的方式操作即可。只不过在选择了"目的"工作簿后，需勾选"建立副本"复选框。

4. 重新命名工作表

双击选中的工作表标签（或右键单击标签，选择快捷菜单中的"重命名"命令），此时标签名字反黑显示，进入编辑状态，直接输入新的名字即可。按【Enter】键后，会看到新的名字已经出现在工作表标签中，代替了原来的名字。

5. 同时操作多个工作表

需要在多个工作表中输入相同的数据时，可以先将这些工作表全部选定，使之成为一个工作组，然后再进行输入操作。

选定多个工作表的操作方法：按住【Ctrl】键或【Shift】键，单击各工作表标签，即可选定多个工作表。按【Ctrl + Shift + PageDown】组合键可以向后选定多个工作表；按【Ctrl + Shift + PageUp】组合键可以向前选定多个工作表。

## 3.3　Excel 2010 中的公式和函数

Excel 2010 允许使用公式对数值进行计算，并提供了大量函数，可以自如地汇总、转换、计算电子表格中的所有数据。

## 3.3.1 使用公式计算

1. 输入公式

公式是包括下列要素的数学算式：数值、引用、名称、运算符和函数。在 Excel 2010 中，所有公式都以等号"＝"开头。在单元格中输入公式的步骤如下：

（1）选择要输入公式的单元格。

（2）在编辑栏的输入框中输入"＝"。

（3）输入公式。

图 3.16 输入公式

（4）按【Enter】键确认。

通常，在输入公式后，在单元格中显示的不是公式本身，而是公式的计算结果，公式本身则在编辑栏的输入框中反映，如图 3.16 所示。

对于公式，可以使用多种数学运算符号来完成，如 +、-、*、/、%、^（乘方）、&（连接字符串）等。还可以使用比较运算符，根据公式来判断条件，返回逻辑结果 TRUE（真）或 FALSE（假）。

运算符符号及优先级：( )、-（负号）、%、^、*、/、+、-（减号）

比较运算符：=、< >、<、>、> =、< =

2. 数据的自动计算

在"开始"选项卡中，单击"自动求和"按钮，可实现自动累加一列（或一行）数据。具体操作步骤如下：

（1）首先选中欲放置累加数据的总和的单元格。

（2）单击"自动求和"按钮。

（3）选取要求和的单元格的范围。

（4）按【Enter】键即可。

自动求和实际上使用了 Excel 2010 的 SUM( ) 函数，只不过无须用户自己输入，而是由系统完成。除了求和，单击"自动求和"文字右侧的下拉按钮，还可以选择其他常用的函数，如图 3.17 所示。

图 3.17 自动计算
函数列表

3. 单元格的引用

在表格应用中，经常需要对表格中的数据进行计算，因此公式必然要包含单元格内容的引用，引用单元格的内容要使用单元格的行列地址作为该单元格的标识。例如，引用 D 列第 3 行的单元格，则在公式中用 D3 表示。根据引用效果的不同，单元格引用可以分为三个类别：相对引用、绝对引用、混合引用。

1) 相对引用

相对引用是指公式中对于引用的单元格地址保存的并不是固定在该地址给出的位置，而是记录该地址与公式所在单元格的相对位置关系。如果把一个含有单元格地址的公式复制到一个新的位置，那么公式中的单元格地址会随之改变，而新的单元格地址和公式所在新单元格的相对位置关系不会改变。这样可以很方便地进行公式的批量应用。例如，在学生的成绩单里要计算学生的各科成绩总分，只需要在第一个学生的总分那一项输入各科成绩相加的公式（如"=B3+C3"），然后拖动填充柄填充所有学生的行，就可以得到所有学生的各科总成绩。

2) 绝对引用

绝对引用是指把公式复制到新位置时，单元格地址不变。设置绝对引用时，需要在行号和列号前加符号"$"（如"=$B$3+$C$3"）。使用绝对引用后，拖动填充柄时，应用单元格不变。

3) 混合引用

混合引用是指在一个单元格地址中，既包含相对引用又包含绝对引用，是两者的结合使用。混合引用有"绝对列和相对行"和"绝对行和相对列"两种形式。前者如"=SUM（$A3:$E3）"，后者如"=SUM（A$3:E$3）"。

4) 三维引用

上面的几个实例引用的都是同一工作表中的数据，如果要分析同一工作簿中多张工作表的数据，就要使用三维引用。例如，公式在工作表 Sheet1 的 C6 单元格，若要引用工作表 Sheet2 的"A1:A6"和 Sheet3 的"B2:B9"区域进行求和运算，则公式中的引用形式为"=SUM（Sheet2！A1:A6，Sheet3！B2:B9）"。也就是说，三维引用中不仅包含单元格或区域引用，还要在前面加上带"！"的工作表名称。假如要引用的数据来自另一个工作簿，如工作簿 Book1 中的 SUM 函数要绝对引用工作簿 Book2 中的数据，则其公式为"=SUM（[Book2] Sheet1！$A$1:$A$8，[Book2] Sheet2！$B$1:$B$9）"，也就是在原来单元格引用的前面加上"[Book2] Sheet1！"。放在中括号里面的是工作簿名称，带"！"的则是其中的工作表名称，即跨工作簿引用单元格（或区域）时，引用对象的前面必须用"！"作为工作表分隔符，再用中括号作为工作簿分隔符。不过，三维引用所受的限制较多，如不能使用数组公式等。

4. 公式的错误信息

当公式中出现错误而无法进行运算时，在公式所在的单元格中就无法显示正确结果，此时单元格中会显示相应的错误信息。根据错误信息，用户可以判断出到底是什么错误。例如，在 C1 输入数字 128，在 C3 输入 0，在 D1 输入公式"=C1/C2"，由于除数为 0，所以出现错误，在 D1 中出现的不是计算结果而是错误信息，如图 3.18 所示。

常见错误的错误信息说明如表 3-1 所示。

图 3.18 引用错误提示

表 3-1 错误信息说明

| 错误值 | 说明 |
| --- | --- |
| ##### | 表明计算结果太长，超过了单元格宽度 |
| #DIV/0! | 公式被零除 |
| #N/A | 没有可用的数值 |
| #NAME | Excel 2010 不识别公式中使用的名字 |
| #NULL! | 指定的两个区域不相交 |
| #NUM! | 数字有问题 |
| #REF! | 公式引用了无效的单元格 |
| #VALUE! | 参数或操作数的类型有错 |

### 3.3.2 函数的使用

1. 函数的类型

在 Excel 2010 中，函数主要有以下几种：
- 日期和时间函数：这些函数可根据参数返回一个特定的日期与时间序列。
- 数学与三角函数函数：常用的三角函数和数学函数。
- 统计函数：提供对数据常用的统计运算功能。
- 查找与引用函数：提供在工作表或工作簿之间查找数据并返回引用位置的功能。
- 文本函数：提供对字符串操作的一组函数。
- 逻辑函数：提供通用的逻辑函数，可控制运算的流程和逻辑判断能力。
- 财务函数：提供制作财务报表中需要的函数。

2. 函数的语法

函数可以看作具有特定语法的公式。语法主要有以下几点：

（1）函数是一种特殊的公式，因此所有的函数要以"="开始。

（2）函数是预定义的内置公式，每个函数都有一个特定的函数名，通过函数名来调用其运算方法。

（3）函数使用被称为参数的特定数值，并按特定顺序进行计算，参数要放在函数名后面的括号中。

（4）函数的书写格式为：函数名(参数1,参数2,参数3,…)，函数名与括号之间没有空格，括号要紧跟在数字之后，参数之间用逗号隔开，逗号与参数之间也不要插入空格和其他字符。

例如，要计算 D4 和 D6 两个单元格的和，可以这样输入函数：=SUM(D4,D6)。其中，SUM 是求和函数，D4、D6 是单元格引用。

（5）如果一个函数的参数行后面有省略号（…），则表明该函数可使用多个该数据类型的参数。

(6) 名称后带有一组空格号的函数不需任何参数,但在使用时必须带括号,以便 Excel 2010 能识别该函数。

(7) 函数调用中,单元格区域的表示方法有以下 3 种:

● 独立地址:各地址用逗号(,)分隔。例如,"=SUM(A1,A3)"表示 A1 和 A3 两个单元格的和。

● 连续地址:首尾地址用冒号(:)连接。例如,"=SUM(A1:A3)"表示计算 A1 到 A3 的三个单元格 A1、A2、A3 的和。

● 混合地址:例如,"=SUM(A1:A8,B3)"表示计算 A1、A2、A3、A4、A5、A6、A7、A8 以及 B3 的和。

3. 函数的输入方法

对 Excel 2010 公式而言,函数是其中的主要组成部分,因此公式输入可以归结为函数输入的问题。

1)"插入函数"对话框

"插入函数"对话框是 Excel 2010 输入公式的重要工具。以输入公式"=SUM(Sheet2!A1:A6,Sheet3!B2:B9)"为例,具体操作步骤如下:

(1) 选中存放计算结果(即需要应用公式)的单元格,单击编辑栏(或工具栏)中的"*fx*"按钮,则表示公式开始的"="出现在单元格和编辑栏。

(2) 在打开的"插入函数"对话框中的"选择函数"列表找到"SUM"函数。如果所需的函数不在其中,则可以打开"选择类别"下拉列表进行选择。

(3) 单击"确定"按钮,单元格中将出现"=SUM()"。SUM 函数可以使用 30 个参数(从数值 1 到数值 30)。对上面的公式来说,首先应当把光标放在括号中,单击工作簿中的"Sheet2"工作表标签,连续选择 A1:A16 区域,按住【Ctrl】键,单击"Sheet3"工作表标签,选择 B2:B9 区域,按【Enter】键即可。

上述方法的最大优点就是引用的区域很准确,特别是在三维引用时,不容易发生工作表或工作簿名称输入错误的问题。

2) 编辑栏输入

如果要套用某个现成公式,或者输入一些嵌套关系复杂的公式,利用编辑栏输入就非常快捷。

操作方法:选中存放计算结果的单元格,单击编辑栏,按照公式的组成顺序依次输入各个部分,公式输入完毕后,单击编辑栏中的"输入"(即"√")按钮(或按【Enter】键)即可。

手动输入时,同样可以采取上面介绍的方法引用区域,以公式"=SUM(Sheet2!A1:A6,Sheet3!B2:B9)"为例,可以先在编辑栏中输入"=SUM()",将光标插入括号中间,再按上面介绍的方法操作就可以引用输入公式了。但是,分隔引用之间的逗号必须用手工输入,而不能像"插入函数"对话框那样自动添加。

3) 使用"公式"选项卡的"函数库"组

在"公式"选项卡最左端的"函数库"组中,分类列出了 Excel 2010 的所有函数,如

图 3.19 所示。如果不记得确切的函数名，可以在这里根据函数的用途快速查找到。首先选中存放计算结果的单元格，单击函数所属的类型，在列表中选中需要的函数，该函数就会出现在选中的单元格内，并弹出一个输入函数参数的对话框，填写好参数后单击"确定"按钮，完成函数输入。

图 3.19　函数组

4. 常用函数介绍

1) SUM( )

作用：返回某一单元格区域中所有数字之和。

语法：SUM(number1,number2,…)

● number1,number2,…：1～30 个需要求和的参数。

说明：

(1) 直接输入参数表中的数字、逻辑值及数字的文本表达式将被计算。

(2) 如果参数为数组或引用，则只有其中的数字被计算。数组或引用中的空白单元格、逻辑值、文本或错误值将被忽略。

(3) 如果参数为错误值或不能转换成数字的文本，将导致错误。

2) AVERAGE( )

作用：返回参数的平均值（算术平均值）。

语法：AVERAGE(number1,number2,…)

● number1,number2,…：需要计算平均值的 1～30 个参数。

说明：

(1) 参数可以是数字，也可以是包含数字的名称、数组或引用。

(2) 如果数组或引用参数包含文本、逻辑值或空白单元格，则这些值将被忽略；但包含零值的单元格将计算在内。

(3) 当对单元格中的数值求平均值时，应牢记空白单元格与含零值单元格的区别，尤其在"选项"对话框中的"视图"选项卡上已经清除了"零值"复选框的条件下，空白单元格不计算在内，但计算零值。若要查看"选项"对话框，则单击"工具"菜单中的"选项"。

3) IF( )

作用：执行真假值判断，根据逻辑计算的真假值，返回不同结果。

语法：IF(logical_test,value_if_true,value_if_false)

● Logical_test：表示计算结果为 TRUE（真）或 FALSE（假）的任意值或表达式。

● Value_if_true：logical_test 为 TRUE（真）时，返回的值。

● Value_if_false：logical_test 为 FALSE（假）时，返回的值。

**说明：**

（1）函数 IF 可以嵌套 7 层，用 value_if_false 及 value_if_true 参数可以构造复杂的检测条件。

（2）在计算参数 value_if_true 和 value_if_false 后，函数 IF 返回相应语句执行后的返回值。

（3）如果函数 IF 的参数包含数组（用于建立可生成多个结果或可对在行和列中排列的一组参数进行运算的单个公式。数组区域共用一个公式；数组常量是用作参数的一组常量），则在执行 IF 语句时，数组中的每一个元素都将计算。

Excel 2010 还提供了其他函数，可依据条件来分析数据。例如，如果要计算单元格区域中某个文本字符串或数字出现的次数，则可使用 COUNTIF 工作表函数。如果要根据单元格区域中的某一文本字符串或数字求和，则可使用 SUMIF 工作表函数。

4）COUNT( )

作用：返回包含数字以及包含参数列表中的数字的单元格的个数。利用函数 COUNT 可以计算单元格区域或数字数组中数字字段的输入项个数。

语法：COUNT(value1,value2,…)

- value1,value2,…：包含或引用各种类型数据的参数（1~30 个），但只有数字类型的数据才被计算。

**说明：**

（1）函数 COUNT 在计数时，将把数字、日期，或以文本代表的数字计算在内，但是错误值或其他无法转换成数字的文字将被忽略。

实例：如果 A1 = 90、A2 = 人数、A3 = " "、A4 = 54、A5 = 36，则公式"= COUNT(A1:A5)"返回 3。

（2）如果参数是一个数组或引用，那么只统计数组或引用中的数字；数组或引用中的空白单元格、逻辑值、文字或错误值都将被忽略。如果要统计逻辑值、文字或错误值，则使用函数 COUNTA。

5）MAX( )

作用：返回一组值中的最大值。

语法：MAX(number1,number2,…)

- number1,number2,…：找出参数中的最大值。最少有两个参数，最多允许 30 个参数。

**说明：**

（1）可以将参数指定为数字、空白单元格、逻辑值或数字的文本表达式。如果参数为错误值或不能转换成数字的文本，将产生错误。

实例：如果 A1 = 71、A2 = 83、A3 = 76、A4 = 49、A5 = 92、A6 = 88、A7 = 96，则公式"= MAX(A1:A7)"返回 96。

（2）如果参数为数组或引用，则只有数组或引用中的数字被计算。数组或引用中的空白单元格、逻辑值或文本将被忽略。如果逻辑值和文本不能忽略，可使用函数 MAXA( )来代替。如果参数不包含数字，则函数 MAX( )返回 0（零）。

（3）求最小值函数 MIN( )的用法与函数 MAX( )相同。

6) INT( )

作用：将数字向下舍入最接近的整数。

语法：INT(number)

- number：需要进行向下舍入取整的实数。

7) ROUND ( )

作用：返回某个数字按指定位数取整后的数字。

语法：ROUND(number,num_digits)

- number：需要进行四舍五入的数字。
- num_digits：指定的位数，按此位数进行四舍五入。

说明：

如果 num_digits 大于 0，则四舍五入到指定的小数位。如果 num_digits 等于 0，则四舍五入到最接近的整数。如果 num_digits 小于 0，则在小数点左侧进行四舍五入。

8) COUNTIF( )

作用：计算区域中满足给定条件的单元格的个数。

语法：COUNTIF(range,criteria)

- range：为需要计算其中满足条件的单元格数目的单元格区域。
- criteria：为确定哪些单元格将被计算在内的条件，其形式可以为数字、表达式或文本。例如，条件可以表示为 32、"32"" >32"或"apples"。

说明：

Excel 2010 提供了其他函数，可用来基于条件分析数据。例如，若要计算基于一个文本字符串或某范围内的一个数值的总和，可使用 SUMIF 工作表函数。若要返回两个基于条件的值之一（如某指定销售量的销售红利），则可使用 IF 工作表函数。

9) AND( )

作用：所有参数的逻辑值为真时，返回 TRUE；只要一个参数的逻辑值为假，则返回 FLASE。

语法：AND(logical1,logical2,…)

- logical1,logical2,…：待检测的 1~30 个条件值，各条件值可为 TRUE 或 FALSE。

说明：

（1）参数必须是逻辑值 TRUE 或 FALSE，或者包含逻辑值的数组（用于建立可生成多个结果或可对在行和列中排列的一组参数进行运算的单个公式。数组区域共用一个公式；数组常量是用作参数的一组常量）或引用。

（2）如果数组或引用参数中包含文本或空白单元格，则这些值将被忽略。

（3）如果指定的单元格区域内包括非逻辑值，则 AND 将返回错误值 #VALUE!。

10) OR( )

作用：在其参数组中，任何一个参数逻辑值为 TRUE，就返回 TRUE；只有所有参数的逻辑值为 FALSE，才返回 FALSE。

语法：OR(logical1,logical2,…)

- logical1,logical2,…：需要进行检验的 1~30 个条件表达式。

说明：

（1）参数必须能计算为逻辑值（如 TRUE 或 FALSE），或者为包含逻辑值的数组（用于建立可生成多个结果或可对在行和列中排列的一组参数进行运算的单个公式。数组区域共用一个公式；数组常量是用作参数的一组常量）或引用。

（2）如果数组或引用参数中包含文本或空白单元格，则这些值将被忽略。如果指定的区域中不包含逻辑值，函数 OR 将返回错误值#VALUE!。

（3）可以使用 OR 数组公式来检验数组中是否包含特定的数值。若要输入数组公式，则按【Ctrl + Shift + Enter】组合键。

11）VLOOKUP 函数

作用：垂直查询。示例如图 3.20 所示。

语法：VLOOKUP(lookup_value, table_array, col_index_num, [range_lookup])

- lookup_value：匹配查找值。
- table_array：查找区间。
- col_index_num：反馈回的时候是第几列。
- [range_lookup]：精准（0 或 FALSE）/模糊匹配（1 或 TRUE））。

图 3.20　列查询函数

说明：

VLOOKUP 函数可以跨表查询，但有以下要求：

（1）表格的后缀（版本）是一样的；

（2）第一列必须是匹配查找值所对应的；

（3）匹配查找区域内不能有合并的单元格。

（4）行匹配填充函数 HLOOKUP 参照 VLOOKUP 函数。

12）RANK

作用：返回一个数值在一组数值中的排位（如果数据清单已经排序，则数值的排位就是它当前的位置）。示例如图 3.21 所示。

语法：RANK(number, ref, order)

- number：需要计算其排位的一个数字。
- ref：包含一组数字的数组或引用（其中的非数值型参数将被忽略）。
- order：数字，指明排位的方式。如果 order 为 0 或省略，则将 ref 当作按降序排列的数据清单进行排位；如果 order 不为零，则 ref 当作按升序排列的数据清单进行排位。

说明：

函数 RANK 对重复数值的排位相同。但重复数的存在将影响后续数值的排位。在一列整数中，若整数 60 出现两次，其排位为 5，则 61 的排位为 7（没有排位为 6 的数值）。

实例：如果 A1 = 78、A2 = 45、A3 = 90、A4 = 12、A5 = 85，则公式"= RANK（A1，$A$1：$A$5）"返回 3、4、1、5、2。

图 3.21　排序函数

13）SUMIF

作用：单一条件求和。

语法：SUMIF(range, criteria, sum_range)

- range：条件区域，用于条件判断的单元格区域。
- criteria：求和条件，是由数字、逻辑表达式等组成的判定条件。
- sum_range：实际求和区域，需要求和的单元格、区域或引用。

当省略第三个参数时，条件区域就是实际求和区域，如图 3.22 所示。

图 3.22　单一条件求和

（a）三个参数；（b）省略第三个参数

14）SUMIFS

作用：多条件求和。示例如图 3.23 所示。

语法：SUMIFS(sum_range, criteria_range1, criteria1, [criteria_range2, criteria2], …)

- sum_range：需要求和的实际单元格，包括数字或包含数字的名称、区域或单元格引用。忽略空白值和文本值。
- criteria_range1：计算关联条件的第一个区域。
- criteria1：条件 1，条件的形式为数字、表达式、单元格引用或者文本，可用来定义将对 criteria_range1 参数中的哪些单元格求和。例如，条件可以表示为 32、">32"、B4、"苹果"或 "32"。
- criteria_range2：计算关联条件的第二个区域。
- criteria2：条件 2，与 criteria_range2 成对出现。最多允许 127 个区域、条件对，即参数总数不超 255 个。

|   | A | B | C | D | E | F | G | H | I | J | K | L |
|---|---|---|---|---|---|---|---|---|---|---|---|---|
| SUM | | | | | fx | =SUMIFS(F2:F8,C2:C8,">=90",D2:D8,">=90") | | | | | | |
| 1 | 姓名 | 性别 | 语文 | 数学 | 外语 | 总分 | 男生的语文成绩之和 | | | | | |
| 2 | 张三 | 男 | 88 | 99 | 67 | 254 | 228 | | | | | |
| 3 | 李四 | 男 | 83 | 39 | 62 | 184 | 语文和数学得分都大于等于90分的学生总分之和 | | | | | |
| 4 | 赵武 | 女 | 92 | 74 | 89 | 255 | =SUMIFS(F2:F8,C2:C8,">=90",D2:D8,">=90") | | | | | |
| 5 | 钱六 | 女 | 84 | 87 | 68 | 239 | | | | | | |
| 6 | 王麻 | 女 | 90 | 91 | 66 | 247 | | | | | | |
| 7 | 朱八 | 男 | 57 | 82 | 95 | 234 | | | | | | |
| 8 | 刘九 | 女 | 88 | 74 | 76 | 238 | | | | | | |

图 3.23　多条件求和

15）MOD

作用：求余数。

格式：MOD(number,divisor)

- number：被除数。
- divisor：除数。

16）AVERAGEIF，AVERAGEIFS

作用：条件求平均。

用法：参照函数 SUMIF 与 SUMIFS。

17）COUNTIF

作用：根据给定的单一条件，统计区域内满足这个条件的单元格个数。

语法：COUNTIF(区域,"条件")

18）COUNTIFS

作用：根据每个区域内给定的条件，统计同时满足这些条件的单元格个数。

语法：COUNTIFS(区域,"条件",区域,"条件",…)

19）SLN

作用：返回某项资产在一个期间中的线性折旧值。

语法：SLN(cost,salvage,life)

- cost：资产原值。
- salvage：资产在折旧期末的价值（也称为资产残值）。
- life：折旧期限（有时也称为资产的使用寿命）。

20）CUMIPMT

作用：返回一笔贷款在给定的 start – period 到 end – period 期间累计偿还的利息数额。

语法：CUMIPMT(rate,nper,pv,start_period,end_period,type)

- rate：利率。
- nper：总付款期数。
- pv：现值。
- start_period：计算中的首期（付款期数从 1 开始计数）。
- end_period：计算中的末期。
- type：付款时间类型。0（零）为期末付款；1 为期初付款。

21）IPMT

作用：基于固定利率及等额分期付款方式，返回投资或贷款在某一给定期限内的利息偿还额。

语法：IPMT(rate,per,nper,pv,fv,type)

- rate：各期利率。
- per：用于计算其利息数额的期数（1~nper）。
- nper：总投资期。
- pv：现值（本金）。
- fv：未来值，即最后一次付款后的现金余额。如果省略 fv，则假设其值为零。
- type：指定各期的付款时间是在期初还是期末（0 为期末，1 为期初）。

22）FV

用途：基于固定利率及等额分期付款方式，返回某项投资的未来值。

语法：FV(rate,nper,pmt,pv,type)

- rate：各期利率。
- nper：总投资期（即该项投资的付款期总数）。
- pmt：各期所应支付的金额。
- pv：现值，即从该项投资开始计算时已经入账的款项，或一系列未来付款的当前值的累积和，也称为本金。
- type：数字 0 或 1（0 为期末，1 为期初）。

## 3.4 工作表的美化

### 3.4.1 行高列宽设置

1. 调整列宽

在 Excel 2010 中，默认列宽是 8 字符。如果单元格中的内容超出了默认宽度，则该单元格的内容就会溢出到右边的单元格内；如果单元格中的内容是数字，就会自动变为科学计数法表示；如果调整列宽至小于 5 字符，会用#号取代不完全的数字显示，此时只要将单元格的宽度加宽，即可使数字正确显示出来。

调整列宽的方法主要有以下 3 种。

1）用功能区"格式"图标调整列宽

选定调整列宽的区域，在"开始"选项卡中单击"格式"下拉按钮，从下拉列表中选择"列宽"命令；在"列宽"文本框中，输入要设定的列宽，单击"确定"按钮，完成列宽的调整。

这种方法可以一次性将多列设置为同一宽度。

2）用鼠标调整列宽

将光标指向要改变列宽的工作表的列编号之间的格线；当光标变成两条黑色竖线并且各带一个分别指向左右的箭头时，按住左键，拖动鼠标，将列宽调整到所需的宽度，松开左键即可。

这种方法比较直观，可以很方便地将列调整到适当的宽度。

3）自动选择列宽

选定调整列宽的区域，在"开始"选项卡单击"格式"按钮，从下拉列表中选取"自动调整列宽"命令，系统将自动调整各列的宽度，以刚好容纳各列内容。

2. 调整行高

调整行高的方法与调整列宽的方法类似，有以下3种方法。

1）用功能区"格式"图标调整行高

选定调整行高的区域，在"开始"功能区中单击"格式"按钮，在下拉列表中选择"行高"命令，弹出"行高"对话框；在"行高"文本框中，输入要设定的高度；单击"确定"按钮，完成行高的调整。

2）用鼠标调整行高

将光标指向要改变行高的工作表的行编号之间的横线；当光标变成一个两条黑色横线并且各带一个分别指向上下的箭头时，按住左键拖动鼠标，将行高调整到所需的高度，松开左键即可。

3）自动选择行高

选定调整行高的区域，在"开始"选项卡单击"格式"按钮，在下拉列表中选取"自动调整行高"，系统会自动调整各行的高度，以刚好容纳各行内容。

### 3.4.2　单元格设置

1. 颜色设置

1）使用功能区中的"填充"命令

具体操作步骤如下：

（1）选定要设置颜色的单元格区域。

（2）单击工具栏上的"填充颜色"按钮右侧的三角符号，就可以看到图3.24所示的颜色选择框。

（3）在颜色选择框选择要使用的颜色。

所选单元格区域的底色就变为所选择的颜色。

2）使用快捷菜单

具体操作步骤如下：

图3.24　颜色填充

(1) 选定要设置颜色的单元格区域。

(2) 在右键快捷菜单中选择"设置单元格格式"命令,弹出"设置单元格格式"对话框,如图 3.25 所示。

图 3.25　设置单元格颜色

(3) 在"设置单元格格式"对话框中,选择"填充"选项卡,选择填充颜色和图案即可。

2. 单元格边框设置

具体操作步骤如下:

(1) 选定要加上框线的单元格区域。

(2) 在右键快捷菜单中选择"设置单元格格式"命令,在弹出的"设置单元格格式"对话框中选择"边框"选项卡,如图 3.26 所示。

图 3.26　设置单元格边框

(3) 选用线条下"样式"内的一种线条样式，如果要为框线指定颜色，则可以在"颜色"下拉列表框中为其选择所需要的颜色。

(4) 根据需要，单击下"预置"或"边框"项下的相关按钮。

如果需要，则重复上面第（3）步和第（4）步，单击"确定"按钮，完成设置。

### 3. 单元格文字字体设置

设置单元格文字字体有两种方法。

1) 使用快捷菜单

选定要设置字体的所有单元格，在右键快捷菜单中选择"设置单元格格式"命令，弹出"设置单元格格式"对话框。单击"字体"选项卡，在"字体"选项列表中选择字体（如选择"宋体"），在"字号"列表中选择所需字体的大小后，单击"确定"按钮。

2) 使用功能区中的"字体"命令

在"字体"列表框中选择字体，在"字号"列表框中选择字号大小。

### 4. 单元格文字颜色设置

设置单元格文字颜色有两种方法。

1) 使用快捷菜单

选定要设置字符颜色的单元格，在右键快捷菜单中选择"设置单元格格式"命令，弹出"设置单元格格式"对话框，选择其中的"字体"选项标签，在"颜色"列表框中选择所需要的颜色后，单击"确定"按钮。

2) 使用功能区的"字体颜色"命令

选定要设置字符颜色的所有单元格，单击"开始"选项卡中的 ▲· 按钮，在颜色选择框上单击要使用的颜色即可。

### 5. 设置对齐方式

在 Excel 2010 中，对齐方式分为水平对齐和垂直对齐两类，单元格中数据常用的水平对齐方式有左对齐、右对齐、居中对齐等，垂直对齐方式有顶对齐、底对齐、居中对齐等。

设置对齐方式的方法：选定要设置字符颜色的单元格，在右键快捷菜单中选择"设置单元格格式"命令，弹出"设置单元格格式"对话框，选择其中的"对齐"选项标签，在"水平对齐"和"垂直对齐"两个列表框中，选择所需要的对齐方式后，单击"确定"按钮，如图 3.27 所示。

更便捷的方法：选择单元格后，直接单击"开始"功能区中的"对齐方式"组中的图标，如图 3.28 所示。

图 3.27 "对齐"选项卡

图 3.28 "对齐方式"组

6. 单元格合并居中

在 Excel 2010 中,经常会碰到需要将几个单元格合并的情况,如表格的标题一般都要横跨几个列并居中显示。为此,Excel 2010 提供了合并居中功能。

进行单元格合并时,选中欲合并为一个单元格的多个单元格,然后单击"开始"选项卡的 合并后居中▼ 按钮。或者,在"设置单元格格式"对话框中,在"对齐"选项卡的"文本控制"项中,选择"合并单元格"复选框,即可将多个单元格合并为一个单元格。

### 3.4.3 数据格式设置

1. 一般格式设置

在表格中输入数值时,Excel 2010 会根据定义好的数据格式来显示,例如,输入很大的数值时,Excel 2010 会自动转为用科学记数法表示。单元格的宽度如果太小,单元格会用#号填满,此时只要将单元格的宽度加宽,就可使数字显示出来。例如,输入"5/8"时,Excel 2010 将显示 5 月 8 日。

如果认为默认的数据格式不合要求,则可以自行定义其显示格式。操作方法:选定要格式化的单元格或区域,在右键快捷菜单中选择"设置单元格格式"命令,弹出"设置单元格格式"对话框;在"数字"选项卡的"分类"列表中选择所需要的格式分类,在对话框的右边会出现相应的类型;如果列表中给出的格式都不符合要求或者需要更复杂的显示格式,则可以选择列表中最后一项"自定义",在类型的文本框内输入自己需要的格式;单击"确定"按钮。

## 2. 快速设置格式

可以根据已有的格式，快速对其他单元格复制格式。

**格式刷** 按钮被设计为让用户从一个选定的单元格或单元格范围中选取格式化信息，并把这个格式用于其他单元格。

单击格式刷按钮后，所有依附于选定单元格的格式（包括数字、文字、背景和边框格式）都被复制，所有设置工作就像刷油漆一样，只要在源单元格中"蘸"一下，然后"刷"过目标单元格即可。

## 3. 条件格式化

在 Excel 2010 中可以根据设定的条件，将单元格中的数据设置不同的显示方式，使某些数据在视觉效果上更为突出。例如，为了表示警示，在学生成绩表中把不及格的成绩用红色显示，就可以设定条件：当小于 60 分，颜色设为红色。

具体操作步骤如下：

（1）选定要设置格式的单元格区域。

（2）在"开始"选项卡单击"条件格式"按钮，在下拉列表中选择"突出选择单元格规则"，在下一级菜单中选择所需规则，如本例中选择"小于"，调出"小于"对话框，如图 3.29 所示。

图 3.29 条件格式

（3）在"小于"对话框中选定所需条件，本例为输入"60"。

（4）为所设定的条件设定格式：在右边的列表中选取满足条件的单元格的显示方式，本例中设为红色文本。如果列表中没有需要的格式，则可以选择最后一项"自定义格式"来自行设定。

（5）单击"确定"按钮。

# 3.5 数据管理

在 Excel 2010 中，一张工作表被视为一个数据清单。数据清单是指按记录和字段的结构特点组成的数据区域。在数据清单中，表格的每一行看作一条记录，每一列看作一个字段，所以数据清单就相当于数据库软件中的数据表。对于数据清单，可以执行各种数据管理和分析功能，包括查询、排序、筛选以及分类汇总等数据库基本操作。

## 3.5.1 数据排序

1. 排序规则

排序是指按照某一列或者某几列字段值的大小对数据清单中的记录重新排列顺序。可以进行排序的数据类型有：数值、文字、逻辑值、日期。在 Excel 2010 中，排序默认规则如下：

（1）数字：数字从最小的负数到最大的正数进行排序。

（2）字母：按字母先后顺序排序。

（3）文本：在按字母先后顺序对文本项进行排序时，会从左到右将字符逐个进行排序；文本以及包含数字的文本，按 ASCII 字符次序排序。例外情况：如果两个文本字符串除了连字符不同外，其余都相同，则有连字符的文本排在后面。

（4）撇号（'）和连字符（-）会被忽略。

（5）逻辑值：在逻辑值中，FALSE 排在 TRUE 之前。

（6）错误值：所有错误值的优先级相同。

（7）空白单元格（无内容）：空格始终排在最后。

2. 排序方法

图 3.30 排序

在 Excel 2010 中，进行排序主要有两种方法。

1）利用功能区或快捷菜单简单排序

在需要排序的数据列中单击任一单元格，单击"开始"选项卡的"排序和筛选"下拉按钮，在下拉列表中选择升序还是降序，如图 3.30 所示；或者使用"数据"功能区的"排序和筛选"组的相关按钮；也可以在右键快捷菜单中选择"排序"命令，在下一级菜单中选择选择升序还是降序。

⚠ 注意：

排序时不能选中数据列，如果选中一列数据进行此操作，就只会对该列数据进行排序，这样会破坏行内数据间的关系。

2）自定义排序。

在数据清单中选定排序数据列的任一单元格，单击"开始"选项卡中的"排序和筛选"按钮，在下拉列表中选择"自定义排序"选项；或者单击"数据"选项卡的 按钮；也可以在右键快捷菜单中选择"排序"命令，在下一级菜单中选择"自定义排序"命令，弹出"排序"对话框，如图 3.31 所示，在该对话框中设置排序关键字。通过左上角的"添加条件"按钮可以设置多个次要关键字，每一个关键字都可以选择按升序或降序排列。

为了防止数据清单的标题也参加排序，可以勾选对话框右上角的"数据包含标题"复

图 3.31 条件排序

选框。

### 3.5.2 数据的自动筛选

自动筛选允许输入搜索和查看电子表格数据的条件，根据这些条件，它会将不符合条件的记录隐藏。自动筛选是查找和处理数据清单中数据子集的快捷方法。与排序不同，执行筛选时并不重排清单，筛选只是暂时隐藏不必显示的行。

1. 创建自动筛选

（1）单击数据清单中的任一单元格。

（2）单击"开始"选项卡的"排序和筛选"下拉按钮，在下拉列表中选择"筛选"命令；或者在"数据"选项卡单击 按钮。此时，工作表中每一数据列的顶端将均出现向下箭头。

（3）单击所要筛选的数据列顶端的箭头，就会出现图 3.32 所示的"自动筛选"对话框。

（4）在选择列表中，勾选需要显示的数据，取消勾选不需要显示的数据，"自动筛选"功能随即隐藏数据清单中与所选选项无关的其他数据行。

该方法只能在筛选值所在列中选择已有的值作为筛选依据。

2. 自定义筛选

在 Excel 2010 中，还提供了更为灵活的筛选方法。在自动筛选对话框中，单击"数字筛选"→"自定义筛选"，弹出如图 3.33 所示的对话框。在此可以设置组合筛选条件。

图 3.32 自动筛选对话框

图 3.33 自定义筛选

#### 3. 取消自动筛选

取消"自动筛选"与创建"自动筛选"的操作完全相同,通过"数据"菜单或者"数据"工具栏,再次执行一次"自动筛选"命令,"自动筛选"功能就取消了。

### 3.5.3 分类汇总

Excel 2010 提供了"分类汇总"功能,可以快速对一张数据表进行自动汇总计算。当插入自动分类汇总时,Excel 2010 将分级显示数据清单,以便为每个分类汇总显示和隐藏明细数据行。

#### 1. 创建分类汇总

操作方法:对分类汇总的字段排序,排序后相同的记录被排在一起;单击"数据"功能区中的图标 ,弹出"分类汇总"对话框,如图 3.34 所示。在该对话框中,有以下 3 个分类汇总选项:

(1) 分类字段:选择需要分类的字段,该字段应与排序字段相同。

(2) 汇总方式:选择需要用于计算分类汇总的函数,如求和、求平均值等。

(3) 选定汇总项:勾选与需要汇总计算的数值列相对应的复选框。

图 3.34 分类汇总

#### 2. 取消分类汇总

在"分类汇总"对话框中单击"全部删除"按钮,即可取消分类汇总,就回到了分类汇总前的状态。

## 3.5.4 创建数据透视表

1. 创建数据透视表

数据透视表的创建可以通过"数据透视表和数据透视图向导"进行。
利用向导创建数据透视表需要以下 3 个步骤：
(1) 选择所创建的数据透视表的数据源类型。
(2) 选择数据源的区域。
(3) 设计将要生成的数据透视表的版式和选项，把需要的选项拖动到行标签和列标签的位置。

例如，对图 3.35 所示的数据表格按年级统计学生在校状态，做法如图 3.36 所示，完成的数据透视表如图 3.37 所示。

图 3.35　数据透视表源数据

2. 修改数据透视表

创建数据透视表后，可对数据透视表进行以下几个方面修改：
(1) 修改数据透视表的布局。
(2) 修改数据透视表的数据项。
(3) 隐藏或显示行、列中的数据项。
(4) 调整数据项显示的位置。
(5) 修改数据透视表的数据汇总方式和显示方式。

图 3.36 数据透视表界面

图 3.37 完成的数据透视表

(6) 修改数据透视表的格式。

3. 创建数据透视图

由于数据透视图是利用数据透视的结果而制作的图表,因此数据透视图总是与数据透视表相关联。如果更改了数据透视表中某个字段，那么数据透视图中与之相对应的字段也会改变。

## 3.6　图表的应用

图表是以图形方式来显示表格中的数据，从而能更加直观地表达数据的内在含义，提高数据的可读性。

### 3.6.1　图表的构成

图表主要分为图表标题、图例、绘图区三大组成部分。

1）图标标题

图表标题是显示在绘图区上方的文本框，且只有一个。图表标题的作用是简明扼要地概述图表的作用。

2）图例

图例由图例项和图例项标示组成，默认显示在绘图区的右侧，显示各个系列代表的内容在生成的图表上移动光标，会显示光标所在要素的名称，熟识这些名称能让我们更好、更快地对图表进行设置。

3）绘图区

绘图区是指图表区内的图形表示的范围，即以坐标轴为边的长方形区域。对于绘图区的格式，可以改变绘图区边框的样式和内部区域的填充颜色及效果。绘图区包含五个项目：数据系列、数据标签、坐标轴、网格线、其他内容。

- 数据系列：数据系列对应工作表中的一行或者一列数据。图表中的每个数据系列具有唯一的颜色（或图案），并且在图表的图例中表示。
- 坐标轴：按位置不同，坐标轴可分为主坐标轴和次坐标轴，默认显示绘图区左侧的主Y轴和下方的主X轴。
- 网格线：网格线用于显示各数据点的具体位置，有主次之分。

### 3.6.2　图表的创建

下面以构建一个员工销售额图表为例，介绍图表的创建方法。

（1）选择生成图表的数据所在的单元格，在此选择 A3：F6，如图 3.38 所示。

（2）在"插入"选项卡的"图表"组（图 3.39）中，单击一种图表类型的按钮，并在下拉列表中选择一种子类型，即可创建一个图表。在此选择"柱形图"→"三维柱形图－三维簇状柱形图"，工作区中就会出现如图 3.40 所示的图表。

可以看到，在自动生成的图表中，数据系列、图例、坐标轴和网格线都已出现，但是横坐标的标识不是所需的年度，而且没有标题。

| | A | B | C | D | E | F |
|---|---|---|---|---|---|---|
| 1 | 2010—2014年度员工销售业绩表（单位：万元） | | | | | |
| 2 | 员工姓名 | 2010 | 2011 | 2012 | 2013 | 2014 |
| 3 | 张超 | 12 | 16 | 26 | 30 | 36 |
| 4 | 李明 | 20 | 18 | 22 | 18 | 26 |
| 5 | 王晓 | 14 | 24 | 16 | 33 | 24 |
| 6 | 宋佳 | 31 | 22 | 32 | 28 | 18 |

图 3.38　数据区域

图 3.39　图表类型

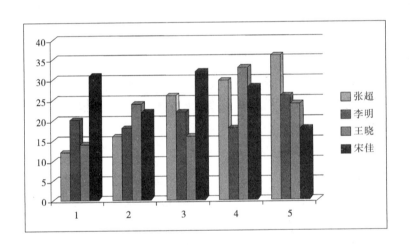

图 3.40　图表

（3）选中图表，可以发现功能区会出现三个新的选项卡，分别是"设计""布局"和"格式"，它们都属于图表工具。在"设计"选项卡中，可以更改图表的类型、样式和布局。

单击 按钮，弹出"选择数据源"对话框，在此可以重新选择图表中的数据源，如图 3.41 所示。这里我们可以修改一下横坐标的值，单击水平（分类）轴标签下方的编辑按钮，弹出轴标签对话框，然后在工作区用鼠标拖动选择 B2:F2，单击"确定"按钮后，发现原来列表中的 1、2、3、4、5 变成了所选择的年度数值，如图 3.42 所示，同时图表中的横坐标值也发生了同样的变化。

在"布局"选项卡中，可以设置坐标轴、网格线的样式，添加标题、图形和各种标签。在此，为图表添加一个标题。单击图表上方，在图表中将出现内容默认为"图表标题"的文本框，将其内容修改为"2010—2014年度员工销售业绩表"，最终效果如图 3.42 所示。

图 3.41 选择数据源

图 3.42 带标题的图表

## 3.6.3 图表的修改

1. 图表的移动

建好一幅图表后,还需要调整图表的位置,否则这些图表会将数据挡住。必须对工作表中的图表和工作表数据进行合理的版面调整,使工作表数据和图表都能非常清晰地呈现。

在 Excel 2010 中移动一幅图表的操作非常简单,只需单击要移动的图表(此时,在选中图表的四周将出现八个控点),然后用鼠标拖动它到新的位置,松开鼠标即可。

2. 图表大小的调整

当图表的大小不符合要求时,可以根据需要来任意改变其大小。

操作方法:单击要改变大小的图表,然后将光标移至图表四周的任意控点,当光标变成双箭头时,拖动鼠标,直至图表的大小满意为止,然后松开鼠标即可。

3. 数据的删除

对于不必要的图表数据,可以从图表中将其删除。首先,激活工作表,选择要删除的数据系列;然后,按【Delete】键,即可将这些数据删除,此时图表将随之发生相应变化。

4. 图表的编辑

如果需要对图表的格式、内容等进行修改,则选中图表,在功能区的图表工具"设计""布局"和"格式"选项卡中,选择需要的项目进行编辑即可。

## 3.7 电子表格的打印输出

电子表格制作完成后,若需打印成纸质表格,则要执行打印操作。选择"文件"菜单下的"打印"命令,或单击常用工具栏上的"打印"按钮,进入图3.43所示的打印设置窗格。在打印输出之前,先进行页面设置、打印区域设置,再通过打印预览在屏幕上观察打印效果,在确定符合要求后再实际打印。

图3.43 打印设置

在图 3.43 所示的打印设置窗格中，下方设置栏里通过各项列表可以设置打印的横纵方向、纸张幅面、页边距的页面设置选项，中间的"打印活动工作表"列表中可以选择打印的活动区域。设置的结果实时在右侧的预览框中显示。如果表格太宽导致无法在一页中打印完整，则可以在"无缩放"列表中设置为"将所有列调整为一页"。

如果需要设置页眉页脚以及打印标题等，可以单击最下方的"页面设置"，弹出"页面设置"对话框，如图 3.44 所示。"页面设置"对话框包含四个选项卡：
- "页面"选项卡：可根据不同需要，选择纸张大小、打印方向、缩放。
- "页边距"选项卡：可按需要设置页面的上、下、左、右边距。
- "页眉/页脚"选项卡：可设置页码、页眉和页脚等。
- "工作表"选项卡：可以控制打印区域的大小、打印标题，以及是否打印网格线、行号列标等。设置完成后，单击"确定"按钮。

图 3.44　页面设置

页面设置完成后，可以在上方的"打印机"栏列表中选择要使用的打印机，通过"打印机属性"按钮可以进入打印机的相关设置。最后，确定打印份数，单击左上角"打印"按钮，即可打印。

# 第4章 Excel 2010 精选案例

## 4.1 学生成绩管理

### 4.1.1 题目要求

小蒋在教务处负责学生的成绩管理,他将初一年级三个班的成绩均录入名为"Excel 素材.xlsx"的 Excel 工作簿文档。根据下列要求,帮助小蒋老师对该成绩单进行整理和分析:

(1)在考生文件夹下,将"Excel 素材.xlsx"文件另存为"Excel.xlsx"(".xlsx"为扩展名)。

(2)对工作表"第一学期期末成绩"中的数据列表进行格式化操作:将第一列"学号"列设为文本,将所有成绩列设为保留两位小数的数值;适当加大行高列宽,改变字体、字号,设置对齐方式,适当增加边框和底纹,以使工作表更加美观。

(3)利用"条件格式"功能进行下列设置:将语文、数学、英语三科中不低于110分的成绩所在的单元格以一种颜色填充,其他四科中高于95分的成绩以另一种字体颜色标出,所用颜色以不遮挡数据为宜。

(4)利用 SUM 和 AVERAGE 函数计算每一个学生的总分及平均成绩。

(5)学号第3、4位代表学生所在的班级,如"120105"表示12级1班5号。请通过公式提取每个学生所在的班级并按对应关系填写在"班级"列中,对应关系见表4.1。

表4.1 学生序号与班级的对应关系

| "学号"的3、4位 | 对应班级 |
| --- | --- |
| 01 | 1班 |
| 02 | 2班 |
| 03 | 3班 |

(6) 复制工作表"第一学期期末成绩",将副本放置到原表之后;改变该副本表标签的颜色,并重新命名。新表名需包含"分类汇总"字样。

(7) 通过分类汇总功能,求出每个班各科的平均成绩,并将每组结果分页显示。

(8) 以分类汇总结果为基础,创建一个簇状柱形图,对每个班各科平均成绩进行比较,并将该图表放置在一个名为"柱状分析图"新工作表的 A1:M30 单元格区域内。

## 4.1.2 操作步骤

1. 建立文件

(1) 打开考生文件夹下"Excel 素材.xlsx"文件。

(2) 单击"文件"选项卡的"另存为"选项,弹出"另存为"对话框,在该对话框中将"文件名"设为"Excel.xlsx",将其保存于考生文件夹下。

2. 基本格式设置

(1) 对工作表"第一学期期末成绩"进行操作,选中"学号"所在的列,单击右键,在弹出的快捷菜单中选择"设置单元格格式"命令,即可弹出"设置单元格格式"对话框。在"数字"选项卡的"分类"列表中选择"文本",单击"确定"按钮。

(2) 选中所有成绩列,单击右键,在弹出的快捷菜单中选择"设置单元格格式"命令,弹出"设置单元格格式"对话框。在"数字"选项卡的"分类"列表中选择"数值",在小数位数微调框中设置小数位数为"2",单击"确定"按钮。

(3) 选中 A1:L19 单元格区域,在"开始"选项卡的"单元格"组中,单击"格式"按钮,在弹出的快捷菜单中选择"行高"命令,弹出"行高"对话框,设置行高大于默认值。

(4) 在"开始"选项卡的"单元格"组中,单击"格式"按钮,在弹出的快捷菜单中选择"列宽"命令,弹出"列宽"对话框,设置列宽大于默认值。

(5) 右击鼠标,在弹出的快捷菜单中选择"设置单元格格式",弹出"设置单元格格式"对话框。在"字体"选项卡中,设置"字体"为"幼圆"、"字号"为"10"。

(6) 选中第一行单元格,在"开始"选项卡的"字体"组中,单击"加粗"按钮即可设置字形加粗。

(7) 重新选中数据区域,打开"设置单元格格式"对话框,在"对齐"选项卡的"文本对齐方式"组中,设置"水平对齐"与"垂直对齐"都为"居中"。按要求设置字体、字号、对齐方式,要不同于默认设置。例如,设置字号大于默认字号,对齐方式都为居中。

(8) 切换至"边框"选项卡,在"预置"选项中选择"外边框"和"内部"。

(9) 切换至"填充"选项卡,在"背景色"组中选择一种颜色即可,单击"确定"按钮。

3. 条件格式设置

(1) 选中 D2:F19 单元格区域,在"开始"选项卡的"样式"组中,单击"条件格式"下拉按钮,在下拉列表中选择"突出显示单元格规则"→"其他规则"命令,弹出"新建格式规则"对话框。在"编辑规则说明"选项下设置单元格值大于或等于110,然后单击"格式"按钮,弹出"设置单元格格式"对话框,在"填充"选项卡下选择"红色",单击

"确定"按钮。

（2）选中 G2:J19 单元格区域，按照上述同样方法，把单元格值大于 95 的字体设置红色。

4．填充总分和平均分

（1）在 K2 单元格中输入"=SUM（D2:J2）"，按【Enter】键后，该单元格值为 629.50，拖动 K2 右下角的填充柄直至最下一行数据处，完成总分的填充。

（2）在 L2 单元格中输入"=AVERAGE（D2:J2）"，按【Enter】键后，该单元格值为 89.93，拖动 L2 右下角的填充柄直至最下一行数据处，完成平均分的填充。

5．填充学号对应的班级

在 C2 单元格中输入"=MID（A2,4,1）&" 班""，按【Enter】键后，该单元格值为"3 班"，拖动 C2 右下角的填充柄直至最下一行数据处，完成班级的填充。

6．复制工作表并重命名

（1）选中工作表"第一学期期末成绩"名称，单击右键，在弹出的快捷菜单中选择"移动或复制工作表"选项，接着弹出"移动或复制工作表"对话框，在"下列选定工作表之前"的列表框中选择"Sheet2"，勾选"建立副本"复选框，单击"确定"按钮。

（2）在副本的工作表名上单击右键，在弹出的快捷菜单中选择"工作表标签颜色"→"红色"。

（3）双击副本表名呈可编辑状态，将其重命名为"第一学期期末成绩分类汇总"。

7．进行分类汇总

（1）按照题意，首先对班级按升序进行排序，选中 C2:C19 单元格区域，在"数据"选项卡的"排序和筛选"组中，单击"升序"按钮，弹出"排序提醒"对话框，选中"扩展选定区域"单选框，单击"排序"按钮后，即可完成设置。

（2）选中 A1:L19 单元格区域，在"数据"选项卡的"分级显示"组中，单击"分类汇总"按钮，弹出"分类汇总"对话框，单击"分类字段"组中的下拉按钮在下拉列表中选择"班级"，单击"汇总方式"组中的下拉按钮，在下拉列表中选择"平均值"，在"选定汇总项"组中勾选"语文""数学""英语""生物""地理""历史""政治"复选框。最后，勾选"每组数据分页"复选框，单击"确定"按钮。

8．创建图表

（1）选中每个班各科平均成绩所在的单元格，在"插入"选项卡的"图表"组中，单击"柱形图"按钮，选择"簇状柱形图"。

（2）右键单击图表区，在弹出的快捷菜单中选择"选择数据"命令，弹出"选择数据源"对话框，选中"图例项"选项下的"系列 1"，单击"编辑"按钮，弹出"编辑数据系列"对话框，在"系列名称"文本框中输入"1 班"。然后，单击"确定"按钮。按照同样方法，编辑"系列 2""系列 3"为"2 班""3 班"。

（3）在"选择数据源"对话框中，选中"水平（分类）轴标签"下的"1"，单击"编辑"按钮，弹出"轴标签"对话框，在"轴标签区域"文本框中输入"语文,数学,英语,生物,地理,历史,政治"。单击"确定"按钮。

(4)选中新生成的图表,在"图表工具-设计"选项卡的"位置"组中,单击"移动图表"按钮,打开"移动图表"对话框,勾选新工作表单选框,在右侧的文本框中输入"柱状分析图",单击"确定"按钮,即可新建一个工作表,且将此图表放置其中。

## 4.2 产品销售管理

### 4.2.1 题目要求

某公司销售部门主管大华拟对本公司产品前两季度的销售情况进行统计,按下述要求帮助大华完成统计工作:

(1)在考生文件夹下,将"Excel素材.xlsx"文件另存为"Excel.xlsx"(".xlsx"为扩展名)。

(2)参照"产品基本信息表"所列,运用公式或函数分别在工作表"一季度销售情况表""二季度销售情况表"中,填入各型号产品对应的单价,计算各月销售额并填入F列。其中,单价和销售额均为数值、保留两位小数、使用千位分隔符。(注意:不得改变这两个工作表中的数据顺序)

(3)在"产品销售汇总表"中,分别计算各型号产品的一、二季度销量、销售额及合计数,填入相应列。所有销售额均设为数值型、小数位数为0,使用千位分隔符,右对齐。

(4)在"产品销售汇总表"中,在不改变原有数据顺序的情况下,按一、二季度销售总额从高到低给出销售额排名,填入I列的相应单元格。将排名前3位和后3位的产品名次分别用标准色-红色和标准色-绿色标出。

(5)为"产品销售汇总表"的数据区域A1:I21套用一个表格格式,包含表标题,并取消列标题行的筛选标记。

(6)根据"产品销售汇总表"中的数据,在一个名为"透视分析"的新工作表中创建数据透视表,统计每个产品类别的一、二季度销售及总销售额,透视表自A3单元格开始、并按一、二季度销售总额从高到低进行排序。结果参见文件"透视表样例.png"。

(7)将"透视分析"工作表的标签颜色设为标准色-紫色,并移动到"产品销售汇总表"的右侧。

### 4.2.2 操作步骤

1. 建立文件

打开考生文件夹下"Excel素材.xlsx",另存为"Excel.xlsx"。

## 2. 填充一、二季度单价和销售额并设置格式

（1）选中"一季度销售情况表"，在 E2 单元格里输入" = VLOOKUP(B2,产品基本信息表!B$2:C$21,2,FALSE)"，选中 E2 单元格，将光标置于该单元格右下角，当光标变为"十"字标记时，向下拖拽至最后一行数据。

（2）在 F2 里输入" = E2 * D2"，选中 F2 单元格，将光标置于该单元格右下角，当光标变为"十"字标记时，向下拖拽至最后一行数据。

（3）选中 E2:F44 单元格，接着在选择范围内右键单击，选择"设置单元格格式"，弹出对话框，设置格式为数值，保留两位小数，使用千位分隔符。

（4）选中"二季度销售情况表"，在 E2 里输入" = VLOOKUP(B2,产品基本信息表!B$2:C$21,2,FALSE)"，选中 E2 单元格，将光标置于该单元格右下角，当光标变为"十"字标记时向下拖拽至最后一行数据。

（5）在 F2 里输入" = E2 * D2"，选中 F2 单元格，将光标置于该单元格右下角，当光标变为"十"字标记时，向下拖拽至最后一行数据。

（6）选中 E2:F44 单元格，接着选择范围内右键单击，选择"设置单元格格式"，弹出对话框。设置格式为数值，保留两位小数，使用千位分隔符。

## 3. 填充汇总表数据

（1）切换到"产品销售汇总表"，在 C2 中输入" = SUMIFS(一季度销售情况表!D$2:D$44,一季度销售情况表!B$2:B$44,B2)"，选中 C2 单元格，将光标置于该单元格右下角，当光标变为"十"字标记时，向下拖拽至最后一行数据。

说明：

SUMIFS 为多条件求和函数，使用 SUMIFS 函数向导更方便，如图 4.1 所示。

图 4.1　SUMIFS 函数向导

（2）在 D2 中输入" = SUMIFS(一季度销售情况表!D$2:D$44,一季度销售情况表!B$2:B$44,B2)"，选中 D2 单元格，将光标置于该单元格右下角，当光标变为"十"字标记时，向下拖拽至最后一行数据。

（3）在 E2 中输入" = SUMIFS('二季度销售情况表'!D$2:D$43,'二季度销售情况表'!B$2:B$43,B2)"，选中 E2 单元格，将光标置于该单元格右下角，当光标变为"十"字标记

时，向下拖拽至最后一行数据。

（4）在 F2 中输入"=SUMIFS('二季度销售情况表'!F$2: F$43,'二季度销售情况表'!B$2: B$43,B2)"，选中 F2 单元格，将光标置于该单元格右下角，当光标变为"十"字标记时，向下拖拽至最后一行数据。

说明：

D2、E2、F2 单元格中的公式同样使用 SUMIFS 向导完成输入。

（5）在 G2 中输入"=C2+E2"，选中 G2 单元格的右下角，当光标变为"十"字标记时向下拖拽至最后一行数据。

（6）在 H2 中输入"=D2+F2"，选中 H2 单元格的右下角，当光标变为"十"字标记后向下拖拽至最后一行数据。

（7）选中 D 列，按住【Ctrl】键，然后选择 F 列和 H 列，在选择范围内右键单击，选择"设置单元格格式"。在弹出的对话框中设置格式为数值，保留两位小数，使用千位分隔符，并设置文本右对齐。

4. 对汇总表数据排名并设置条件格式

（1）在"产品销售汇总表"中，在 I2 中输入"=RANK.EQ(H2,H$2: H$21)"，选中 I2 单元格，将光标置于该单元格右下角，当光标变为"十"字标记时，向下拖拽至最后一行数据。

（2）选中区域 I2: I21，单击"条件格式"→"项目选取规则"→"值最小 10 项"，在对话框中输入 3，选中"红色文本"。

（3）选中区域 I2: I21，单击"条件格式"→"项目选取规则"→"值最大 10 项"，在对话框中输入 3，单击"自定义格式"，设置字体为标准色 – 绿色。

5. 对汇总表套用表格格式

（1）选中区域 A1: I21，单击"套用表格样式"下拉按钮，从下拉列表中选中一个表格样式，勾选"表包含标题"复选框。

（2）切换到"数据"选项卡，在"排序和筛选"选项组里取消"筛选"的选中状态。

6. 创建数据透视表

（1）将光标定位于"产品销售汇总表"的数据区域内，插入数据透视表，选中"新工作表"，输入工作表名称"透视分析"。

（2）在"选项"选项卡中，单击"移动透视表"，在对话框中输入"A3"。

（3）在"数据透视表字段列表"里，设置行标签为"产品类别代码"，"数值"为"一季度销售额""二季度销售额"，"一、二季度销售总额"。

（4）单击透视表"行标签"的下拉按钮，在下拉列表选择"其他排序选项"，单击"降序排序"按钮，在下拉菜单中选择"求和项：一、二季度销售总额"。

7. 修改透视表标签并移动位置

在"透视分析"工作表标签单击右键，设置工作表颜色为标准色 – 紫色，单击"移动或复制"，把"透视分析"表移动到"产品销售汇总表"右侧。

# 4.3 普查数据统计

## 4.3.1 题目要求

中国的人口发展形势非常严峻,为此国家统计局每 10 年进行一次全国人口普查,以掌握全国人口的增长速度及规模。按照下列要求完成对第五次、第六次人口普查数据的统计分析:

(1) 新建一个空白 Excel 文档,将工作表 Sheet1 更名为"第五次普查数据",将 Sheet2 更名为"第六次普查数据",将该文档以"Excel.xlsx"为文件名(".xlsx"为扩展名)保存在考生文件夹下。

(2) 浏览网页"第五次全国人口普查公报.htm",将其中的"2000 年第五次全国人口普查主要数据"表格导入工作表"第五次普查数据";浏览网页"第六次全国人口普查公报.htm",将其中的"2010 年第六次全国人口普查主要数据"表格导入工作表"第六次普查数据"(要求均从 A1 单元格开始导入,不得对两个工作表中的数据进行排序)。

(3) 对两个工作表中的数据区域套用合适的表格样式,要求至少四周有边框且偶数行有底纹,并将所有人口数列的数字格式设为带千分位分隔符的整数。

(4) 将两个工作表内容合并,合并后的工作表放置在新工作表"比较数据"中(自 A1 单元格开始),且保持最左列仍为地区名称、A1 单元格中的列标题为"地区",对合并后的工作表适当调整行高列宽、字体字号、边框底纹等,使其便于阅读。以"地区"为关键字对工作表"比较数据"进行升序排列。

(5) 在合并后的工作表"比较数据"中的数据区域最右边依次增加"人口增长数"和"比重变化"两列,计算这两列的值,并设置合适的格式。

人口增长数 = 2010 年人口数 − 2000 年人口数
比重变化 = 2010 年比重 − 2000 年比重

(6) 打开工作簿"统计指标.xlsx",将工作表"统计数据"插入正在编辑的文档"Excel.xlsx"的工作表"比较数据"的右侧。

(7) 在工作簿"Excel.xlsx"的工作表"统计数据"中的相应单元格内填写统计结果。

(8) 基于工作表"比较数据"创建一个数据透视表,将其单独存放在一个名为"透视分析"的工作表中。透视表中要求筛选出 2010 年人口数超过 5 000 万的地区及其人口数、2010 年所占比重、人口增长数,并按人口数从多到少排序。最后适当调整透视表中的数字格式。

提示:
行标签为"地区",数值项依次为"2010 年人口数""2010 年比重""人口增长数"。

## 4.3.2 操作步骤

### 1. 建立文件

(1) 在考生文件夹下新建一个空白 Excel 文档,并将该文档命名为"全国人口普查数据分析.xlsx"。

(2) 打开"全国人口普查数据分析.xlsx",双击工作表Sheet1的表名,在编辑状态下输入"第五次普查数据",双击工作表Sheet2的表名,在编辑状态下输入"第六次普查数据"。

2. 将网页中的数据导入工作表

(1) 在考生文件夹下,打开网页"第五次全国人口普查公报.htm",在工作表"第五次普查数据"中选中A1,在"数据"选项卡的"获取外部数据"组中,单击"自网站"按钮,弹出"新建Web查询"对话框,在"地址"文本框中输入网页"第五次全国人口普查公报.htm"的地址(复制"第五次全国人口普查公报.htm"的网址),单击右侧的"转到"按钮。单击要选择的表旁边的带方框的黑色箭头 ➡ ,使黑色箭头变成对号 ✓ ,然后单击"导入"按钮。之后会弹出"导入数据"对话框,选择"数据的放置位置"为"现有工作表",在文本框中输入"=$A$1",单击"确定"按钮。

(2) 按照上述方法,浏览网页"第六次全国人口普查公报.htm",将其中的"2010年第六次全国人口普查主要数据"表格导入工作表"第六次普查数据"中。

3. 工作表套用合适的样式

(1) 在工作表"第五次普查数据"中选中数据区域,在"开始"选项卡的"样式"组中,单击"套用表格格式"下拉按钮,弹出下拉列表。按照题目要求"至少四周有边框且偶数行有底纹",此处可选择"表样式浅色16"。选中B列,在"开始"选项卡的"数字"组中,单击对话框启动器按钮,弹出"设置单元格格式"对话框,在"数字"选项卡的"分类"下选择"数值",在"小数位数"微调框中输入"0",勾选"使用千位分隔符"复选框,然后单击"确定"按钮。

(2) 按照上述方法对工作表"第六次普查数据"套用合适的表格样式,要求"至少四周有边框且偶数行有底纹",此处可套用"表样式浅色17",并将所有人口数列的数字格式设为带千分位分隔符的整数。

4. 合并工作表

(1) 将工作表Sheet3的表名,在编辑状态下输入"比较数据"。在该工作表的A1中输入"地区",在"数据"选项卡的"数据工具"组中,单击"合并计算"按钮,弹出"合并计算"对话框,设置"函数"为"求和",在"引用位置"文本框中输入第1个区域"第五次普查数据!$A$1:$C$34",单击"添加"按钮,输入第2个区域"第六次普查数据!$A$1:$C$34",单击"添加"按钮,在"标签位置"下勾选"首行"复选框和"最左列"复选框,然后单击"确定"按钮。

(2) 对合并后的工作表适当的调整行高列宽、字体字号、边框底纹等。选中整个工作表,在"开始"选项卡的"单元格"组中,单击"格式"下拉按钮,从弹出的下拉列表中选择"自动调整行高",单击"格式"下拉按钮,从弹出的下拉列表中选择"自动调整列宽"。在"开始"选项卡的"字体"组中,单击对话框启动器按钮,弹出"设置单元格格式"对话框,设置"字体"为"黑体"、"字号"为"11",单击"确定"按钮。选中数据区域,右键单击,从弹出的快捷菜单中选择"设置单元格格式"命令,弹出"设置单元格格式"对话框,选择"边框"选项卡,单击"外边框"和"内部",然后单击"确定"按钮。选中数据区域,在"开始"选项卡的"样式"组中,单击"套用表格格式"下拉按钮,在弹出的下拉列表中选择"表样式浅色18"。

(3) 选中数据区域的任一单元格,在"数据"选项卡的"排序和筛选"组中,单击"排序"按钮,弹出"排序"对话框,设置"主要关键字"为"地区","次序"为"升序",单击"确定"按钮。

5. 进行数据计算

(1) 在合并后的工作表"比较数据"中的数据区域最右边依次增加"人口增长数"和"比重变化"两列。

(2) 在工作表"比较数据"中的 F2 单元格中输入"=[@2010年人口数(万人)]-[@2000年人口数(万人)]"后,按【Enter】键;在 G2 单元格中输入"=[@2010年比重]-[@2000年比重]"后,按【Enter】键。

(3) 为 F 列和 G 列设置合适的格式,如保留四位小数。选中 F 列和 G 列,在"开始"选项卡的"数字"组中,单击对话框启动器按钮,弹出"设置单元格格式"对话框,在"数字"选项卡的"分类"下选择"数值",在"小数位数"微调框中输入"4",然后单击"确定"按钮。

6. 插入其他工作表

打开考生文件夹下的工作簿"统计指标.xlsx",将工作表"统计数据"的内容复制粘贴到"全国人口普查数据分析.xlsx"中工作表"比较数据"的右侧。

7. 使用函数填充数据

(1) 在工作簿"全国人口普查数据分析.xlsx"的工作表"统计数据"中的 C2 单元格中输入"=SUM(第五次普查数据!B2:B34)",然后按【Enter】键。在 D2 单元格中输入"=SUM(第六次普查数据!B2:B34)",然后按【Enter】键。在 D3 单元格中输入"=D3-C3",然后按【Enter】键。

(2) 在 C5 单元格中输入"=INDEX(比较数据!A2:A34,MATCH(MAX(比较数据!D2:D18,比较数据!D20:D32,比较数据!D34),比较数据!D2:D34,0))"。(2000年人口最多的地区)

(3) 在 D5 单元格中输入"=INDEX(比较数据!A2:A34,MATCH(MAX(比较数据!B2:B18,比较数据!B20:B32,比较数据!B34),比较数据!B2:B34,0))"。(2010年人口最多的地区)

(4) 在 C6 单元格中输入"=INDEX(比较数据!A2:A34,MATCH(MIN(比较数据!D2:D18,比较数据!D20:D32,比较数据!D34),比较数据!D2:D34,0))"。(2000年人口最少的地区)

(5) 在 D6 单元格中输入"=INDEX(比较数据!A2:A34,MATCH(MIN(比较数据!B2:B18,比较数据!B20:B32,比较数据!B34),比较数据!B2:B34,0))"。(2010年人口最少的地区)

（6）在 D7 单元格中输入"= INDEX（比较数据！A2：A34，MATCH（MAX（比较数据！F2：F18，比较数据！F20：F32，比较数据！F34），比较数据！F2：F34,0））"。（人口增长最多的地区）

（7）在 D8 单元格中输入"= INDEX（比较数据！A2：A34，MATCH（MIN（比较数据！F2：F18，比较数据！F20：F32，比较数据！F34），比较数据！F2：F34,0））"。（人口增长最少的地区）

（8）在 D9 单元格中输入"= COUNTIF（比较数据！F2：F18，"<0"）+ COUNTIF（比较数据！F20：F32，"<0"）+ COUNTIF（比较数据！F34，"<0"）"。（人口负增长的地区数）

8. 创建数据透视表

（1）在"比较数据"工作表中，单击"插入"选项卡下"表格"组中的"数据透视表"按钮，从弹出的下拉列表中选择"数据透视表"，弹出"创建数据透视表"对话框，设置"表/区域"为"比较数据！$A$1：$G$34"，选择放置数据透视表的位置为"新工作表"，单击"确定"按钮。双击新工作表 Sheet1 的标签，将其重命名为"透视分析"。

（2）在"数据透视字段列表"任务窗格中，拖动"地区"到"行标签"，拖动"2010年人口数（万人）""2010 年比重""人口增长数"到"数值"。

（3）单击行标签右侧的"标签筛选"按钮，在弹出的下拉列表中选择"值筛选"，打开级联菜单，选择"大于"，弹出"值筛选（地区）"对话框，在第 1 个文本框中选择"求和项：2010 年人口数（万人）"，在第 2 个文本框选择"大于"，在第 3 个文本框中输入"5000"，单击"确定"按钮。

（4）选中 B4 单元格，在"数据"选项卡的"排序和筛选"组中，单击"降序"按钮，即可按人口数从多到少排序。

（5）适当调整 B 列，使其格式为整数且使用千位分隔符。适当调整 C 列，使其格式为百分比且保留两位小数。最后，保存文档。

# 4.4 图书销售统计

## 4.4.1 题目要求

销售部助理小王需要根据 2012 年和 2013 年的图书产品销售情况进行统计分析，以便制订新一年的销售计划和工作任务。请按照如下要求完成工作：

（1）在考生文件夹下，将"Excel 素材.xlsx"文件另存为"Excel.xlsx"（".xlsx"为扩展名）。

（2）在"销售订单"工作表的"图书编号"列中，使用 VLOOKUP 函数填充所对应"图书名称"的"图书编号"，"图书名称"和"图书编号"的对照关系请参考"图书编目表"工作表。

（3）将"销售订单"工作表的"订单编号"列按照数值升序方式排序，并将所有重复的订单编号数值标记为"标准色 – 紫色"字体，然后将其排列在销售订单列表区域的顶端。

(4)在"2013年图书销售分析"工作表中,统计2013年各类图书在每月的销售量,并将统计结果填充在所对应的单元格中。为该表添加汇总行,在汇总行单元格中分别计算每月图书的总销量。

(5)在"2013年图书销售分析"工作表中的N4:N11单元格中,插入用于统计销售趋势的迷你折线图,各单元格中迷你图的数据范围为所对应图书的1~12月销售数据,并为各迷你折线图标记销量的最高点和最低点。

(6)根据"销售订单"工作表的销售列表创建数据透视表,并将创建完成的数据透视表放置在新工作表中,以A1单元格为数据透视表的起点位置;将工作表重命名为"2012年书店销量"。

(7)在"2012年书店销量"工作表的数据透视表中,设置"日期"字段为列标签,"书店名称"字段为行标签,"销量(本)"字段为求和汇总项。并在数据透视表中显示2012年期间各书店各季度的销量情况。

提示:
为了统计方便,请勿对完成的数据透视表进行额外的排序操作。

### 4.4.2 操作步骤

**1. 建立文件**

打开考生文件夹下"Excel素材.xlsx",另存为"Excel.xlsx"。

**2. 根据图书名称填充图书单价**

启动考生文件下的"Excel.xlsx"工作表,在"销售订单"工作表的E3单元格中输入"=VLOOKUP(D3,图书编目表!$A$2:$B$9,2,FALSE)",按【Enter】键完成图书名称的自动填充。

**3. 按订单编号排序**

(1)选中A3:A678列单元格,在"开始"选项卡的"编辑"组中,单击"排序和筛选"下拉按钮,在下拉列表中选择"自定义"排序,在打开的对话框中将"列"设置为"订单编号"、"排序依据"设置为"数值"、"次序"设置为"升序"、单击"确定"按钮。

(2)选中A3:A678列单元格,在"开始"选项卡的"样式"组中,单击"条件格式"下拉按钮,在弹出的下拉列表中选择"突出显示单元格规则"→"重复值"命令,弹出"重复值"对话框。单击"设置为"右侧的下拉按钮,在下拉列表中选择"自定义格式",弹出"设置单元格格式"对话框,单击"颜色"下拉按钮,在颜色列表中选择"标准色–紫色",单击"确定"按钮,返回"重复值"对话框,单击"确定"按钮。

(3)在"开始"选项卡的"编辑"组中,单击"排序和筛选"下拉按钮,在下拉列表中选择"自定义排序",在打开的对话框中将"列"设置为"订单编号",将"排序依据"设置为"字体颜色",将"次序"设置为"紫色""在顶端",单击"确定"按钮。

4. 填充图书销量

（1）在"2013年图书销售分析"工作表中，选择 B4 单元格，利用 SUMIFS 函数向导输入公式，如图 4.2 所示，按【Enter】键确定。

图 4.2　SUMIFS 函数向导

（2）使用同样方法，在其他单元格中得出结果。

（3）在 A12 单元格中输入"每月图书总销量"字样，然后选中 B12 单元，输入"=SUBTOTAL(109,B4:B11)"按【Enter】键确定。

（4）将光标移至 B12 单元格的右下角，按住左键，将其拖动至 M12 单元格中，完成填充运算。

5. 创建迷你折线图

（1）根据题意要求，选择"2013 年图书销售分析"工作表中的 N4:N11 单元格，在"插入"选项卡下"迷你图"组中，单击"折线图"按钮，在打开的对话框中"数据范围"输入"B4:M11"，在"位置范围"文本框中输入"$N$4:$N$11"，单击"确定"按钮。

（2）确定选中"迷你图工具"，勾选"设计"选项卡下"显示"组中的"高点""低点"复选框。

6. 创建数据透视表

（1）根据题意要求，切换至"销售订单"工作表，在"开始"选项卡的"表格"组中，单击"数据透视表"下拉按钮，在弹出的下拉列表中选择"数据透视表"，在弹出的"创建数据透视表"对话框中将"表/区域"设置为表1，选择"新工作表"单选框，单击"确定"按钮。

（2）在"选项"选项卡的"操作"组中，单击"移动数据透视表"按钮，在打开的"移动数据透视表"对话框中选中"现有工作表"单选框，将"位置"设置为"Sheet1!A1"，单击"确定"按钮。

（3）在工作表名称上单击右键，在弹出的快捷菜单中选择"重命名"命令，将工作表重命名为"2012 年书店销量"。

### 7. 对透视表字段进行分组

（1）根据题意要求，在"2012年书店销量"工作表的"数据透视表字段列表"窗格中，将"日期"字段拖动至"列标签"，将"书店名称"拖动至"行标签"，将"销量（本）"拖动至"数值"。

（2）选中 B4 单元格，右键单击，选择"创建组"，弹出"分组"对话框，在下拉列表中"自动"选项中勾选"起始于/2012/1/2""终止于/2013/12/12"；在"步长"选项中选择"季度"，单击"确定"按钮。生成的"图书销量"透视表如图 4.3 所示。

| 求和项：销量（本） | 列标签 | | | | | |
|---|---|---|---|---|---|---|
| 行标签 | 第一季 | 第二季 | 第三季 | 第四季 | >2012/12/31 | 总计 |
| 博达书店 | 439 | 761 | 711 | 685 | 2494 | 5090 |
| 鼎盛书店 | 1098 | 836 | 844 | 1038 | 3651 | 7467 |
| 隆华书店 | 571 | 772 | 889 | 626 | 2459 | 5317 |
| 总计 | 2108 | 2369 | 2444 | 2349 | 8604 | 17874 |

图 4.3 "图书销量"透视表

## 4.5 销售业绩统计

### 4.5.1 题目要求

销售部助理小王需要针对公司上半年产品销售情况进行统计分析，并根据全年销售计划执行进行评估。按照如下要求完成该项工作：

（1）在考生文件夹下，打开"Excel 素材.xlsx"文件，将其另存为"Excel.xlsx"（".xlsx"为扩展名）。

（2）在"销售业绩表"工作表的"个人销售总计"列中，通过公式计算每名销售人员1～6月的销售总和。

（3）依据"个人销售总计"列的统计数据，在"销售业绩表"工作表的"销售排名"列中通过公式计算销售排行榜，个人销售总计排名第一的，显示"第1名"；个人销售总计排名第二的，显示"第2名"；依次类推。

（4）在"按月统计"工作表中，利用公式计算1～6月的销售达标率，即销售额大于60 000元的人数所占比例，并填写在"销售达标率"行。要求：以百分比格式显示计算数据，并保留2位小数。

（5）在"按月统计"工作表中，分别通过公式计算各月排名第1～3名的销售业绩，并填写在"销售第一名业绩""销售第二名业绩"和"销售第三名业绩"所对应的单元格中。要求：使用人民币会计专用数据格式，并保留2位小数。

（6）依据"销售业绩表"中的数据明细，在"按部门统计"工作表中创建一个数据透视表，并将其放置于 A1 单元格。要求：统计出各部门的人员数量，以及各部门的销售额占销售总额的比例。数据透视表效果可参考"按部门统计"工作表中的样例。

（7）在"销售评估"工作表中创建一个标题为"销售评估"的图表，借助此图表可以清晰地反映每月"A 类产品销售额"和"B 类产品销售额"之和，与"计划销售额"的对比情况。图表效果可参考"销售评估"工作表中的样例。

### 4.5.2 操作步骤

1. 建立文件

打开考生文件夹下的"Excel 素材.xlsx"，另存为"Excel.xlsx"，保存在考生文件夹下。

2. 计算销售总和

（1）选中"销售业绩表"中的 J3 单元格，输入"=SUM（D3:I3）"，按【Enter】键确认输入。

（2）使用鼠标拖动 J3 单元格右下角的填充柄，向下填充到 J46 单元格。

3. 函数计算销售排名

（1）选中"销售业绩表"中的 K3 单元格，输入公式"="第"&RANK([@个人销售总计],[个人销售总计],0)&"名""，按【Enter】键确认输入。

（2）使用鼠标拖动 K3 单元格右下角的填充柄，向下填充到 K46 单元格。

4. 销售达标率计算

（1）选中"按月统计"工作表中的 B3:G3 单元格区域，单击右键，在弹出的快捷菜单中选择"设置单元格格式"命令，弹出"设置单元格格式"对话框，在"数字"选项卡中选择"分类"列表框中的"百分比"，将右侧的"小数位数"设置为"2"，单击"确定"按钮。

（2）选中 B3 单元格，输入公式"=COUNTIF(表1[一月份],">60000")/COUNT(表1[一月份])"，按【Enter】键确认输入。使用鼠标拖动 B3 单元格的填充柄，向右填充到 G3 单元格。

5. 按月统计销售业绩

（1）选中"按月统计"工作表中的 B4:G6 单元格区域，单击右键，在弹出的快捷菜单中选择"设置单元格格式"命令，弹出"设置单元格格式"对话框，在"数字"选项卡中选择"分类"列表框中的"会计专用"，将右侧的"小数位数"设置为"2"，将"货币符号（国家/地区）"设置为人民币符号"¥"，单击"确定"按钮。

（2）选中 B4 单元格，输入公式"=LARGE(表1[一月份],1)"，按【Enter】键确认输入。使用鼠标拖动 B4 单元格的填充柄，向右填充到 G4 单元格。

（3）选中 B5 单元格，输入公式"=LARGE(表1[一月份],2)"，按【Enter】键确认输入。使用鼠标拖动 B5 单元格的填充柄，向右填充到 G5 单元格。然后把 E5 单元格中的公式"=LARGE(表1[四月份],2)"，改为"=LARGE(表1[四月份],3)"。

（4）选中 B6 单元格，输入公式"=LARGE(表1[一月份],3)"，按【Enter】键确认输入。使用鼠标拖动 B6 单元格的填充柄，向右填充到 G6 单元格。然后把 E6 单元格中公式"=LARGE(表1[四月份],3)"，改为"=LARGE(表1[四月份],4)"。

**说明：**

在此修改 E5 和 E6 单元格中公式，是因为销售第一名业绩有两位，为了数据不重复，E5 和 E6 分别取第三名和第四名的业绩。

### 6. 创建数据透视表

（1）选中"按部门统计"工作表中的 A1 单元格，在"插入"选项卡的"表格"组中，单击"数据透视表"按钮，弹出"创建数据透视表"对话框，单击"表/区域"文本框右侧的"折叠对话框"按钮，单击"销售业绩表"并选择数据区域 A2: K46，按【Enter】键，返回"创建数据透视表"对话框，单击"确定"按钮。

（2）拖动"按部门统计"工作表右侧的"数据透视表字段列表"中的"销售团队"字段到"行标签"区域中，拖动"销售团队"字段到"数值"区域，拖动"个人销售总计"字段到"数值"区域。

（3）单击"数值"区域中的"个人销售总计"右侧的下拉三角形按钮，在弹出的快捷菜单中选择"值字段设置"命令，弹出"值字段设置"对话框，选择"值显示方式"选项卡，在"值显示方式"下拉列表框中选择"全部汇总百分比"，单击"确定"按钮。

（4）双击 A1 单元格，输入标题名称"部门"。双击 B1 单元格，弹出的"值字段设置"对话框，在"自定义名称"文本框中输入"销售团队人数"，单击"确定"按钮。同理，双击 C1 单元格，弹出"值字段设置"对话框，在"自定义名称"文本框中输入"各部门所占销售比例"，单击"确定"按钮。

### 7. 创建图表

（1）选中"销售评估"工作表中的 A2: G5 单元格区域，在"插入"选项卡的"图表"组中，单击"柱形图"按钮，在列表框中选择"堆积柱形图"。

（2）选中创建的图表，在"图表工具 – 布局"选项卡的"标签"组中，单击"图表标题"下拉按钮，选择"图表上方"。选中添加的图表标题文本框，将图表标题修改为"销售评估"。

（3）在"图表工具 – 设计"选项卡的"图表布局"组中，选择"布局3样式"。

（4）选中图表区中的"计划销售额"图形，单击右键，在弹出快捷菜单中选择"设置数据序列格式"命令，弹出"设置数据序列格式"对话框，选中左侧列表框中的"系列选项"，拖动右侧"分类间距"中的滑动块，将比例调整到25%；同时，选择"系列绘制在"选项组中的"次坐标轴"。

（5）选中左侧列表框中的"填充"，在右侧的"填充"选项组中选择"无填充"。

（6）选中左侧列表框中的"边框颜色"，在右侧的"边框颜色"选项组中选择"实线",将颜色设置为"标准色-红色"。

（7）选中左侧列表框中的"边框样式",在右侧的"边框样式"选项组中将"宽度"设置为"2磅",单击"关闭"按钮。

（8）选中图表右侧出现的"次坐标轴垂直（值）轴",按【Delete】键将其删除。

（9）适当调整图表的大小及位置,结果如图4.4所示。

图 4.4　销售评估

## 4.6　考核成绩统计

### 4.6.1　题目要求

晓雨任职人力资源部门,她需要对企业员工的《Office应用能力考核报告》进行完善和分析。按照如下要求帮助晓雨完成数据处理工作：

（1）在考生文件夹下,将"Excel素材.xlsx"文件另存为"Excel.xlsx"（".xlsx"为扩展名）。

（2）在"成绩单"工作表中,设置工作表标签颜色为"标准色-红色"；对数据区域套用"表样式浅色16"表格格式,取消镶边行后,将其转换为区域。

（3）删除"姓名"列中所有汉语拼音字母,只保留汉字。

（4）设置"员工编号"列的数据格式为"001,002,…,334"；在G3:K336单元格区域中的所有空单元格中输入数值0。

（5）计算每个员工5个考核科目（Word、Excel、PowerPoint、Outlook和Visio）的平均成绩,并填写在"平均成绩"列。

（6）在"等级"列中计算并填写每位员工的考核成绩等级,等级的计算规则见表4.2。

表 4.2　等级计算规则

| 等级分类 | 计算规则 |
| --- | --- |
| 不合格 | 5 个考核科目中任一科目成绩低于 60 分 |
| 及格 | 60 分 ≤ 平均成绩 < 75 分 |
| 良 | 75 分 ≤ 平均成绩 < 85 分 |
| 优 | 平均成绩 ≥ 85 分 |

（7）适当调整"成绩单"工作表 B2:M336 单元格区域内各列列宽，并将该区域内的数据设置为水平、垂直方向均居中对齐。

（8）依据自定义序列"研发部→物流部→采购部→行政部→生产部→市场部"进行排序；如果部门名称相同，则按照平均成绩由高到低的顺序排序。

（9）设置"分数段统计"工作表标签颜色为蓝色；参考考生文件夹中的"成绩分布及比例.png"示例，以该工作表 B2 单元格为起始位置创建数据透视表，计算"成绩单"工作表中平均成绩在各分数段的人数以及所占比例（数据透视表中的数据格式设置以参考示例为准，其中平均成绩各分数段下限包含临界值）；根据数据透视表在单元格区域 E2:L17 内创建数据透视图（数据透视图图表类型、数据系列、坐标轴、图例等设置以参考例为准）。

（10）根据"成绩单"工作表中的"年龄"和"平均成绩"两列数据，创建名为"成绩与年龄"的图表工作表（参考考生文件夹中的"成绩与年龄.png"示例，图表类型、样式、图表元素均以此示例为准）。设置图表工作表标签颜色为绿色，并将其放置在全部工作表的最右侧。

（11）将"成绩单"工作表中的数据区域设置为打印区域，并设置标题行在打印时可以重复出现在每页顶端。

（12）将所有工作表的纸张方向都设置为横向，并为所有工作表添加页眉和页脚，页眉中间位置显示"成绩报告"文本，页脚样式为"第 1 页，共 ？页"。

## 4.6.2　操作步骤

### 1. 建立文件

打开考生文件夹下"Excel 素材.xlsx"，另存为"Excel.xlsx"。

### 2. 套用表格样式

（1）在"成绩单"工作表的表名处单击右键，在弹出的快捷菜单中选择"工作表标签颜色"，在出现的级联菜单中选择"标准色-红色"。

（2）在"开始"选项卡的"样式"组中，单击"套用表格样式"下拉按钮，在下拉列表中选择"表样式浅色 16"，弹出"套用表格式"对话框，勾选"表包含标题"复选框，单击"确定"按钮。

（3）在"表格工具-设计"选项卡的"表格样式"选项组中，取消勾选"镶边行"复选框;在"工具"组中,单击"转换为区域"按钮,弹出"是否将表转换为普通区域?"对话框,单击"是"按钮。

3. 删除姓名中的拼音,仅保留汉字

(1) 在"成绩单"工作表的 N3 单元格中输入公式"= LEFT(C3,LENB(C3) - LEN(C3))",按【Enter】键确认输入,拖动该单元格右下角的填充柄向下填充到 N336 单元格。

(2) 选中 N3:336 单元格区域,单击右键,在弹出的快捷菜单中选择"复制"命令;右键单击 C3 单元格,在弹出的快捷菜单中选择"粘贴选项"→"值"。最后,删除 N3:N336 单元格中的数据。

4. 设置编号格式,填充空单元格中的 0 值

(1) 选中"成绩单"工作表中的 B3:B336 单元格区域,单击右键,在弹出的快捷菜单中选择"设置单元格格式",弹出"设置单元格格式"对话框,在"数字"选项卡中将"数据类型"设置为"文本",单击"确定"按钮。

(2) 在 B3 单元格中输入"001",拖动该单元格右下角的填充柄,向下填充到 B336 单元格。

(3) 选中工作表中的 G3:K336 单元格区域,在"开始"选项卡的"编辑"组中,单击"查找和选择"下拉按钮,在下拉列表中选择"替换"命令,弹出"查找和替换"对话框,在"替换为"文本框中输入"0",单击"全部替换"按钮。最后,关闭"查找和替换"对话框。

5. 填充平均成绩

选中"成绩单"工作表的 L3 单元格,在单元格中输入公式"= AVERAGE(G3:K3)",拖动该单元格右下角的填充柄,向下填充到 L336 单元格。

6. 计算成绩等级

选中"成绩单"工作表的 M3 单元格,在单元格中输入公式"= IF(OR(G3 < 60,H3 < 60,I3 < 60,J3 < 60,K3 < 60),"不合格",IF(L3 > = 85,"优",IF(L3 > = 75,"良",IF(L3 > = 60,"及格"))))",拖动该单元格右下角的填充柄,向下填充到 M336 单元格。

7. 调整列宽对齐方式

(1) 选中"成绩单"工作表的 B2:M336 单元格区域,在"开始"选项卡的"单元格"组中,单击"格式"下拉按钮,在下拉列表中选择"自动调整列宽"命令。

(2) 单击"对齐方式"组右下角的对话框启动器按钮,弹出"设置单元格格式"对话框,切换到"对齐"选项卡,将"水平对齐"和"垂直对齐"均设置为"居中",单击"确定"按钮。

8. 自定义排序

(1) 选中"成绩单"工作表的 B2:M336 单元格区域,在"开始"选项卡的"编辑"组中,单击"排序和筛选"下拉按钮,在下拉列表框中单击"自定义排序"按钮,弹出"排序"对话框,将"主要关键字"设置为"部门",单击右侧的"次序"下拉按钮,在下

拉列表中选择"自定义序列",弹出"自定义序列"对话框,在中间的"输入序列"列表框中输入新的数据序列"研发部""物流部""采购部""行政部""生产部""市场部",单击右侧的"添加"按钮。

(2) 输入完序列后,单击"确定"按钮,关闭"自定义序列"对话框。

(3) 在"排序"对话框中,单击"添加条件"按钮,在"次要关键字"中选择"平均成绩",在对应的"次序"中设置"降序",单击"确定"按钮,关闭"排序"对话框。

9. 创建数据透视表和数据透视图

(1) 在"分数段统计"工作表表名中单击右键,在弹出的快捷菜单中选择"工作表标签颜色"→"标准色-蓝色"。

(2) 选中"分数段统计"工作表的 B2 单元格,在"插入"选项卡的"表格"组中,单击"数据透视表"下拉按钮,在下拉列表中选择"数据透视表",弹出"创建数据透视表"对话框,在"表/区域"文本框中输入"成绩单!$B$2:$M$336"。

(3) 单击"确定"按钮,在工作表右侧出现"数据透视表字段列表"任务窗口,将"平均成绩"字段拖动到"行标签";拖动两次"员工编号"字段到"数值"区域;选择当前工作表的B3单元格,在"数据透视表工具-选项"选项卡的"分组"组中,单击"将所选内容分组"按钮,弹出"组合"对话框,将"起始于"设置为"60"、"终止于"设置为"100"、"步长"设置为"10"。设置完成后,单击"确定"按钮。

(4) 双击 C2 单元格,弹出"值字段设置"对话框,在"自定义名称"文本框中输入字段名称"人数",单击"确定"按钮。

(5) 双击 D2 单元格,弹出"值字段设置"对话框,在"自定义名称"文本框中输入字段名称"所占比例",单击"确定"按钮;选中 D2 单元格,单击右键,在弹出的快捷菜单中选择"值显示方式"→"总计的百分比"。

(6) 选中 D3:D8 单元格区域,单击右键,在弹出的快捷菜单中选择"设置单元格格式",弹出"设置单元格格式"对话框,在"数字"选项卡中将单元格格式设置为"百分比",并保留1为小数,单击"确定"按钮。

(7) 选中 B2:D7 单元格区域,在"数据透视表工具-选项"选项卡的"工具"组中,单击"数据透视图"按钮,在弹出的"插入图表"对话框中选择"柱形图"→"簇状柱形图",单击"确定"按钮。

(8) 选中插入的柱形图的"所占比例"系列,在"数据透视表工具-设计"选项卡的"类型"组中,单击"更改图表类型"按钮,弹出"更改图表类型"对话框,选择"折线图"→"带数据标记的折线图",单击"确定"按钮。

(9) 选中图表中的"所占比例"系列,单击右键,在弹出的快捷菜单中选择"设置数据系列格式",弹出"设置数据系列格式"对话框,在"系列选项"中,选择"次坐标轴",单击"关闭"按钮。

(10) 在"数据透视表工具-布局"选项卡的"标签"组中,单击"图例"下拉按钮,在下拉列表框中选择"在底部显示图例"。

(11) 选中次坐标轴,单击右键,在弹出的快捷菜单中选择"设置坐标轴格式",弹出"设置坐标轴格式"对话框,切换到左侧列表框中的"数字"选项卡,在右侧的设置项中,将"类别"设置为"百分比",将小数位数设置为"0"。设置完成后,单击"关闭"按钮。

(12)适当调整图表大小及位置,使其位于工作表的 E2:L17 单元格区域,调整后的成绩分布及比例图表如图 4.5 所示。

图 4.5 成绩分布及比例图表

### 10. 创建散点图图表

(1)选中"成绩单"工作表的 E3:E336 单元格区域,按住【Ctrl】键,选中 L3:L336 区域,在"插入"选项卡的"图表"组中,单击"散点图"下拉按钮,在下拉列表中选择"散点图"→"仅带数据标记的散点图",在工作表中插入一个图表对象。

(2)选中该图表对象,在"图表工具-布局"选项卡的"标签"组中,单击"图例"下拉按钮,在下拉列表中选择"无"。

(3)在"布局"选项卡的"标签"组中,单击"坐标轴标题"下拉按钮,在下拉列表中选择"主要横坐标轴标题"→"坐标轴下方标题",在图表下方出现横坐标标题设置文本框,输入横坐标标题"年龄";单击"标签"组中的"坐标轴标题"下拉按钮,在下拉列表中选择"主要纵坐标轴标题"→"竖排标题",在图表左侧出现竖排纵坐标标题设置文本框,输入纵坐标标题"成绩"。

(4)选中图表中的数据系列,单击右键,在弹出的快捷菜单中选择"设置数据系列格式"命令,弹出"设置数据系列格式"对话框,选择左侧列表框中的"数据标记选项",在右侧的设置选项中将"数据标记类型"设置为"内置",将"类型"选择为"圆点",将"大小"修改为"3",最后单击"关闭"按钮。

(5)选中图表中的"水平坐标轴",单击右键,在弹出的快捷菜单中选择"设置坐标轴格式"命令,弹出"设置坐标轴格式"对话框,选择左侧列表框中的"坐标轴选项",在右侧的设置选项中选择"最小值"为"固定",并在右侧的文本框中输入最小值"20"。按照同样方法,将"最大值"设置为"55"、"主要刻度单位"设置为"5"。最后,单击"关闭"按钮。

(6)选中图表中的"垂直坐标轴",单击右键,在弹出的快捷菜单中选择"设置坐标轴格式"命令,弹出"设置坐标轴格式"对话框,选择左侧列表框中的"坐标轴选项",在右侧的设置选项中选择"最小值"为"固定",并在右侧的文本框中输入最小值

"40"。按照同样方法,将"最大值"设置为"100"。最后,单击"关闭"按钮,生成如图 4.6 所示的图表。

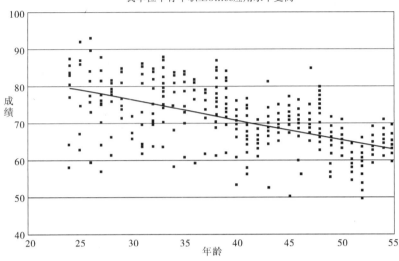

图 4.6　成绩与年龄图表

(7) 选中图表对象,在"图表工具－布局"选项卡的"分析"组中,单击"趋势线"下拉按钮,在下拉列表框中选择"其他趋势线选项",弹出"设置趋势线格式"对话框,选择左侧列表框中的"趋势线选项",在右侧的设置选项中勾选最下方的"显示公式""显示 R 平方值"复选框。设置完成后,单击"关闭"按钮。

(8) 参考考生文件夹中的"成绩与年龄.png"示例文件,在图表对象中将"趋势线公式"文本框移动到左侧位置。

(9) 在"图表工具－布局"选项卡的"标签"组中,单击"图表标题"下拉按钮,在下拉列表中选择"图表上方",输入图表标题为"我单位中青年职工 Office 应用水平更高"。

(10) 选中该图表对象,在"图表工具－设计"选项卡的"位置"组中,单击"移动图表"按钮,弹出"移动图表"对话框,选择"新工作表",在右侧的文本框中输入工作表名"成绩与年龄",单击"确定"按钮。

(11) 选中新插入的"成绩与年龄"工作表,将其拖动到最右侧位置,在工作表名单击右键,在弹出的快捷菜单中选择"工作表标签颜色"→"标准色－绿色",生成的成绩与年龄图表如图 4.5 所示。

## 11. 设置打印区域

(1) 选择"成绩单"工作表的 B2:M336 数据区域,在"页面布局"选项卡的"页面设置"组中,单击"打印区域"下拉按钮,在下拉列表中选择"设置打印区域"。

(2) 单击"页面设置"组右下角的对话框启动器按钮,弹出"页面设置"对话框,切换到"工作表"选项卡,设置"顶端标题行"为"$2:$2"。设置完成后,单击"确定"按钮。

## 12. 设置页眉页脚

（1）选择"成绩单"工作表，在"页面布局"选项卡的"页面设置"组中，单击右下角的对话框启动器按钮，弹出"页面设置"对话框，在"页面"选项卡将"方向"设置为"横向"。

（2）切换到"页眉/页脚"选项卡，单击"自定义页面"按钮，弹出"页眉"对话框，在对话框的"中"文本框中输入"成绩报告"，单击"确定"按钮。

（3）在"页眉/页脚"选项卡，单击"页脚"下拉按钮，在下拉列表框中选择"第 1 页，共 ? 页"的页脚格式。设置完成后，单击"确定"按钮。

（4）按照同样方法，设置"分数统计"工作表和"成绩与年龄"工作表。最后，保存文件。

# 4.7 笔试人员结构分析

## 4.7.1 题目要求

马老师负责本次公务员考试成绩数据的整理，按照下列要求帮助马老师完成相关的整理、统计和分析工作：

（1）将考生文件夹下的"Excel 素材.xlsx"另存为"Excel.xlsx"（".xlsx"为文件扩展名）。操作过程中，不可以随意改变工作表中数据的顺序。

（2）将考生文件夹下的工作簿"行政区划代码对照表.xlsx"中的工作表"Sheet1"复制到工作表"名单"的左侧，并重命名为"行政区划代码"，且工作表标签颜色设为"标准色－紫色"；以考生文件夹下的图片"map.jpg"作为该工作表的背景，不显示网格线。

（3）按照下列要求对工作表"名单"中的数据进行完善：在"序号"列中输入格式为"00001、00002、00003、…"的顺序号；在"性别"列的空白单元格中输入"男"；在"性别"和"部门代码"之间插入一个空列，列标题为"地区"，自左向右准考证号的第 5、6 位为地区代码，依据工作表"行政区划代码"中的对应关系在"地区"列中输入地区名称；在"部门代码"列中填入相应的部门代码，其中准考证号的前 3 位为部门代码；准考证号的第 4 位代表考试类别，按照表 4.3 所示的计分规则计算每个人的总成绩。

表 4.3 总成绩计算规则

| 准考证号的第 4 位 | 考试类别 | 计分方法 |
| --- | --- | --- |
| 1 | A 类 | 笔试面试各占 50% |
| 2 | B 类 | 笔试占 60%、面试占 40% |

（4）按照下列要求对工作表"名单"的格式进行设置：修改单元格样式"标题 1"，设置其格式为"微软雅黑"、14 磅、不加粗、跨列居中，其他保持默认效果。为第 1 行中的标题文字应用更改后的单元格样式"标题 1"，令其在所有数据上方居中排列，并隐藏其中的

批注内容；将笔试分数、面试分数、总成绩3列数据设置为形如"123.320分"且能够正确参与运算的数值类数字格式；正确的准考证号为12位文本，面试分数为0~100的整数（含0和100），试检测这两列数据的有效性，当输入错误时，给出提示信息"超出范围请重新输入！"，以标准色-红色文本标出存在的错误数据；为整个数据区域套用一个表格格式，取消筛选并转换为普通区域；适当加大行高，并自动调整各列列宽至合适的大小；锁定工作表的第1~3行，使之始终可见；分别以数据区域的首行作为各列的名称。

（5）以工作表"名单"的原始数据为依据，在工作表"统计分析"中按下列要求对各部门数据进行统计：获取部门代码及报考部门，并按部门代码的升序进行排列；将各项统计数据填入相应单元格，其中统计男女人数时应使用函数并应用已定义的名称，最低笔试分数线按部门统计；对工作表"统计分析"设置条件格式，令其只有在单元格非空时才会自动以某一浅色填充偶数行，且自动添加上下边框线；令第G列数字格式显示为百分数，并四舍五入精确到小数点后3位。

（6）以工作表"统计分析"为数据源，生成如表中数据右侧示例所示的图表，要求如下：图表标题与数据上方第1行中的标题内容一致并可同步变化；适当改变图表样式、图表中数据系列的格式、调整图例的位置；坐标轴设置应与示例相同；将图表以独立方式嵌入新工作表"分析图表"中，令其不可移动。

### 4.7.2 操作步骤

1. 建立文件

打开考生文件夹下"Excel素材.xlsx"，另存为"Excel.xlsx"，保存在考生文件夹下。

2. 建立工作表副本

（1）在考生文件夹下打开"行政区划代码对照表.xlsx"文件，选中工作表名"Sheet1"，单击右键，在弹出的快捷菜单中选择"移动或复制"，弹出"移动或复制工作表"对话框，在"工作簿"对应的下拉列表中选择"Excel"，在"下列选定工作表之前"列表框中选择"名单"，并勾选下方的"建立副本"复选框，单击"确定"按钮。

（2）关闭打开的"行政区划代码对照表.xlsx"文档，在Excel工作簿中双击新插入的"Sheet1"工作表名，将其名称修改为"行政区划代码"。

（3）单击右键，在弹出的快捷菜单中选择"工作表标签颜色"→"标准色-紫色"。

（4）在"页面布局"选项卡的"页面设置"组中，单击"背景"按钮，弹出"工作表背景"对话框，浏览考生文件夹下的"map.jpg"文件，单击"插入"按钮，在"页面布局"选项卡的"工作表选项"组中，取消勾选"网格线组"中的"查看"复选框。

3. 填充工作表中数据

（1）在工作表"名单"中，选中A4单元格，输入"00001"，双击该单元格右下角的填充柄，完成数据的填充。

（2）选中D4:D177区域，在"开始"选项卡的"编辑"组中，单击"查找和选择"按钮，在下拉列表中选择"替换"命令，弹出"查找和替换"对话框，在"替换"选项卡中的"替换为"文本框中输入"男"，单击"全部替换"按钮，完成替换。

（3）选中 E 列，单击右键，在弹出的快捷菜单中选择"插入"命令，在"性别"和"部门代码"之间插入一个空列，选中 E3 单元格，输入标题"地区"。

（4）在 E4 单元格中输入公式"=VLOOKUP(INT(MID(B4,5,2)),行政区划代码!$B$4:$C$38,2,0)"，使用填充柄填充到 E1777 单元格。

（5）在 F4 单元格中输入"=LEFT(B4,3)"，使用填充柄填充到 F1777 单元格。

（6）在 L4 单元格中输入"=IF(MID(B4,4,1)="1",J4*0.5+K4*0.5,J4*0.6+K4*0.4)"，使用填充柄填充到 L1777 单元格。

4. 设置各列格式和数据有效性

（1）在"开始"选项卡的"样式"组中，单击"单元格样式"按钮，在下拉列表中将光标指向"标题 1 样式"，单击右键，在弹出的快捷菜单中选择"修改"命令，弹出"样式"对话框，单击"格式"按钮，弹出"设置单元格格式"对话框，切换到"字体"选项卡，设置"字体"为"微软雅黑"、"字号"为"14 磅"、"字形"为"常规"；切换到"对齐"选项卡，设置"水平对齐"为"跨列居中"，设置完成后，单击"确定"按钮。

（2）选中 A1:L1 单元格区域，在"开始"选项卡的"样式"组中，单击"单元格样式"按钮，在下拉列表中单击"标题 1"样式。

（3）选中 A1 单元格，在"审阅"选项卡的"批注"组中，单击"显示/隐藏批注"按钮，将批注隐藏。

（4）将 J 列数据转换为数字格式。选中 J4:J1777 数据区域，将光标指向 J4 单元格左上角的绿色三角标志，单击下拉按钮，选中"转换为数字"选项。

（5）同时选中 J、K、L 三列数据区域，单击右键，在弹出的快捷菜单中选择"设置单元格格式"，弹出"设置单元格格式"对话框，在"数字"选项卡的"分类"列表框中选中"自定义"选项，在右侧的"类型"列表框中选择"0.00"，在文本框中将其修改为"0.000 分"，单击"确定"按钮。

（6）选中 B4:B1777 单元格区域，在"数据"选项卡的"数据工具"组中，单击"数据有效性"按钮，在下拉列表中选择"数据有效性"命令，弹出"数据有效性"对话框，在"设置"选项卡下按照图 4.7 所示进行设置；切换到"出错警告"选项卡，按照图 4.8 所示，输入警告信息。设置完成后，单击"确定"按钮。

图 4.7 数据有效性设置

图 4.8 出错警告

（7）在"开始"选项卡的"样式"组中，单击"条件格式"按钮，在下拉列表中选择"新建规则"命令，弹出"新建格式规则"对话框，在"选择规则类型"列表框中选择"使用公式确定要设置格式的单元格"，在下方的文本框中输入"=(LEN(B4)<>12)"，单击下方的"格式"按钮，弹出"设置单元格格式"对话框，切换到"字体"选项卡，将"颜色"设置为"标准色-红色"，设置完成后，单击"确定"按钮，返回"新建格式规则"对话框，单击"确定"按钮。单击"样式"组中的"条件格式"按钮，在下拉列表中选择"管理规则"命令，弹出"条件格式规则管理器"对话框，在"应用于"文本框中设置数据区域"=$B$4:$B$1777"，单击"确定"按钮。

（8）选中K4:K1777单元格区域，在"数据"选项卡的"数据工具"组中，单击"数据有效性"按钮，在下拉列表中选择"数据有效性"命令，弹出"数据有效性"对话框，在"设置"选项卡下按照图4.9所示进行设置；切换到"出错警告"选项卡，按照图4.10所示，输入警告信息。设置完成后，单击"确定"按钮。

图4.9　数据有效性设置　　　　　　　图4.10　警告信息

（9）在"开始"选项卡的"样式"组中，单击"条件格式"按钮，在下拉列表中选择"新建规则"命令，弹出"新建格式规则"对话框，在"选择规则类型"列表框中选择"只为包含以下内容的单元格设置格式"，按照图4.11所示，设置单元格规则。

图4.11　设置单元格规则

（10）单击"新建格式规则"对话框下方的"格式"按钮，弹出"设置单元格格式"对话框，切换到"字体"选项卡，将"颜色"设置为"标准色-红色"，设置完成后，单击"确定"按钮，返回"新建格式规则"对话框，单击"确定"按钮。单击"样式"组中的"条件格式"按钮，在下拉列表中选择"管理规则"命令，弹出"条件格式规则管理器"对话框，在"应用于"文本框中设置数据区域"=$K$4:$K$1777"，单击"确定"按钮。

（11）选中整个工作表的数据区域（从第3行开始），在"开始"选项卡的"样式"组中，单击"套用表格格式"按钮，在下拉列表中选项一种表格样式，然后在"表格工具-设计"选项卡的"工具"组中，单击"转换为区域"按钮。

（12）选中数据区域所有行，在"开始"选项卡的"单元格"组中，单击"格式"按钮。在下拉列表中选择"行高"命令，适当加大行高值，继续选中数据区域的所有列，在"开始"选项卡的"单元格"组中，单击"格式"下拉按钮，在下拉列表中选择"自动调整列宽"命令。

（13）将光标指向第4行行标处，选中该行，在"视图"选项卡的"窗口"组中，单击"冻结窗格"按钮。在下拉列表中，选择"冻结拆分窗格"命令。

（14）选中A4:A1777单元格区域，在"公式"选项卡的"定义的名称"组中，单击"定义名称"按钮，弹出"新建名称"对话框，在"名称"文本框中输入"序号"。按同样的操作方式，将其他首行定义为各列的名称。

**5. 填充统计分析工作表中数据**

（1）在"名单"工作表中，复制数据区域"F4:G1777"，在"统计分析"工作表中，选中B5单元格，单击右键，在弹出的快捷菜单中选择"选择性粘贴"→"粘贴数值"，然后在"数据"选项卡的"数据工具"组中，单击"删除重复项"按钮，弹出"删除重复项"对话框，单击"确定"按钮。

（2）在"开始"选项卡的"编辑"组中，单击"排序和筛选"按钮，在下拉列表中选择"自定义排序"命令，弹出"排序"对话框，将"主要关键字"设置为"部门代码"；将"排序依据"设置为"数值"；将"次序"设置为"升序"，单击"确定"按钮，弹出"排序提醒"对话框，选择"分别将数字和文本形式存储的数字排序"，单击"确定"按钮。

（3）选中D5单元格，在单元格中输入公式"=COUNTIFS(部门代码,B5,性别,"女")"，使用填充柄填充到D24单元格。

（4）选中E5单元格，在单元格中输入公式"=COUNTIFS(部门代码,B5,性别,"男")"，使用填充柄填充到E24单元格。

（5）选中F5单元格，在单元格中输入公式"=D5+E5"，使用填充柄填充到F24单元格。

（6）选中G5单元格，在单元格中输入公式"=D5/E5"，使用填充柄填充到G24单元格。

（7）选中H5单元格，在单元格中输入公式"=MIN(IF(名单!$F$4:$F$1777=统计分析!B5,名单!$J$4:$J$1777))"，输入完成后，使用【Ctrl+Shift+Enter】组合键进行填充，然后使用填充柄填充到H24单元格。

（8）在"统计分析"工作表中，在"开始"选项卡的"样式"组中，单击"条件格式"按钮，在下拉列表中选择"新建规则"，弹出"新建格式规则"对话框，在"选择规则类型"列表框中,选择"只为包含以下内容的单元格设置格式",在下方下拉列表框中选择"空值",单击"确定"按钮。

(9) 单击"条件格式"按钮,在下拉列表中选择"管理规则"按钮,弹出"条件格式规则管理器"对话框,单击"新建规则",弹出"新建格式规则"对话框,在"选择规则类型"列表框中,选择"使用公式确定要设置格式的单元格",在下方的文本框中输入公式"= MOD(ROW(),2)= 0",如图 4.12 所示,单击下方的"格式"按钮,弹出"设置单元格格式"对话框,切换到"填充"选项卡,选择一种浅色填充颜色,再切换到"边框"选项卡,设置"上边框"和"下边

图 4.12 条件格式设置

框",单击"确定"按钮,返回"条件格式规则管理器"对话框。在"应用于"文本框中设置数据区域"= $B$3:$H$26",单击"确定"按钮。

(10) 选中 G5:G24 数据区域,单击右键,在弹出的快捷菜单中选择"设置单元格格式"命令,弹出"设置单元格格式"对话框,在"分类"列表框中选择"百分比",将小数位数调整为"3",单击"确定"按钮。按同样的操作方式,将"H5:H24"数据区域设置为"数值",小数位数调整为"2",单击"确定"按钮。

6. 创建复合图表

(1) 在"统计分析"工作表中选中"报考部门""女性人数""男性人数"和"其中:女性所占比例"四列数据,在"插入"选项卡的"图表"组中,单击"柱形图"按钮,在下拉列表中选择"二维柱形图"→"堆积柱形图",则在工作表中插入一个"堆积柱形图"图表。

(2) 选中插入的图表,在"图表工具 – 布局"选项卡的"标签"组中,单击"图表标题"按钮,在下拉列表中选择"图表上方",则图表上方出现一个包含"图表标题"四个字的标题文本框,选中该文本框,在上方的"编辑栏"中输入公式"=统计分析!$B$1",按【Enter】键确认。

(3) 选中图表对象,在"图表工具 – 设计"选项卡的"图表样式"组中,单击"其他"按钮,在下拉列表中选择"样式 26",切换到"图表工具/格式"选项卡,在"当前所选内容"组中,单击上方的组合框,在下拉列表中选择"系列:其中女性所占比例"。然后切换到"图表工具 – 设计"选项卡,在"类型"组中单击"更改图表类型"按钮,弹出"更改图表类型"对话框,选择"折线图"→"带数据标记的折线图",单击"确定"按钮。

(4) 单击选中图表中的"其中:女性所占比例",单击右键,在弹出的快捷菜单中选择"设置数据系列格式",弹出"设置数据系列格式"对话框,在"系列选项"中选择"次坐标轴";单击左侧的"数据标记选项",将右侧的"数据标记类型"设置为"内置","类型"选择"圆点",将"大小"设置为"5";单击左侧的"数据标记填充",将右侧的"数据标记填充"选择为"纯色填充",将"填充颜色"设置为"标准色 – 紫色";单击左侧的"线条颜色",将右侧的"线条颜色"设置为"实线",将"颜色"设置为"标准色 – 绿色";单击左侧的"线型",将右侧的"宽度"设置为"2 磅"。设置完成后,关闭"设置数

据系列格式"对话框。在"图表工具－布局"选项卡的"标签"组中，单击"图例"按钮，在下拉列表中选择"在顶部选择图例"。

（5）在图表中，单击选中左侧坐标轴，单击右键，在弹出的快捷菜单中选择"设置坐标轴格式"，弹出"设置坐标轴格式"对话框，在右侧的坐标轴选项中，设置"最小值"为"固定"，输入数值"0"；设置"最大值"为"固定"，输入数值"350"；设置"主要刻度单位"为"固定"，输入数值"30"。设置完成后，单击"关闭"按钮。

（6）选中右侧坐标轴，单击右键，在弹出的快捷菜单中选择"设置坐标轴格式"，弹出"设置坐标轴格式"对话框，在右侧的坐标轴选项中，设置"最小值"为"固定"，输入数值"0"；设置"最大值"为"固定"，输入数值"0.6"；设置"主要刻度单位"为"固定"，输入数值"0.1"。设置完成后，单击"关闭"按钮。

（7）选中图表对象，在"图表工具－设计"选项卡的"位置"组中，单击"移动图表"按钮，弹出"移动图表"对话框，选择"新工作表"，并在其后的文本框中输入工作表的名称"分析图表"，单击"确定"按钮，完成后的面试人员结构分析图表如图 4.13 所示。

（8）保存，关闭工作簿文件。

图 4.13　面试人员结构分析图表

## 4.8　采购成本分析

### 4.8.1　题目要求

某企业的员工小韩需要使用 Excel 来分析采购成本并进行辅助决策。根据下列要求，帮助她运用已有的数据完成这项工作。

(1) 在考生文件夹下，将"Excel素材.xlsx"文件另存为"Excel.xlsx"（".xlsx"为扩展名）。

(2) 在"成本分析"工作表的单元格区域F3:F15，使用公式计算不同订货量下的年订货成本，公式为"年订货成本=（年需求量/订货量）×单次订货成本"，计算结果应用货币格式并保留整数。

(3) 在"成本分析"工作表的单元格区域G3:G15，使用公式计算不同订货量下的年存储成本，公式为"年存储成本=单位年存储成本×订货量×0.5"，计算结果应用货币格式并保留整数。

(4) 在"成本分析"工作表的单元格区域H3:H15，使用公式计算不同订货量下的年总成本，公式为"年总成本=年订货成本+年储存成本"，计算结果应用货币格式并保留整数。

(5) 为"成本分析"工作表的单元格区域E2:H15套用一种表格格式，并将表名称修改为"成本分析"；根据表"成本分析"中的数据，在单元格区域J2:Q18中创建图表，图表类型为"带平滑线的散点图"，并根据"图表参考效果.png"中的效果设置图表的标题内容、图例位置、网格线样式、垂直轴和水平轴的最大最小值及刻度单位和刻度线。

(6) 将工作表"经济订货批量分析"的B2:B5单元格区域的内容分为两行显示并居中对齐（保持字号不变），如文档"换行样式.png"所示，括号中的内容（含括号）显示于第2行，然后适当调整B列的列宽。

(7) 在工作表"经济订货批量分析"的C5单元格计算经济订货批量的值，将计算结果保留整数。公式：

$$经济订货批量 = \sqrt{\frac{2 \times 年需求量 \times 单次订货成本}{单位年储货成本}}$$

(8) 在工作表"经济订货批量分析"的单元格区域B7:M27创建模拟运算表，模拟不同的年需求量和单位年储存成本所对应的不同经济订货批量；其中C7:M7为年需求量可能的变化值，B8:B27为单位年储存成本可能的变化值，模拟运算的结果保留整数。

(9) 对工作表"经济订货批量分析"的单元格区域C8:M27应用条件格式，将所有小于等于750且大于等于650的值所在单元格的底纹设置为红色，字体颜色设置为"白色，背景1"。

(10) 在工作表"经济订货批量分析"中，将数据单元格区域C2:C4作为可变单元格，按照表4.4所示的方案表要求创建方案（最终显示的方案为"需求持平"）。

表4.4 方案表

| 方案名称 | 单元格C2 | 单元格C3 | 单元格C4 |
|---|---|---|---|
| 需求下降 | 10 000 | 600 | 35 |
| 需求持平 | 15 000 | 500 | 30 |
| 需求上升 | 20 000 | 450 | 27 |

(11) 在工作表"经济订货批量分析"中，为单元格C2:C5按照表4.5所示的名称要求来定义名称。

表 4.5 名称要求

| 单元格 | 名称 |
|---|---|
| C2 | 年需求量 |
| C3 | 单次订货成本 |
| C4 | 单位年储存成本 |
| C5 | 经济订货批量 |

（12）在工作表"经济订货批量分析"中，以 C5 单元格为结果单元格创建方案摘要，并将新生成的"方案摘要"工作表置于工作表"经济订货批量分析"右侧。

（13）在"方案摘要"工作表中，将单元格区域 B2:G10 设置为打印区域，将纸张方向设置为横向，将缩放比例设置为正常尺寸的 200%，打印内容在页面中水平和垂直方向都居中对齐，在页眉中间添加文字"不同方案比较分析"，并将页眉到上边距的距离值设置为 3。

## 4.8.2 操作步骤

1. 建立文件

打开考生文件夹下"Excel 素材.xlsx"，另存为"Excel.xlsx"，保存在考生文件夹下。

2. 填充年订货成本

（1）选中"成本分析"工作表中的 F3 单元格，输入公式"=（\$C\$2/E3）\*\$C\$3"，按【Enter】键确认输入，双击该单元格右下角的填充柄，填充到 F15 单元格。

（2）选中 F3:F15 单元格区域，单击右键，在弹出的快捷菜单中选择"设置单元格格式"，弹出"设置单元格格式"对话框，在"数字"选项卡的"分类"列表框中，选择"货币"，将小数位数设置为"0"，单击"确定"按钮。

3. 填充年存储成本

（1）单击选中"成本分析"工作表中的 G3 单元格，输入公式"=\$C\$4\*E3\*0.5"，按【Enter】键确认输入，双击该单元格右下角的填充柄，填充到 G15 单元格。

（2）选中 G3:G15 单元格区域，单击右键，在弹出的快捷菜单中选择"设置单元格格式"，弹出"设置单元格格式"对话框，在"数字"选项卡的"分类"列表框中，选择"货币"，将小数位数设置为"0"，单击"确定"按钮。

4. 填充年总成本

（1）单击选中"成本分析"工作表中的 H3 单元格，输入公式"=F3+G3"，按【Enter】键确认输入，双击该单元格右下角的填充柄，填充到 H15 单元格。

（2）选中 H3:H15 单元格区域，单击右键，在弹出的快捷菜单中选择"设置单元格格式"，弹出"设置单元格格式"对话框，在"数字"选项卡的"分类"列表框中，选择"货币"，将小数位数设置为"0"，单击"确定"按钮。

### 5. 套用表格样式并创建图表

（1）选中"成本分析"工作表的 E2:H15 单元格区域，在"开始"选项卡的"样式"组中，单击"套用表格样式"按钮，在下拉列表中选择一种表格样式，弹出"套用表格样式"对话框，采用默认设置，单击"确定"按钮。

（2）在"表格工具－设计"选项卡的"属性"组中，将表名称修改为"成本分析"。

（3）参考考生文件夹下的"图表参考效果.png"，选中数据区域 E2:H15，在"插入"选项卡的"图表"组中，单击"散点图"按钮，在下拉列表中选择"带平滑线的散点图"。将图表对象移动到 J2:Q18 区域，适当调整图表对象的大小。

（4）选中插入的图表对象，在"图表工具－设计"选项卡的"标签"组中，单击"图表标题"按钮，在下拉列表中选择"图表上方"，在文本框中输入图表标题"采购成本分析"。

（5）单击"标签"组中的"图例"按钮，在下拉列表中选择"在底部显示图例"。

（6）单击"坐标轴"组中的"网格线"按钮，在下拉列表中选择"主要横网格线"→"其他主要横网格线选项"，弹出"设置主要网格线格式"对话框，选择左侧的"线型"，单击右侧的"短划线类型"下拉按钮，选择"短划线"，单击"关闭"按钮。

（7）选中左侧的"垂直坐标轴"，单击右键，在弹出的快捷菜单中选择"设置坐标轴格式"，弹出"设置坐标轴格式"对话框，在"坐标轴选项"中将"主要刻度单位"修改为"固定""900"，将下方的"主要刻度线类型"设置为"无"，其他采用默认设置，单击"关闭"按钮。

（8）选中底部的"水平坐标轴"，单击右键，在弹出的快捷菜单中选择"设置坐标轴格式"，弹出"设置坐标轴格式"对话框，在"坐标轴选项"中将"最小值"修改为"固定""200"，将最大值修改为"固定""1 400"，将主要刻度单位修改为"固定""300"，将下方的"主要刻度线类型"设置为"无"，其他采用默认设置，单击"关闭"按钮。

### 6. 调整单元格中文本设置对齐方式

（1）参考"换行样式.png"，选中"经济订货批量分析"工作表中的 B2 单元格，将光标置于"（单位：个）"前，使用【Alt＋Enter】组合键（手动换行）进行换行。按照同样的方法，对 B3、B4、B5 单元格进行换行操作。

（2）选中 B2:B5 数据区域，在"开始"选项卡的"对齐方式"组中，单击"居中"按钮，选中 B 列，在"开始"选项卡的"单元格"组中，单击"格式"按钮，在下拉列表中选择"自动调整列宽"。

### 7. 计算经济订货批量

选中 C5 单元格，输入公式"＝SQRT（2＊C2＊C3/C4）"，单击右键，在弹出的快捷菜单中选择"设置单元格格式"，弹出"设置单元格格式"对话框，选择"数值"，保留"0"位小数，单击"确定"按钮。

### 8. 创建模拟运算表

（1）在"经济订货批量分析"工作表中，选中 B7 单元格，输入公式"＝SQRT（2＊C2＊

C3/C4)",将数字格式设置为"数值",保留0位小数。

(2)选中数据区域B7:M27,在"数据"选项卡的"数据工具"组中,单击"模拟分析"按钮,在下拉列表中选择"模拟运算表",弹出"模拟运算表"对话框,如图4.14所示进行设置,单击"确定"按钮。

(3)选中C8:M27数据区域,单击右键,在弹出的快捷菜单中选择"设置单元格格式",弹出"设置单元格格式"对话框,将数字格式设置为数值,保留0位小数,单击"确定"按钮。

图4.14 "模拟运算表"对话框

9. 设置条件格式

(1)选中"经济订货批量分析"工作表中的C8:M27数据区域,在"开始"选项卡的"样式"组中,单击"条件格式"按钮,在下拉列表中选择"突出显示单元格规则/介于"命令,弹出"介于"对话框,在下方的单元格中输入"650"和750,如图4.15所示。

图4.15 条件格式设置

(2)单击"设置为"右侧的下拉按钮,在下拉列表中选择"自定义格式",弹出"设置单元格格式"对话框,切换到"字体"选项卡,将字体颜色选择为"白色,背景1";切换到"填充"选项卡,将背景色设置为"标准色-红色";单击"确定"按钮,关闭所有对话框。

10. 创建方案

(1)在"经济订货批量分析"工作表中,在"数据"选项卡的"数据工具"组中,单击"模拟分析"按钮,在下拉列表中选择"方案管理器",弹出"方案管理器"对话框,单击"添加"按钮,弹出"添加方案"对话框,输入第1个方案名称"需求下降",在"可变单元格"中输入"C2:C4",单击"确定"按钮,弹出"方案变量值"对话框,按图4.16所示进行设置,单击"确定"按钮。

(2)按(1)进行操作,单击"添加"按钮,弹出"添加方案"对话框,输入第2个方案名称"需求持平",将"可变单元格"采用默认的"C2:C4",单击"确定"按钮,继续弹出"方案变量值"对话框,仿照图4.17进行设置。

图4.16 方案管理器1

图4.17 方案管理器2

(3)按(1)进行操作,单击"添加"按钮,弹出"添加方案"对话框,输入第3个方案名称"需求上升",将"可变单元格"采用默认的"C2:C4",单击"确定"按钮,继续弹出"方案变量值"对话框,如图4.18所示进行设置。

图4.18 方案管理器3

(4)单击"确定"按钮,返回"方案管理器"对话框,选中"方案"列表框中的"需求持平"方案,单击"显示"按钮,最后单击"关闭"按钮,关闭对话框窗口。

11. 按要求定义名称

(1)在"经济订货批量分析"工作表中,选中C2单元格,在"名称框"中输入"年需求量",按【Enter】键确认输入。

(2)选中C3单元格,在"名称框"中输入"单次订货成本",按【Enter】键确认输入。

(3)选中C4单元格,在"名称框"中输入"单位年储存成本",按【Enter】键确认输入。

(4)选中C25单元格,在"名称框"中输入"经济订货批量",按【Enter】键确认输入。

12. 创建方案摘要

(1)在"经济订货批量分析"工作表中,选中C5单元格,在"数据"选项卡的"数据工具"组中,单击"模拟分析"按钮,在下拉列表中选择"方案管理器"命令,弹出"方案管理器"对话框,单击"摘要"按钮,弹出"方案摘要"对话框,采用默认设置,单击"确定"按钮。

(2)将新生成的"方案摘要"工作表移动到"经济订货批量分析"工作表右侧。

13. 设置打印

(1)在"方案摘要"工作表中,选中数据区域B2:G10,在"页面布局"选项卡的"页面设置"组中,单击"打印区域"按钮,在下拉列表中选择"设置打印区域"。

(2)在"页面设置"组中,单击"纸张方向"按钮,在下拉列表中选择"横向"。

(3)在"调整为合适大小"组中,将"缩放比例"调整为"200%"。

(4)单击"页面设置"组右下角的对话框启动器按钮,弹出"页面设置"对话框,切换到"页边距"选项卡,勾选"居中方式"的"水平"和"垂直"复选框。

(5)切换到"页眉/页脚"选项卡,单击"自定义页眉"按钮,弹出"页眉"设置对话框,在中间文本框中输入"不同方案比较分析"。单击"确定"按钮,返回"页眉/页脚"选项卡。

(6)切换到"页边距"选项卡,在"页眉"文本框中输入"3",单击"确定"按钮。

(7)单击"保存"按钮,关闭所有文档。

# 4.9 统考成绩汇总

## 4.9.1 题目要求

滨海市对重点中学组织了一次物理统考,并生成了所有考生和每一道题的得分。市教委要求小罗老师根据已有数据,统计分析各学校及班级的考试情况。具体要求如下:

(1) 在考生文件夹下,将"Excel 素材.xlsx"另存为"Excel.xlsx"文件(".xlsx"为扩展名)。

(2) 利用"成绩单""小分统计"和"分值表"工作表中的数据,完成"按班级汇总"和"按学校汇总"工作表中相应空白列的数值计算。具体提示如下:

① "考试学生数"列必须利用公式计算,"平均分"列由"成绩单"工作表数据计算得出。

② "分值表"工作表中给出了本次考试各题的类型及分值。(备注:本次考试一共50道小题,其中1~40为客观题,41~50为主观题。)

③ "小分统计"工作表中包含了各班级每一道小题的平均得分,通过其可计算出各班级的"客观题平均分"和"主观题平均分"。(备注:由于系统生成每题平均得分时已经进行了四舍五入操作,因此通过其计算"客观题平均分"和"主观题平均分"之和时,可能与根据"成绩单"工作表的计算结果存在一定误差。)

④利用公式计算"按学校汇总"工作表中的"客观题平均分"和"主观题平均分"。计算方法:每个学校的所有班级相应平均分乘以对应班级人数,相加后再除以该校的总考生数。

⑤计算"按学校汇总"工作表中的每题得分率,即每个学校所有学生在该题的得分之和除以该校总考生数,再除以该题的分值。

⑥所有工作表中的"考试学生数""最高分""最低分"显示为整数;各类平均分显示为数值格式,并保留2位小数;各题得分率显示为百分比数据格式,并保留2位小数。

(3) 新建"按学校汇总-2"工作表,将"按学校汇总"工作表中的所有单元格数值转置,然后复制到新工作表。

(4) 将"按学校汇总-2"工作表中的内容套用表格样式为"表样式中等深浅12";将得分率低于80%的单元格标记为"浅红填充色深红色文本"格式,将介于80%和90%之间的单元格标记为"黄填充色深黄色文本"格式。

## 4.9.2 操作步骤

1. 建立文件

打开考生文件夹下"Excel 素材.xlsx",另存为"Excel.xlsx"。

## 2. 填充工作表中各列数据

（1）切换到"按班级汇总"工作表中，在 C2 单元格里输入"= COUNTIFS（成绩单！$A$1：$A$950，A2，成绩单！$B$1：$B$950，B2）"，按【Enter】键完成输入。

（2）在 D2 单元格里输入"= MAX（（成绩单！$A$2：$A$950 = 按班级汇总！A2）*（成绩单！$B$2：$B$950 = 按班级汇总！B2）* 成绩单！$D$2：$D$950）"，按【Ctrl + Shift + Enter】组合键完成输入，双击右下角的填充柄，即可填充数据。

（3）在 E2 单元格里输入"= MIN（IF（（成绩单！$A$2：$A$950 = 按班级汇总！A2）*（成绩单！$B$2：$B$950 = 按班级汇总！B2），成绩单！$D$2：$D$950））"，按【Ctrl + Shift + Enter】组合键，完成输入。

（4）在 F2 单元格里输入"= AVERAGEIFS（成绩单！$D$2：$D$950，成绩单！$A$2：$A$950，A2，成绩单！$B$2：$B$950，B2）"，按【Enter】键完成输入。

（5）在 G2 单元格里输入"= SUM（小分统计！$C2：$AP2）"，按【Enter】键完成输入，双击右下角的填充柄，填充数据。

（6）在 H2 单元格里输入"= SUM（小分统计！$AQ2：$AZ2）"，按【Enter】键完成输入，双击右下角的填充柄，填充数据。

（7）选择 C、D、E 列，单击右键，在弹出的快捷菜单中选择"设置单元格格式"选项，弹出"设置单元格格式"对话框中，在数字选项卡的"分类"列表中选择"数值"选项，将"小数位数"设置为"0"，设置完成后，单击"确定"按钮。按同样的方式，将 F、G、H 列的"小数位数"设置为"2"。

（8）切换到"按学校汇总"工作表中，在 B2 单元格中输入"= COUNTIF（成绩单！$A$2：$A$950，按学校汇总！A2）"，按【Enter】键完成输入，双击右下角的填充柄，填充数据。

（9）在 C2 单元格中输入"= MAX（（成绩单！$A$2：$A$950 = 按学校汇总！A2）* 成绩单！$D$2：$D$950）"，按【Ctrl + Shift + Enter】组合键完成输入，双击右下角的填充柄，填充数据。

在 D2 单元格中输入"= MIN（IF（成绩单！$A$2：$A$950 = 按学校汇总！A2，成绩单！$D$2：$D$950））"，按【Ctrl + Shift + Enter】组合键完成输入，双击右下角的填充柄，填充数据。

在 E2 单元格中输入"= AVERAGEIFS（成绩单！$D$2：$D$950，成绩单！$A$2：$A$950，A2）"，按【Enter】键完成输入，双击右下角的填充柄，填充数据。

（10）在 F2 单元格中输入"= SUM（（按班级汇总！$A$2：$A$33 = 按学校汇总！A2）*（按班级汇总！$C$2：$C$33）*（按班级汇总！$G$2：$G$33））/按学校汇总！B2"，按【Ctrl + Shift + Enter】组合键完成输入，双击右下角的填充柄，填充数据。

（11）在 H2 单元格中输入"= SUM（（小分统计！$A$2：$A$33 = 按学校汇总！$A2）* 小分统计！$C$2：$C$33 * 按班级汇总！$C$2：$C$33）/按学校汇总！$B2/分值表！B$3"，按【Ctrl + Shift + Enter】组合键完成输入，拖动填充柄，横向填充到 BE2 单元格，然后从 BE2 单元格，拖动填充柄，纵向填充到 BE5 单元格。

（12）选择 C、D、E 列，单击右键，在弹出的快捷菜单中选择"设置单元格格式"选项，弹出"设置单元格格式"对话框中，在"数字"选项卡的"分类"列表中选择"数值"选项，将"小数位数"设置为"0"，设置完成后，单击"确定"按钮。按同样的方式，将 E、F、G 列的"小数位数"设置为"2"。

### 3. 建立转置的工作表

（1）新建一个工作表，改名为"按学校汇总 2"。

（2）选择"按学校汇总"工作表中的单元格区域 A1:BE5，在"开始"选项卡的"剪贴板"组中，单击"复制"按钮。切换到"按学校汇总 2"工作表中，选择 A1 单元格，选择"粘贴"下拉列表中的"选择性粘贴"命令，在弹出的"选择性粘贴"对话框中，选中"粘贴"组中的"数值"单选框，并勾选下方的"转置"复选框，单击"确定"按钮。

### 4. 套用表格样式，并设置条件格式

（1）选择"按学校汇总 2"的所有数据 A1:E57，在"开始"选项卡的"样式"组中，单击"套用表格格式"下拉按钮，在下拉列表中选择"表样式中等深浅 12"。

（2）选择得分率数据 A8:E57，在"样式"组中选择"条件格式"→"突出显示单元格规则"→"小于"，在"数值"输入"80%"，设置为题目要求的格式"浅红色填充深红色文本"；然后，选择"条件格式"→"突出显示单元格规则"→"介于"，在数值处输入"80%"和"90%"，设置为题目要求的格式"黄填充色深黄色文本"。

## 4.10 销售情况分析

### 4.10.1 题目要求

文涵是大地公司的销售部助理，负责对全公司的销售情况进行统计分析，并将结果提交给销售部经理。年底，她根据各门店提交的销售报表进行统计分析。

（1）在考生文件夹下，将"Excel 素材.xlsx"文件另存为"Excel.xlsx"（".xlsx"为扩展名）。

（2）将"Sheet1"工作表命名为"销售情况"，将"Sheet2"命名为"平均单价"。

（3）在"店铺"列左侧插入一个空列，输入列标题为"序号"，并以 001、002、003、…的方式向下填充该列到最后一个数据行。

（4）将工作表标题跨列合并后，居中并适当调整其字体、加大字号，改变字体颜色。适当加大数据表行高和列宽，设置对齐方式及销售额数据列的数值格式（保留 2 位小数），并为数据区域增加边框线。

（5）将工作表"平均单价"中的区域 B3:C7 定义名称为"商品均价"，运用公式计算工作表"销售情况"中 F 列的销售额，要求在公式中通过 VLOOKUP 函数自动在工作表

"平均单价"中查找相关商品的单价,并在公式中引用所定义的名称"商品均价"。

(6)为工作表"销售情况"中的销售数据创建一个数据透视表,放置在一个名为"数据透视分析"的新工作表中,要求针对各类商品比较各门店每个季度的销售额。其中:商品名称为报表筛选字段,店铺为行标签、季度为列标签,并对销售额求和。最后,对数据透视表进行格式设置,使其更加美观。

(7)根据生成的数据透视表,在透视表下方创建一个簇状柱形图,图表中仅对各门店在四个季度的笔记本销售额进行比较。

### 4.10.2 操作步骤

1. 建立文件

(1)打开考生文件夹下"Excel 素材.xlsx",另存为"Excel.xlsx"。

(2)双击"Sheet1"工作表名,待"Sheet1"呈选中状态后,输入"销售情况"即可。按照同样的方式,将"Sheet2"命名为"平均单价"。

2. 填充文本型数据

(1)选中"店铺"所在的列,单击右键,在弹出的快捷菜单中选择"插入"选项。工作表中随即出现新插入的一列。

(2)双击 A3 单元格,输入"序号"。在 A4 单元格中输入"001",然后将光标移至 A4 右下角的填充柄处,按住【Ctrl】键的同时拖动填充柄向下填充该列,直到最后一个数据行。

3. 设置单元格格式

(1)选中 A1:F1 单元格,单击右键,在弹出的快捷菜单中选择"设置单元格格式"命令,弹出"设置单元格格式"对话框,在"对齐"选项卡下的"文本控制"组中,勾选"合并单元格"复选框;在"文本对齐方式"组的"水平对齐"选项下选择"居中",单击"确定"按钮;按照同样的方式,打开"设置单元格格式"对话框,切换至"字体"选项卡,在"字体"下拉列表中选择"黑体";在"字号"下拉列表中选择"14";在"颜色"下拉列表中选择"深蓝,文字 2,深色 50%",单击"确定"按钮。

(2)选中 A1:F83 单元格,在"开始"选项卡的"单元格"组中,单击"格式"下拉列表,选择"行高"命令,在对话框中输入"20",输入完毕后,单击"确定"按钮。按照同样的方式,选择"列宽"命令,输入"12",单击"确定"按钮。

(3)选中数据表,在"开始"选项卡的"对齐方式"组中,选择"居中"对齐方式。

(4)选中数据区域,单击右键,在弹出的快捷菜单中选择"设置单元格格式"命令,弹出"设置单元格格式"对话框,切换至"边框"选项卡,在"预置"组中选中"外边框",在"线条"组的"样式"下选择一种线条样式,单击"确定"按钮。

(5)选中"销售额"数据列,单击右键,在弹出的下拉列表中选择"设置单元格格式"命令,弹出"设置单元格格式"对话框,切换至"数字"选项卡,在"分类"下拉列表中选择"数值",在右侧的"示例"中输入"2"。设置完毕后,单击"确定"按钮。

4. 定义名称并填充数据

(1) 选中 B3:C7 区域,单击右键,在弹出的快捷菜单中选择"定义名称"命令,打开"新建名称"对话框,在"名称"中输入"商品均价"后,单击"确定"按钮。

(2) 根据题意,在"销售情况"表中选中"销售额"列,单击右键,在弹出的列表中选择"插入"选项,即可在左侧插入一列。在 F3 单元格中输入标题"平均单价"。

(3) 在 F4 单元格中输入"= VLOOKUP(D4,商品均价,2,FALSE)",然后按【Enter】键完成输入。

(4) 根据销售量以及平均单价计算销售额。在 G4 单元格中输入"= E4 * F4",拖动 G4 右下角的填充柄,直至最下一行数据,完成销售额的填充。

5. 创建数据透视表

(1) 选中数据区域,在"插入"选项卡的"表格"组中,单击"数据透视表"按钮,打开"创建数据透视表"对话框,在"选择一个表或区域"项下的"表/区域"框中显示当前已选择的数据源区域。

(2) 指定数据透视表存放的位置。选中"新工作表",单击"确定"按钮,将工作表重命名为"数据透视分析"。

(3) 将光标放置于"商品名称"上,将其拖动到"报表筛选"中,即可将"商品名称"作为报表筛选字段。按照同样的方式,拖动"店铺"到"行标签"中,拖动"季度"到"列标签"中,拖动"销售额"至"数值"中。

(4) 对数据透视表进行适当的格式设置。在"开始"选项卡的"样式"组中,单击"套用表格格式"按钮,在弹出的下拉列表中选择一种合适的样式,如"中等深浅"→"数据透视表样式中等深浅 2"。

6. 创建数据透视图

(1) 单击数据透视表区域中的任意单元格,然后在"数据透视表工具"的"选项"选项卡下,单击"工具"组中的"数据透视图"按钮,打开"插入图表"对话框。

(2) 选择"簇状柱形图",单击"确定"按钮后,弹出簇状柱形图,在"数据透视图"中单击"商品名称"右侧下拉列表,选择"笔记本",单击"确定"按钮后,即可只显示各门店在四个季度的笔记本销售情况。

(3) 单击"保存"按钮,保存文件。

# 第 5 章 演示文稿软件 PowerPoint 2010

## 5.1 演示文稿启动与工作界面

### 5.1.1 PowerPoint 2010 的启动

Microsoft PowerPoint 2010 的常用启动方法有以下两种：

(1) 单击"开始"→"程序"→"Microsoft Office"→"Microsoft PowerPoint 2010"，如图 5.1 所示。

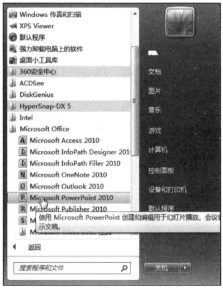

图 5.1 "开始"菜单中的 PowerPoint 2010

(2)双击桌面上的"Microsoft PowerPoint 2010"快捷方式图标。

**想一想:**

(1)仿照 Word 或 Excel,可采用哪些方法退出 PowerPoint 2010?

(2)有时,退出 PowerPoint 2010 之前会出现如图 5.2 所示的对话框,该对话框上的 3 个按钮有什么用途?

图 5.2　退出 PowerPoint 2010 时的对话框

## 5.1.2　PowerPoint 2010 界面

PowerPoint 2010 提供了全新的工作界面,窗口界面如图 5.3 所示。

图 5.3　PowerPoint 2010 界面

设置一个适合自己的工作环境,不仅操作方便而且节省时间,一般可单击"文件"菜单中的"选项"命令,弹出"PowerPoint 选项"对话框,通过在该对话框进行合理设置来达到理想的效果,如图 5.4 所示。

**想一想:**

(1)怎样对 PowerPoint 文稿进行加密设置和共享设置?

(2)怎样设置演示文稿编辑过程中的自动保存时间?

(3)怎样设置演示文稿所保存的位置?

(4) 怎样设置作者信息?

图 5.4　PowerPoint 2010 选项设置对话框

## 5.2　演示文稿的常规操作

### 5.2.1　演示文稿的建立与保存

演示文稿由一张或数张相互关联的幻灯片组成。创建演示文稿涉及的内容包括：基础设计入门；添加新幻灯片和内容；选取版式；通过更改配色方案或应用不同的设计模板修改幻灯片设计；设置动态效果；播放。

单击"文件"菜单的"新建"命令，将显示 PowerPoint 2010 提供的一系列创建演示文稿的方法。包括：

● 空白演示文稿：从具备最少的设计且未应用颜色的幻灯片开始。

● 样本模板：在已经书写和设计过的演示文稿基础上创建演示文稿。使用此命令创建现有演示文稿的副本，以对新演示文稿进行设计（或内容）更改。

● 主题：在已经具备设计概念、字体和颜色方案的 PowerPoint 模板基础上创建演示文稿（还可使用自己创建的模板）。

● 网站上的模板：使用网站上的模板创建演示文稿。

● Office.com 模板：在 Microsoft Office 模板库中，从其他 PowerPoint 模板中选择。这些模板是根据演示类型排列的。

单击"文件"菜单的"另存为"(或"保存")命令,可保存演示文稿文件。在"另存为"对话框中,可选择演示文稿文件要保存的磁盘、目录(文件夹)和文件名。文件系统默认演示文稿文件的扩展名为.ppt。

通常,对幻灯片有选择、插入、删除、复制、移动等操作。

1)选择

单击某张幻灯片,则选中该幻灯片;若要选择多张幻灯片,则按住【Shift】键后单击要选择的幻灯片;在"开始"选项卡的"编辑"组中单击"全选"按钮(或使用【Ctrl+A】组合键),可选中所有幻灯片。

2)插入

在当前幻灯片后插入新幻灯片的操作方法有两种:在"普通视图"下,将光标定在界面左侧的窗格,按【Enter】键;在"开始"选项卡下,单击"新建幻灯片"命令(或使用【Ctrl+M】组合键)。

3)删除

选中幻灯片后,按【Delete】键或者使用右键快捷菜单中的"删除幻灯片"命令,可删除幻灯片。

4)移动

用鼠标拖动或使用"复制""粘贴"命令,可进行幻灯片的移动。

**想一想:**

(1)将 PowerPoint 对幻灯片的选择、插入、删除、复制、移动等操作与 Word 和 Excel 进行比较。

(2)PowerPoint 的"另存为"与 Word、Excel 中的"另存为"意义相同吗?

## 5.2.2　演示文稿的视图

PowerPoint 2010 有四种主要视图:普通视图、幻灯片浏览视图、幻灯片放映视图和阅读视图。在工作窗口的右下角有这 4 种幻灯片视图的图标按钮,用户可单击切换。用户可以从这些主要视图中选择一种视图作为 PowerPoint 的默认视图,如图 5.5 所示。

图 5.5　演示文稿视图

● 普通视图:主要的编辑视图,提供各项操作,常用于撰写或设计演示文稿。该视图有三个工作区域:左侧是幻灯片文本大纲("大纲"选项卡)和幻灯片缩略图("幻灯片"选项卡)之间切换的选项卡;右侧为幻灯片窗格,以大视图显示当前幻灯片;底部为备注窗格。

• 幻灯片浏览视图：以缩略图形式显示幻灯片的视图，常用于对演示文稿中各张幻灯片进行移动、复制、删除等各项操作。

• 幻灯片放映视图：占据整个计算机屏幕，就像对演示文稿在真正进行幻灯片放映。在这种全屏幕视图中所看到的演示文稿就是将来观众所看到的，可以看到图形、时间、影片、动画元素以及将在实际放映中看到的切换效果。

• 阅读视图：占据整个计算机屏幕，进入演示文稿的真正放映状态，可供观众以阅读方式浏览整个演示文稿的播放。

### 5.2.3 新建演示文稿

创建演示文稿的方法有很多，在此介绍常见的"样本模板""主题""空演示文稿"三种创建方式。"样本模板""主题"这些模板带有预先设计好的标题、注释、文稿格式和背景颜色等。用户可以根据演示文稿的需要，选择合适的模板。

1. 通过"样本模板"新建演示文稿

"样本模板"能为各种不同类型的演示文稿提供模板和设计理念。在如图5.6所示的对话框中，系统提供了9种样本模板："PowerPoint 2010 简介""都市相册""古典相册""宽屏演示文稿""培训"等。单击某种演示文稿类型，在右侧的列表框中将出现该类型的典型模式，用户可以根据需要选择其中的一种模式。

图5.6　样本模板

单击某样本模板按钮，即可完成演示文稿的创建工作。新创建的演示文稿窗口如图5.7所示。可以看到，文稿、图形甚至背景等对象都已经形成，用户仅需要做一些修改和补充即可。

演示文稿软件PowerPoint 2010 第5章

图 5.7  新建的演示文稿窗口

## 2. 通过"主题"新建演示文稿

样本模板演示文稿注重内容本身，而主题模板侧重于外观风格设计。如图 5.8 所示，系统提供了"暗香扑面""奥斯汀""跋涉"等 30 多种风格样式的模板，对幻灯片的背景样式、颜色、文字效果进行了各种搭配设置。单击某种模板，即可创建该风格样式的演示文稿，如图 5.9 所示。

图 5.8  主题模板

图 5.9 "角度"风格主题模板

3. 新建空白演示文稿

在工作窗口右边的"可用模板和主题"选项中单击"空演示文稿"选项,将出现如图 5.10 所示的演示文稿,这是一个系统默认固定格式和没有任何图文的空白演示文稿。空白幻灯片上有一些虚线框,称为对象的占位符。双击右边占位符,可以添加图像;单击左边占位符,可以添加文字等。

图 5.10 空演示文稿

用户可以选用版式来调整幻灯片中内容的排列方式，也可使用模板简便快捷地统一整个演示文稿的风格。版式是幻灯片内容在幻灯片上的排列方式，不同的版式中占位符的位置与排列的方式也不同。

用户可以选择需要的版式并运用到相应的幻灯片中。操作方法：选择幻灯片版式，打开一个文件，在"开始"选项卡下单击"版式"按钮，在展开的库中显示了多种版式，选择"两栏内容"选项，如图 5.11 所示。

图 5.11　幻灯片版式

## 5.2.4　打开已有的演示文稿

在 PowerPoint 2010 中，选择"文件"→"打开"选项，或按【Ctrl + O】组合键，都会弹出"打开"对话框。在"查找范围"中选择要打开的文件存放的位置，窗口中会显示该位置上存放的所有文件的文件，选择要打开的文件，单击"打开"按钮即可。

## 5.2.5　关闭和保存演示文稿

**1. 关闭演示文稿**

PowerPoint 允许用户同时打开并操作多个演示文稿，所以关闭文稿可分为关闭当前演示文稿和同时关闭所有演示文稿。

（1）关闭当前演示文稿：单击菜单栏上的 ⊠ 按钮或选择"文件"→"关闭"选项。

（2）关闭所有演示文稿并退出 PowerPoint：单击标题栏上的 ⊠ 按钮或选择"文件"→"退出"选项。

2. 保存演示文稿

PowerPoint 有两种方式保存演示文稿。

（1）选择"文件"→"保存"选项。如果文稿是第一次保存，就会出现"另存为"对话框。这与 Word 2010 一致。在对话框中选择文稿的保存位置，然后输入文件名，单击"确定"按钮即可。

（2）按【Ctrl+S】组合键。

### 5.2.6 演示文稿的放映

制作好演示文稿后，下一步就是放映。放映是设计效果的展示。在幻灯片放映前，可以根据使用者的不同，通过设置放映方式来满足各自的需要。

1. 设置放映方式

在"幻灯片放映"选项卡单击"设置幻灯片放映"按钮，弹出"设置放映方式"对话框，如图 5.12 所示。

图 5.12 "设置放映方式"对话框

1）放映方式

在对话框的"放映类型"选项组中，三个单选项决定了放映的三种方式：

• 演讲者放映：以全屏幕形式显示。演讲者可以通过按【PgUp】、【PgDn】键来显示上一张或下一张幻灯片，也可右键单击幻灯片，从弹出的快捷菜单中选择幻灯片放映或用绘图笔进行勾画，就像拿笔在纸上写画一样直观。

• 观众自行浏览：以窗口形式显示，可以利用滚动条或"浏览"菜单显示所需的幻灯片，还可以通过"文件"→"打印"命令打印幻灯片。

• 在展台浏览：以全屏形式在展台上做演示用。在放映过程中，除了保留鼠标指针用于选择屏幕对象外，其余功能全部失效（若要中止，则按【Esc】键）。

2）放映范围

"放映幻灯片"选项组提供了幻灯片放映的范围有三种：全部、部分、自定义放映。其中，"自定义放映"是通过"幻灯片放映"选项卡的"自定义幻灯片放映"→"自定义幻灯片放映"命令，逻辑地将演示文稿中的某些幻灯片以某种顺序排列，并以一个自定义放映名称命名，然后在下拉框中选择自定义放映的幻灯片名称，则仅放映该组幻灯片。

3) 换片方式

"换片方式"选项组提供供用户选择换片方式是手动还是自动换片。PowerPoint 2010 提供了三种放映方式供用户选择：

- 循环放映，按 Esc 终止：当最后一张幻灯片放映结束时，自动转到第一张幻灯片进行再次放映。
- 放映时不加旁白：在播放幻灯片的进程中不加任何旁白。如果要录制旁白，则可以利用"幻灯片放映"→"录制旁白"选项。
- 放映时不加动画：若该项选中，则放映幻灯片时，原来设定的动画效果将不起作用。如果取消选择"放映时不加动画"，动画效果将起作用。

提示：

幻灯片内对象的放映速度和幻灯片间的切换速度通过"自定义动画"和"幻灯片切换"命令设置，也可以通过"排练计时"命令设置。

2. 执行幻灯片演示

按功能键【F5】，从第一张幻灯片开始放映（效果同选择"幻灯片放映"→"观看放映"命令），按【Shift + F5】组合键，从当前幻灯片开始放映。在演示过程中，单击屏幕左下角的图标按钮，或使用右键快捷菜单，或使用光标移动键（→，↓，←，↑），均可实现幻灯片的选择放映。

## 5.3 幻灯片对象与母版

在幻灯片中插入艺术字、图片、图形、按钮、视频、超级链接等元素，并对它们进行合理编辑和格式设置，能使幻灯片美观漂亮。

### 5.3.1 幻灯片中对象插入

1. 文本输入与编辑

PowerPoint 2010 中的文本有标题文本、项目列表和纯文本三种类型。其中，项目列表常用于列出纲要、要点等，每项内容前可以有一个可选的符号作为标记。文本内容通常在"大纲"或"幻灯片"模式下输入。

1) 在大纲模式下输入文本

在大纲模式下，第 1 张幻灯片默认为"标题幻灯片"，其余幻灯片采用"标题与项目列表"版式。

（1）输入标题。将插入点移至幻灯片的序号及图标之后的适当位置，输入标题，按【Enter】键后，进入下一标题的输入。

（2）各级标题的切换。选择大纲模式左列工具栏中的左（右）箭头，就可以使当前标题进入上（下）一级标题。

2）在幻灯片模式下输入文本

单击幻灯片的文本框区域，框的各边角上有8个小方块（尺寸控点），此时即可在该文本框中输入文本内容。

2. 对象及操作

对象是幻灯片中的基本组成部分，是设置动态效果的基本元素。幻灯片中的对象被分为文本对象（标题、项目列表、文字批注等）、可视化对象（图片、剪贴画、图表、艺术字等）和多媒体对象（视频、声音、Flash动画等）三类，各种对象的操作一般都是在幻灯片视图下进行，操作方法也基本相同。

1）对象的选择与取消

单击对象，可实现对象单选；按【Shift】键单击对象，可实现对象连选。对象被选中后，四周形成一个方框，方框上有8个控点，用于对对象进行缩放。被选择的对象在进行操作时，被看作一个整体。若要取消选择，只需在被选择对象外单击鼠标。

2）对象插入

在幻灯片上添加一个或多个对象，可使幻灯片的内容丰富多彩。这些对象可以是文本框、图形、图片、艺术字、组织结构图、Word表格、Excel图表、音频、视频等。这些对象（除了声音和影片外）都有其共性，如缩放、移动、加框、置色、版式等。这些对象均从"插入"选项卡插入，对它们的操作方法与Word相似，如图5.13、图5.14所示。

图5.13　插入图片示例

演示文稿软件PowerPoint 2010 第5章

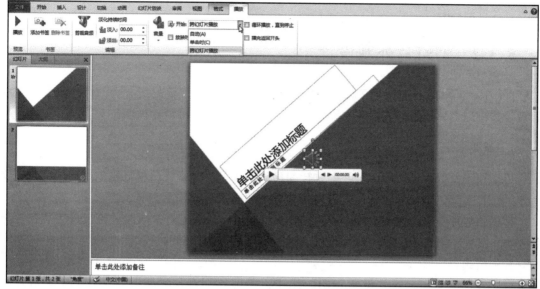

图5.14 插入音频示例

3）插入图表

除Excel图表外，一些较小的统计图表可以直接在PowerPoint 2010中设计。在"插入"选项卡的"插图"组中，单击"图表"按钮，在屏幕上出现数据表后，可修改数据表中横行和竖列的数据。单击幻灯片上的空白处，就可以建立数据表所对应的统计表，如图5.15所示。

图5.15 插入图表示例

4）录制声音

如果对现有的影音文件都不满意，还可以自行录制声音插入演示文稿。

（1）确定要添加声音的幻灯片。

（2）在"插入"选项卡的"媒体"组中，单击"音频"下拉按钮，在下拉列表中选择"录制声音"选项，弹出"录音"对话框。

（3）单击"录音"按钮，开始录音；单击"停止"按钮，停止录音。单击"播放"按钮，可以播放录制的音频，若不满意，就重新录制。

（4）录制完毕后，在"名称"栏内输入声音文件的名称，单击"确定"按钮，就可以把声音文件插入幻灯片。

### 5.3.2 幻灯片外观设计

PowerPoint 2010 由于采用了模板，因此可以使同一演示文稿的所有的幻灯片具有一致的外观。控制幻灯片外观的方法有三种：母版、配色方案和应用设计模版。

1. 使用母版

母版用于设置演示文稿中每张幻灯片的最初格式，这些格式包括每张幻灯片标题及正文文字的位置、字体、字号、颜色，以及项目符号的样式、背景图案等。

根据幻灯片文字的性质，PowerPoint 2010 母版可以分成幻灯片母版、讲义母版和备注母版三类。其中，最常用的是幻灯片母版，因为幻灯片母版控制的是除标题幻灯片以外的所有幻灯片的格式。

在"视图"选项卡的"母版视图"组中，单击"幻灯片母版"按钮，显示幻灯片母版，如图 5.16 所示。它有 5 个占位符，用于确定幻灯片母版的版式。

图 5.16　幻灯片母版

1) 更改文本格式

在幻灯片母版中选择对应的占位符（如标题或文本样式等），更改其文本及其格式。修改母版中某一对象格式，可以同时修改除标题幻灯片外的所有幻灯片对应对象的格式。

2) 设置页眉、页脚和幻灯片编号

在幻灯片母版状态下，在"插入"选项卡的"文本"组中，单击"页眉和页脚"按钮，弹出"页眉和页脚"对话框，如图 5.17 所示。选择"幻灯片"选项卡，设置页眉、页脚和幻灯片编号。

图 5.17 "页眉和页脚"对话框

3) 向母版插入对象

当需要每张幻灯片都添加同一对象时，只需向母版添加该对象即可。例如，插入 Windows 图标（文件名为 Windows.bmp）后，除标题幻灯片外的每张幻灯片都会自动在固定位置显示该图标，如图 5.18 所示。通过幻灯片母版插入的对象，不能在幻灯片状态下编辑。

图 5.18 利用幻灯片母版添加图片

2. 重新配色

在"幻灯片母版"选项卡的"编辑主题"组中，通过"颜色""字体""效果"按钮可以对幻灯片的文本、背景、强调文字等各个部分进行设置。单击"颜色"→"新建主题颜色"，可对幻灯片的各个细节定义自己喜欢的颜色。还可以在"幻灯片母版"选项卡的"背景"组里设置不同的幻灯片背景效果。

# 5.4 动画与超级链接

PowerPoint 2010 提供了动画和超链接技术，使幻灯片的制作更为简单灵活，为演示效果锦上添花，有网页之效果。

## 5.4.1 动画设计

为幻灯片上的文本和各对象设置动画效果，可以突出重点、控制信息的流程、提高演示的效果。在设计动画时，有两种动画设计：一种是幻灯片内各对象或文字的动画效果；另一种是幻灯片切换时的动画效果。

1. 幻灯片内动画设计

幻灯片内动画设计是指在演示一张幻灯片时，依次以各种不同的方式显示片内各对象。
设置片内动画效果一般在"动画"菜单中进行。下面以设置对象"百叶窗"动画为例，介绍具体设置过程：

（1）选中需要设置动画的对象，在"动画"选项卡中单击"添加动画"按钮。

（2）在随后弹出的下拉列表中，依次选择"进入"→"更多进入效果"选项，如图 5.19 所示。弹出"添加进入效果"对话框，如图 5.20 所示。

图 5.19　设置添加动画

图 5.20　添加进入效果

(3)选中"百叶窗"动画选项,单击"确定"按钮。

如果一张幻灯片中的多个对象都设置了动画,就需要确定其播放方式(是"自动播放"还是"手动播放")。下面,以第二个动画设置在上一个动画之后自动播放进行说明:

展开"计时"任务窗格,单击第二个动画方案,单击"开始"右侧的下拉按钮,在随后弹出的快捷菜单中,选择"上一动画之后"选项即可,如图 5.21 所示。

如果想取消某个对象的动画效果,则在幻灯片编辑窗口中选中该动画效果标号,按【Delete】键即可。

以下利用其他动作路径,制作一个卫星绕月的 PowerPoint 实例。

图 5.21 计时设置

(1)新建一空白幻灯片,选择"设计"菜单里的"背景"分组,在"背景样式"里选择"设置背景格式",弹出图 5.22 所示的"设置背景格式"对话框。

(2)插入"星空图"作为幻灯片背景。在"插入"选项卡的"图像"组中,单击"图片"按钮,依次插入"月球图"和"卫星图",调整好大小比例和位置,如图 5.23 所示。

图 5.22 "设置背景格式"对话框

(3)选定"卫星图"后执行"动画"→"添加动画"→"其他动作路径",在弹出的"添加动作路径"对话框中选择"基本"类型的"圆形扩展",如图 5.24 所示。然后用鼠标通过 6 个控制点来调整路径的位置和大小,把它拉成椭圆形,并调整到合适的位置。

(4)在幻灯片编辑窗口,双击刚才创建的"圆形扩展动画",打开"圆形扩展"对话框,单击"计时"选项卡,把"开始"设为"与上一动画同时","期间"设为"慢速(3秒)","重复"设为"直到幻灯片末尾",如图 5.25 所示。设置完成后,单击"确定"按钮。这样,就能显示卫星周而复始地自动绕月飞行了。还可以通过在 Word 章节介绍的绘制图形知识,将该图形整体效果进行完善,此处不再赘述。

图 5.23 素材图添加效果

图 5.24 动作路径设置

图 5.25 "圆形扩展"对话框

2. 设置幻灯片切换方式

为了增强 PowerPoint 幻灯片的放映效果，可以设置幻灯片间的切换方式。幻灯片间的切换方式是指两张连续的幻灯片在播放之间如何变换，如水平百叶窗、溶解、盒状展开、随机、向上推出等。

设置幻灯片的切换效果一般在"幻灯片浏览"窗口进行。具体操作步骤如下：

（1）选中需要设置切换方式的幻灯片。

（2）在"切换"选项卡的"切换到此幻灯片"组中，选择一种切换方式（如"淡出"），并根据需要来设置"持续时间""声音""换片方式"等选项，如图 5.26 所示。

图 5.26 幻灯片切换设置

## 5.4.2 设置超链接

创建超链接的起点可以是任何文本或对象，激活超链接最好采用单击左键的方法。设置了超级链接，就代表超链接起点的文本会添加下划线，并且显示成系统配色方案指定的颜色。创建超链接有以下两种方法：

1. 使用"超链接"按钮

（1）保存要进行超链接的演示文稿。

(2) 在幻灯片视图中选择要设置超链接的文本或对象。

(3) 在"插入"选项卡的"链接"组中，单击"超链接"按钮，弹出"插入超链接"对话框，如图5.27所示。

(4) 在"插入超链接"对话框中，通过巧妙设置，可以实现各种超链接。

图5.27 "插入超链接"对话框

2. 使用"动作"按钮

在"插入"选项卡的"链接"组中，单击"动作"按钮，弹出如图5.28所示的"动作设置"对话框。

在该对话框中，可进行以下设置：

(1) "单击鼠标"选项卡：单击鼠标后，启动跳转。

(2) "鼠标移过"选项卡：移过鼠标后，启动跳转。

(3) "超链接到"选项：在列表框中选择跳转的位置。

图5.28 "动作设置"对话框

## 5.5 打印演示文稿

幻灯片除了可以放映,还可以打印出来。

打印分为两个步骤:

1. 页面设置

页面设置主要用于设置幻灯片的打印大小和方向。在"设计"选项卡的"页面设置"组中,单击"页面设置"按钮,弹出"页面设置"对话框,如图 5.29 所示。在该对话框内,设置打印的幻灯片大小、方向以及幻灯片编号起始值。设置完成后,单击"确定"按钮。

图 5.29 "页面设置"对话框

2. 打印

在"文件"选项卡中,选择"打印"命令,出现"打印"工作窗口,如图 5.30 所示。可以根据需要进行打印设置。例如,设置幻灯片打印的内容、范围、份数、采用的颜色,以及是否需要打印成特殊格式等。

图 5.30 "打印"对话框

在该对话框中,在"打印机"项可以选择打印机的名称。单击旁边的"打印机属性"按钮,在弹出的对话框中可以设置打印机属性、纸张来源、纸张尺寸等。

在"打印"对话框的底端,还可以对打印采用的颜色进行设置。完成设置后,即可打印。

# 第 6 章 PowerPoint 精选案例

## 6.1 制作图书策划方案

### 6.1.1 题目要求

为了更好地控制教材编写的内容、质量和流程，小李负责起草了图书策划方案（请参考"图书策划方案.docx"文件）。他需要将图书策划方案 Word 文档中的内容制作为可以向教材编委会进行展示的 PowerPoint 演示文稿。现在，请你根据图书策划方案（请参考"图书策划方案.docx"文件）中的内容，按如下要求完成演示文稿的制作：

（1）创建一个新演示文稿，内容应包含"图书策划方案.docx"文件中所有讲解的要点，包括：

①演示文稿中的内容编排。严格遵循 Word 文档中的内容顺序，并仅需要包含 Word 文档中应用了"标题1""标题2""标题3"样式的文字内容。

②Word 文档中应用了"标题1"样式的文字，成为演示文稿中每页幻灯片的标题文字。

③Word 文档中应用了"标题2"样式的文字，成为演示文稿中每页幻灯片的第1级文本内容。

④Word 文档中应用了"标题3"样式的文字，成为演示文稿中每页幻灯片的第2级文本内容。

（2）将演示文稿中的第1张幻灯片调整为"标题幻灯片"版式。

（3）为演示文稿应用一个美观的主题样式。

（4）在标题为"2012年同类图书销量统计"的幻灯片中插入一个6行5列的表格，列标题分别为"图书名称""出版社""作者""定价""销量"。

(5) 在标题为"新版图书创作流程示意"的幻灯片页中,将文本框中包含的流程文字利用 SmartArt 图形展现。

(6) 在该演示文稿中创建一个演示方案,该演示方案包含第 1、2、4、7 页幻灯片,并将该演示方案命名为"放映方案 1"。

(7) 在该演示文稿中创建一个演示方案,该演示方案包含第 1、2、3、5、6 页幻灯片,并将该演示方案命名为"放映方案 2"。

(8) 保存制作完成的演示文稿,并将其命名为"PowerPoint.pptx"。

## 6.1.2 操作步骤

### 1. 打开文件

(1) 打开 PowerPoint 2010,新建一个空白演示文稿。
(2) 通过"文件"选项卡下的"打开"选项,打开"图书策划方案.docx"文件。
说明:
"标题 1"样式的文字,自动转化为演示文稿中每页幻灯片的标题文字;"标题 2"样式的文字,自动转化为演示文稿中每页幻灯片的第一级文本内容;"标题 3"样式的文字,自动转化为演示文稿中每页幻灯片的第二级文本内容。

### 2. 设置版式

在"开始"选项卡的"幻灯片"组中,选择"版式"→"标题幻灯片",将第 1 张幻灯片调整为"标题幻灯片"版式。

### 3. 设置主题

在"设计"选项卡的"主题"组中,选择一种合适的主题,并应用于所有的幻灯片。

### 4. 插入表格

(1) 选中第 6 张幻灯片,在"插入"选项卡的"表格"组中,选择"表格"→"插入表格",弹出"插入表格"对话框。
(2) 在"列数"微调框中输入"5",在"行数"微调框中输入"6",然后单击"确定"按钮。
(3) 在表格中依次输入列标题"图书名称""出版社""作者""定价""销量"。

### 5. 插入 SmartArt 图形

(1) 选中第 7 张幻灯片,在"插入"选项卡的"插图"组中,单击"SmartArt"按钮,弹出"选择 SmartArt 图形"对话框。
(2) 选择一种与文本内容的格式相对应的图形,此处选择"组织结构图",然后单击"确定"按钮。
(3) 插入 SmartArt 图形后,进行格式调整如下:

① 选中矩形，按【Backspace】键将其删除。

② 选中矩形，在"SmartArt 工具－设计"选项卡的"创建图形"组中，单击"添加形状"下拉按钮，在下拉菜单中选择"在后面添加形状"。用同样的操作再次在矩形后面添加形状。

③ 选中此矩形，在"创建图形"组中，单击"添加形状"下拉按钮，在下拉菜单中选择"在下方添加形状"，此时得到与幻灯片文本区域相匹配的框架图。

说明：

请结合视频了解操作①～③。

（4）根据样例，把幻灯片内容区域中的文字分别剪贴到对应的矩形框中。

6. 创建演示方案 1

（1）在"幻灯片放映"选项卡的"开始放映幻灯片"组中，选择"自定义幻灯片放映"→"自定义放映"命令，弹出"自定义放映"对话框。

（2）单击"新建"按钮，弹出"定义自定义放映"对话框，在"在演示文稿中的幻灯片"列表框中选择第 1 张幻灯片，然后单击"添加"按钮。

（3）按照同样的方式分别添加第 2、4、7 张幻灯片。

（4）单击"确定"按钮，返回"自定义放映"对话框。单击"编辑"按钮，在弹出的"幻灯片放映名称"文本框中输入"放映方案 1"，单击"确定"按钮。

7. 创建演示方案 2

按照 6 的方法，为第 1、2、3、5、6 张幻灯片创建名为"放映方案 2"的演示方案。

8. 保存

在"文件"选项卡下单击"另存为"选项，将演示文稿以"PPT.pptx"的文件名保存。

# 6.2　制作《小企业会计准则》培训课件

## 6.2.1　题目要求

某会计网校的刘老师正在准备有关《小企业会计准则》的培训课件，她的助手已搜集并整理了一份该准则的相关资料，存放在 Word 文档"《小企业会计准则》培训素材.docx"中。按下列要求帮助刘老师完成 PPT 课件的整合制作：

（1）在 PowerPoint 中创建一个名为"《小企业会计准则》培训.pptx"的新演示文稿，该演示文稿需要包含 Word 文档"《小企业会计准则》培训素材.docx"中的所有内容，每张幻灯片对应 Word 文档中的 1 页，其中 Word 文档中应用了"标题 1""标题 2""标题 3"样式的文本内容分别对应演示文稿中的每页幻灯片的标题文字、第一级文本内容、第二级文本内容。

(2)将第1张幻灯片的版式设为"标题幻灯片",在该幻灯片的右下角插入任意一幅剪贴画,依次为标题、副标题和新插入的图片设置不同的动画效果,并且指定动画出现顺序为图片、标题、副标题。

(3)取消第2张幻灯片中文本内容前的项目符号,并将最后两行落款和日期设置右对齐。将第3张幻灯片中用绿色标出的文本内容转换为"垂直框列表"类的SmartArt图形,并分别将每个列表框超链接到对应的幻灯片。将第9张幻灯片的版式设为"两栏内容",并在右侧的内容框中插入对应素材文档第9页中的图形。将第14张幻灯片最后一段文字向右缩进两个级别,并链接到文件"《小企业会计准则》适用行业范围.docx"。

(4)将第15张幻灯片自"(二)定性标准"开始拆分为标题同为"二、统一中小企业划分范畴"的两张幻灯片,并参考原素材文档中的第15页内容,将前1张幻灯片中的红色文字转换为一个表格。

(5)将素材文档第16页中的图片插入对应幻灯片中、并适当调整图片大小。将最后一张幻灯片的版式设为"标题和内容",将图片pic1.gif插入内容框并适当调整其大小。将倒数第2张幻灯片的版式设为"内容与标题",参考素材文档第18页中的样例,在幻灯片右侧的内容框中插入SmartArt的不定向循环图,并为其设置一个逐项出现的动画效果。

(6)将演示文稿按如表6.1所示的要求分为5节,并为各节应用不同的设计主题和幻灯片切换方式。

表6.1 分节要求

| 节名 | 包含的幻灯片 |
| --- | --- |
| 《小企业会计准则》简介 | 1~3 |
| 《准则》的颁布意义 | 4~8 |
| 《准则》的制定过程 | 9 |
| 《准则》的主要内容 | 10~18 |
| 《准则》的贯彻实施 | 19~20 |

## 6.2.2 操作步骤

1. 打开文件

(1)启动PowerPoint演示文稿,单击"文件"选项卡下的"打开"选项,弹出"打开"对话框,将文件类型选为"所有文件",找到考生文件下的素材文件"《小企业会计准则》培训素材.docx",单击"打开"按钮,即可将Word文件导入演示文稿。

(2)单击演示文稿的"保存"按钮,弹出"另存为"对话框,输入文件名为"小企业会计准则培训.pptx",并单击"保存"按钮。

2. 设置版式和动画

(1)选择第1张幻灯片,在"开始"选项卡的"幻灯片"组中,单击"版式"下拉按钮，在弹出的下拉列表中选择"标题幻灯片"选项。

（2）在"插入"选项卡的"图像"组中，单击"剪贴画"按钮，弹出"剪贴画"窗格，然后在"搜索文字"下的文本框中输入文字"人物"，选择剪贴画，适当调整剪贴画的位置和大小。

（3）选择标题文本框，在"动画"选项卡的"动画"组中，选择"淡出"动画。选择副标题文本框，为其选择"浮入"动画。选择图片，为其选择"随机线条"动画。单击"高级动画"组中的"动画窗格"按钮，打开"动画窗格"，在该窗格中选择"Picture 6"，将其拖动至窗格的顶层，标题为第2层，副标题为第3层。

3. 编辑幻灯片

（1）选中第2张幻灯片中的文本内容，在"开始"选项卡的"段落"组中，单击"项目符号"右侧的下拉按钮，在弹出的下拉列表中选择"无"选项。选择最后的两行文字和日期，单击"段落"组中的"右对齐"按钮。

（2）选中第3张幻灯片中的文本内容，单击右键，在弹出的快捷菜单中选择"转换为SmartArt"→"其他SmartArt图形"选项，在弹出的对话框中选择"列表"选项，然后在右侧的列表框中选择"垂直框列表"选项，单击"确定"按钮。

（3）选中"《小企业会计准则》的颁布意义"文字，单击右键，在弹出的快捷菜单中选择"超链接"选项，弹出"插入超链接"对话框，在该对话框中单击"本文档中的位置"按钮，在右侧的列表框中选择"4.《小企业会计准则》的颁布意义"幻灯片，单击"确定"按钮。使用同样的方法，将余下的文字链接到对应的幻灯片中。

（4）选择第9张幻灯片，在"开始"选项卡的"幻灯片"组中，单击"版式"下拉按钮，在弹出的下拉列表中选择"两栏内容"选项。将素材文稿中第9页中的图形复制粘贴到幻灯片中，并将右侧的文本框删除，适当调整图片的位置。

（5）选中第14张幻灯片中的最后一行文字，单击"段落"组中的"提高列表级别"按钮两次，然后单击右键，在弹出的快捷菜单中选择"超链接"选项，弹出"插入超链接"对话框，在该对话框中单击"现有文件或网页"按钮，在右侧的列表框中选择考生文件夹下的"《小企业会计准则》适用行业范围.docx"，单击"确定"按钮。

4. 幻灯片拆分和表格转换

（1）选择第15张幻灯片，切换至"大纲"视图，在"大纲"视图中将光标移至"100人及以下"的右侧，按【Enter】键，然后单击"段落"组中的"降低列表级别"按钮，即可将第15张幻灯片进行拆分，然后将原有幻灯片的标题复制到拆分后的幻灯片中。

（2）删除幻灯片中的红色文字，选择素材文稿中第15页标红的表格和文字，将其粘贴到第15张幻灯片上。然后选中粘贴的对象，在"表格工具"选项卡下的"设计"组中，将"表格样式"设置为"主体样式1-强调6"，并对表格内的文字的格式进行适当调整。

5. 插入图片

（1）选中素材文件第16页中的图片，复制粘贴到第17张幻灯片中，并适当调整图片的大小和位置。

（2）选择最后一张幻灯片，在"开始"选项卡的"幻灯片"组中，单击"版式"下拉按钮，在弹出的下拉列表中选择"标题和内容"选项。单击"插入来自文件的图片"按钮，弹出"插入图片"对话框，在该对话框中选择考生文件夹下的"pic1.gif"素材图片，然后单击"插入"按钮，适当调整图片的大小和位置。

（3）选择倒数第 2 张幻灯片，在"开始"选项卡的"幻灯片"组中，单击"版式"下拉按钮，在弹出的下拉列表中选择"内容与标题"选项。然后将右侧内容框中的文字剪切到左侧的内容框内。单击右侧内容框内的"插入 SmartArt 图形"按钮，在弹出的对话框中选择"循环"选项，在右侧的列表框中选择"不定向循环"选项。

（4）单击"确定"按钮，然后选择最左侧的形状，在"设计"选项卡的"创建图形"组中，单击"添加形状"按钮，在弹出的下拉列表中选择"在前面添加形状"选项。然后，在形状中输入文字。

（5）选中插入的 SmartArt 图形，在"动画"选项卡的"动画"组中，选择"缩放"选项。然后，单击"效果选项"下拉按钮，在弹出的下拉列表中选择"逐个"选项。

6. 幻灯片分节

（1）将光标置入第 1 张幻灯片的上部，单击右键，在弹出的快捷菜单中选择"新增节"选项。然后，选中"无标题节"文字，单击右键，在弹出的快捷菜单中选择"重命名节"选项，在弹出的对话框中将"节名称"设置为"《小企业会计准则》简介"，单击"重命名"按钮。

（2）将光标置入第 3 张与第 4 张幻灯片之间，使用前面的介绍的方法新建节，并将节的名称设置为"《准则》的颁布意义"。使用同样的方法将余下的幻灯片进行分节

（3）选中"《小企业会计准则》简介"节，在"设计"选项卡的"主题"组中，选择"凤舞九天"主题。使用同样的方法，为不同的节设置不同的主题，并对幻灯片内容的位置及大小进行适当调整。

（4）选中"《小企业会计准则》简介"节，在"切换"选项卡的"切换到此幻灯片"组中，选择"涟漪"选项。使用同样的方法，为不同的节设置不同的切换方式。

# 6.3 制作产品宣传演示文稿

## 6.3.1 题目要求

在某展会的产品展示区，公司计划通过大屏幕投影向来宾自动播放并展示产品信息，因此需要市场部助理小王完善产品宣传文稿的演示内容。按照如下需求，在 PowerPoint 中完成制作工作：

（1）打开素材文件"PowerPoint_素材.pptx"，将其另存为"PowerPoint.pptx"，之后所有的操作均在"PowerPoint.pptx"文件中进行。

(2) 将演示文稿中的所有中文文字字体由"宋体"替换为"微软雅黑"。

(3) 为了布局美观,将第 2 张幻灯片中的内容区域文字转换为"基本维恩图"SmartArt 布局,更改 SmartArt 的颜色,并设置该 SmartArt 样式为"强烈效果"。

(4) 为上述 SmartArt 图形设置由幻灯片中心进行"缩放"的进入动画效果,并要求自上一动画开始,自动、逐个拖展示 SmartArt 中的 3 点产品特性(文字)。

(5) 为演示文稿中的所有幻灯片设置不同的切换效果。

(6) 将考试文件夹中的声音文件"BackMusic.mid"作为该演示文稿的背景音乐,并要求在幻灯片放映时即开始播放,至演示结束后停止。

(7) 为演示文稿最后一页幻灯片右下角的图形添加指向网址"www.microsoft.com"的超链接。

(8) 将演示文稿分为 3 节。其中,"开始"节中包含第 1 张幻灯片,"更多信息"节中包含最后 1 张幻灯片,其余幻灯片均包含在"产品特性"节中。

(9) 为了实现幻灯片可以在展台自动放映,设置每张幻灯片的自动放映时间为 10 秒。

## 6.3.2 操作步骤

### 1. 文件另存

启动 PowerPoint 2010 软件,打开考生文件夹下的"PowerPoint_素材.pptx"素材文件,将其另存为"PowerPoint.pptx"。

### 2. 字体替换

选中第 1 张幻灯片,按【Ctrl + A】组合键,选中所有文字,切换至"开始"选项卡,将字体设置为"微软雅黑"。使用同样的方法,为每张幻灯片修改字体。

### 3. 文字转换为 SmartArt 图形

(1) 切换到第 2 张幻灯片,选中内容文本框中的文字,在"开始"选项卡的"段落"选项组中,单击"转换为 SmartArt 图形"按钮,在弹出的下拉列表中选择"基本维恩图"。

(2) 在"SmartArt 工具 – 设计"选项卡的"SmartArt 样式"选项组中,单击"更改颜色"按钮,选择一种颜色,在"SmartArt 样式"选项组中选择"强烈效果"样式,使其保持美观。

### 4. 为 SmartArt 图形设置动画

(1) 选中 SmartArt 图形,在"动画"选项卡的"动画"选项组中,选择"进入"选项组中"缩放"效果。

(2) 单击"效果选项"下拉按钮,在其下拉列表中,选择"消失点"中的"幻灯片中心",将"序列"设为"逐个"。

(3) 在"计时"组中,单击"开始"右侧的下拉按钮,在下拉列表中选择"上一动画之后"选项。

**5. 设置幻灯片切换**

选择第 1 张幻灯片,在"切换"选项卡中,为幻灯片选择一种切换效果。
用相同方式设置其他幻灯片,保证切换效果不同即可。

**6. 为演示文稿设置背景音乐**

(1) 选择第 1 张幻灯片,在"插入"选项卡的"媒体"组中,单击"音频"下拉按钮,在其下拉列表中选择"文件中的音频"选项,选择素材文件夹下的"BackMusic.mid"音频文件,在幻灯片上出现音频图标。

(2) 选中音频图标,在"音频工具-播放"选项卡的"音频选项"选项组中,将开始设置为"跨幻灯片播放",勾选"循环播放直到停止""播完返回开头"和"放映时隐藏"复选框,最后适当调整位置。

**7. 设置超链接**

选择最后一张幻灯片的箭头图片,单击右键,在弹出的快捷菜单中选择"超链接"命令。在弹出的"插入超链接"对话框中,选择"现有文件或网页"选项,在"地址"后的输入栏中输入"www.microsoft.com",单击"确定"按钮。

**8. 为演示文稿创建节**

(1) 选中第 1 张幻灯片,单击右键,在弹出的快捷菜单中选择"新增节",这时就会出现一个无标题节,选中节名,单击右键,在弹出的快捷菜单中选择"重命名节",将节重命名为"开始",单击"重命名"按钮即可。

(2) 选中第 2 张幻灯片,单击右键,在弹出的快捷菜单中选择"新增节"命令,这时就会出现一个无标题节,单击右键,在弹出的快捷菜单中选择"重命名节",将节重命名为"产品特性",单击"重命名"按钮即可。

(3) 选中第 6 张幻灯片,按同样的方式设置第 3 节为"更多信息"。

**9. 设置每张幻灯片放映**

在"切换"选项卡的"计时"组中,勾选"设置自动换片时间"复选框,并将自动换片时间设置为 10 秒,单击"全部应用"按钮。

# 6.4 制作有关审计业务档案管理的培训课件

## 6.4.1 题目要求

某注册会计师协会培训部的魏老师正在准备有关审计业务档案管理的培训课件,她的助手已搜集并整理了一份相关资料存放在 Word 文档"PPT_素材.docx"中。按下列要求帮助魏老师完成演示文稿课件的整合制作：

（1）在考生文件夹下创建一个名为"PPT.pptx"的新演示文稿（".pptx"为扩展名），后续操作均基于此文件，否则不得分。该演示文稿需要包含 Word 文档"PPT_素材.docx"中的所有内容，Word 素材文档中的红色文字、绿色文字、蓝色文字分别对应演示文稿中每页幻灯片的标题文字、第一级文本内容、第二级文本内容。

（2）将第 1 张幻灯片的版式设为"标题幻灯片"，在该幻灯片的右下角插入任意一幅剪贴画，依次为标题、副标题和新插入的图片设置不同的动画效果、其中副标题作为一个对象发送，并指定动画出现顺序为图片、副标题、标题。

（3）将第 3 张幻灯片的版式设为"两栏内容"，在右侧的文本框中插入考生文件夹下的 Excel 文档"业务报告签发稿纸.xlsx"中的模板表格，并保证该表格内容随 Excel 文档的改变而自动变化。

（4）将第 4 张幻灯片"业务档案管理流程图"中的文本转换为 Word 素材中示例图所示的 SmartArt 图形、并适当更改其颜色和样式。为本张幻灯片的标题和 SmartArt 图形添加不同的动画效果，并令 SmartArt 图形伴随着"风铃"声按逐个级别顺序飞入。为 SmartArt 图形中"建立业务档案"下的文字"案卷封面、备考表"添加链接到考生文件夹下的 Word 文档"封面备考表模板.docx"超链接。

（5）将标题为"七、业务档案的保管"所属的幻灯片拆分为 3 张。其中，"（一）~（三）"为 1 张、"（四）"及所属内容为 1 张，"（五）"及所属内容为 1 张，标题均为"七、业务档案的保管"。为"（四）业务档案保管的基本方法和要求"所在的幻灯片添加备注"业务档案保管需要做好的八防工作：防火、防水、防潮、防霉、防虫、防光、防尘、防盗。"。

（6）在每张幻灯片的左上角添加协会的标志图片 Logo1.png，设置其位于最底层，以免遮挡标题文字。除标题幻灯片外，其他幻灯片均包含幻灯片编号，自动更新的日期格式为××××年××月××日。

（7）将演示文稿按表 6.2 所示的要求分为 3 节，分别为每节应用不同的设计主题和幻灯片切换方式。

表 6.2　分节要求

| 节名 | 包含的幻灯片 |
| --- | --- |
| 档案管理概述 | 1~4 |
| 归档和整理 | 5~8 |
| 档案保管和销毁 | 9~13 |

## 6.4.2　操作步骤

1. 打开文件

（1）启动 Powerpoint 2010，新建一个空白的演示文稿。

(2) 单击"文件"选项列表中的"另存为"选项,弹出"另存为"对话框,在该对话框中将"文件名"设为"PPT.pptx",将其保存于考生文件夹下。

(3) 在"开始"选项卡的"幻灯片"组,单击"新建幻灯片"按钮,可新建幻灯片。

(4) 打开 Word 文档"PPT_素材.docx"文件,将素材中的红色文字复制粘贴到每页幻灯片的标题处,将绿色文字复制粘贴到每页幻灯片的第一级文本内容处,将蓝色文字复制粘贴到每页幻灯片的第二级文本内容处。

**说明:**

设置文本级别的方法:选择已粘贴的绿色或蓝色文字内容,在"开始"选项卡的"段落"组中,单击"提高列表级别"按钮或"降低列表级别"按钮,即可提升或降低标题层次。在幻灯片中,文本的级别一共有 3 级,默认为第一级。

2. 设置版式和动画效果

(1) 选中第 1 张幻灯片,在"开始"选项卡的"幻灯片"组中,单击"版式"按钮,在弹出的下拉菜单中选择"标题幻灯片"。

(2) 在"插入"选项卡的"图像"组中,单击"剪贴画"按钮,任意添加一幅剪贴画,将其放置在该幻灯片的右下角。例如,在"搜索文字"文本框中输入"人物",按【Enter】键即可进行搜索,选择需要的人物图像,即可添加。

(3) 设置完成后,依次为标题、副标题和新插入的图片设置不同的动画效果,选择插入的图片,在"动画"选项卡的"动画"组中设置动画效果,将"计时"组中的"开始"设置为"上一动画之后"。

(4) 选择"副标题"对象,添加不同的动画效果,单击"效果选项"按钮,在弹出的快捷菜单中选择"作为一个对象"选项,将"计时"设置为"上一动画之后"。

(5) 选择"标题"对象,添加不同的动画效果。

(6) 在"动画"选项卡的"高级动画"组中,单击"动画窗格"按钮,在弹出的列表框中,设置顺序。

3. 插入 Excel 表格

(1) 选择第 3 张幻灯片,在"开始"选项卡的"幻灯片"组中,单击"幻灯片版式"按钮,在弹出的下拉菜单中选择"两栏内容"版式。

(2) 打开考生文件夹下的 Excel 文档"业务报告签发稿纸.xlsx",选择"B1:E19"单元格,按【Ctrl+C】组合键,对其进行复制。

(3) 返回 PPT 文档,在"开始"选项卡的"剪贴板"组中,单击"粘贴"按钮的下拉按钮,在弹出的快捷菜单中选择"选择性粘贴"选项。在弹出的"选择性粘贴"对话框中,勾选"粘贴链接"复选框,单击"确定"按钮,即可插入模板表格。

(4) 将后面多余的文本框删除,移动表格的位置,此时,如果在 Excel 中更改内容,该表格也会随 Excel 文档的改变而自动变化。

4. 插入 SmartArt 图形

(1) 选中第 4 张幻灯片,在"插入"选项卡的"插图"组中,单击"SmartArt"按钮,弹出"选择SmartArt图形"对话框，在下方选择"分阶段流程"选项，单击"确定"按钮。插入完成后，将多余的SmartArt图形删除，并适当添加形状，然后添加相应的文字，调整字体的大小。

（2）选中SmartArt图形，在"SmartArt样式"组中设置效果，单击"更改颜色"按钮，在弹出的下拉列表中选择一种。

（3）选中第4张幻灯片的标题，选择"动画"选项卡，添加动画效果，将"计时"的"开始"设置为"上一动画之后"。

（4）选中SmartArt图形，为其添加动画效果，单击"效果选项"按钮，在弹出的下拉列表中选择"逐个级别"选项，将"开始"设置为"上一动画之后"，单击"动画窗格"按钮，打开"动画窗格"任务窗格，在下方选择右侧的下拉按钮，在弹出的下拉列表中选择"效果选项"按钮。

（5）在弹出的对话框中，将"增强"下方的"声音"设置为"风铃"，单击"确定"按钮。

（6）选中SmartArt图形中"建立业务档案"下的文字"案卷封面、备考表"，单击右键，在弹出的快捷菜单中选择"超链接"选项，弹出"插入超链接"对话框，选择考生文件夹下的Word文档"封面备考表模板.docx"，单击"确定"按钮，完成超链接设置。

5. 幻灯片拆分和添加备注

（1）选择标题为"七、业务档案的保管"所属的幻灯片，将其拆分为3张。其中，"（一）~（三）"为1张，"（四）"及所属内容为1张，"（五）"及所属内容为1张，标题均为"七、业务档案的保管"。

（2）为"（四）业务档案保管的基本方法和要求"所在的幻灯片添加备注"业务档案保管需要做好的八防工作：防火、防水、防潮、防霉、防虫、防光、防尘、防盗。"。

6. 插入图片并设置幻灯片编号和日期更新

（1）选中第1张幻灯片，在"插入"选项卡的"图像"组中，单击"图片"按钮，选择协会的标志图片Logo1.png，单击"插入"按钮，将其放置在幻灯片的左上角，然后在插入的图片上单击右键，在弹出的快捷菜单中选择"置于底层"按钮。

（2）使用同样的方法，为其他的幻灯片的左上角添加协会的标志图片Logo1.png，并将其置于底层，以免遮挡标题文字。

（3）选择除标题幻灯片外的其他所有幻灯片，在"插入"选项卡的"文本"组中，单击"日期和时间"按钮，弹出"页眉和页脚"对话框，勾选"日期和时间""幻灯片编号""标题幻灯片中不显示"复选框，将"日期和时间"设置为自动更新，单击"全部应用"按钮。

7. 分节并分别设置主题和切换方式

（1）选择第1张幻灯片，在上方单击右键，在弹出的快捷菜单中选择"新增节"选项。

（2）在新添加的"无标题节"处单击右键，在弹出的快捷菜单中选择"重命名节"选项，将"节名称"设置为"档案管理概述"，单击"重命名"按钮，即可对其重命名。

(3) 在第 5 张幻灯片的上方,单击右键,在弹出的快捷菜单中选择"新增节"选项,将其重新命名为"归档和整理"。

(4) 在第 9 张幻灯片的上方,单击右键,在弹出的快捷菜单中选择"新增节"选项,将其重新命名为"档案保管和销毁"。

(5) 选中 1~4 张幻灯片,在"设计"选项卡的"主题"组中,在需要应用的主题上方单击右键,在弹出的快捷菜单中选择"应用于选定幻灯片"选项,单击"主题"→"颜色"下拉按钮,在弹出的下拉列表中选择一种主题。

(6) 使用同样的方法,为剩余的两节应用不同的主题。

(7) 选中 1~4 张幻灯片,在"切换"选项卡的"切换到此幻灯片"组中,为其添加切换效果。

(8) 使用同样的方法,为剩余的两节应用不同的切换效果。

# 6.5 制作介绍第二次世界大战的演示文稿

## 6.5.1 题目要求

小李在课程结业时,需要制作一份介绍第二次世界大战的演示文稿。参考考生文件夹中的"参考图片.docx"文件示例效果,帮助他完成演示文稿的制作。

(1) 依据考生文件夹下的"文本内容.docx"文件中的文字,创建包含 14 张幻灯片的演示文稿,将其保存为"PPT.pptx"(".pptx"为扩展名)。后续操作均基于此文件,否则不得分。

(2) 为演示文稿应用考生文件夹中的自定义主题"历史主题.thmx",并按照如下要求修改幻灯片版式。

(3) 除标题幻灯片外,将其他幻灯片的标题文本字体全部设置为"微软雅黑"并加粗;标题以外的内容文本字体全部设置为"幼圆"。

(4) 设置标题幻灯片中的标题文本字体为"方正姚体",字号为 60,并应用"靛蓝,强调文字颜色 2,深色 50% 的文本轮廓";在副标题占位符中输入"过程和影响"文本,适当调整其字体、字号和对齐方式。

(5) 在第 2 张幻灯片中,插入考生文件夹下的"图片 1.png"图片,将其置于项目列表下方,并应用恰当的图片样式。

(6) 在第 5 张幻灯片中,插入布局为"垂直框列表"的 SmartArt 图形,图形中的文字参考"文本内容.docx"文件;更改 SmartArt 图形的颜色为"彩色轮廓,强调文字颜色 6";为 SmartArt 图形添加"淡出"的动画效果,并设置为在单击鼠标时逐个播放。然后,将包含战场名称的 6 个形状的动画持续时间修改为 1 秒。

(7) 在第 6~9 张幻灯片的图片占位符中,分别插入考生文件夹下的图片"图片 2.png""图片 3.png""图片 4.png"和"图片 5.png",并应用恰当的图片样式;设置第 6 张幻灯片中的图片在应用黑白模式显示时，以"黑中带灰"的形式呈现。

（8）适当调整第 10～14 张幻灯片中的文本字号；在第 11 张幻灯片文本的下方插入 3 个同样大小的"圆角矩形"形状，并将其设置为顶端对齐及横向均匀分布；在 3 个形状中分别输入文本"成立联合国""民族独立"和"两极阵营"，适当修改字体和颜色；然后为这 3 个形状插入超链接，分别链接到之后标题为"成立联合国""民族独立"和"两极阵营"的 3 张幻灯片；为这 3 个圆角矩形形状添加"劈裂"进入动画效果，并设置单击鼠标后从左到右逐个出现，每两个形状之间的动画延迟时间为 0.5 秒。

（9）在第 12～14 张幻灯片中，分别插入名为"第一张"的动作按钮，设置动作按钮的高度和宽度均为 2 厘米，距离幻灯片左上角水平 1.5 厘米，垂直 1.5 厘米，并设置当鼠标移过该动作按钮时，可以链接到第 11 张幻灯片；隐藏第 12～14 张幻灯片。

（10）除标题幻灯片外，为其余所有幻灯片添加幻灯片编号，并且编号值从 1 开始显示。

（11）为演示文稿中的全部幻灯片应用一种合适的切换效果，并将自动换片时间设置为 20 秒。

## 6.5.2 操作步骤

### 1. 新建文件

（1）启动 PowerPoint 2010，自动新建一个演示文稿。单击"快速访问工具栏"的"保存"按钮，在打开的"另存为"对话框中，选择进入考生文件夹，在"文件名"中输入"PPT.pptx"（.pptx 可省略），选择"保存类型"为"PowerPoint 演示文稿（*.pptx）"，单击"保存"按钮。

（2）将"文本内容.docx"中的内容作为大纲来创建幻灯片比较方便。在"开始"选项卡的"幻灯片"组中，单击"新建幻灯片"按钮，从下拉列表中选择"幻灯片（从大纲）"。在打开的对话框中，选择考生文件夹下的"文本内容.docx"，单击"插入"按钮，则幻灯片创建完成。

（3）删除新建演示文稿时自动创建的第 1 张空白幻灯片：在左侧幻灯片缩略图窗格中，右击第 1 张幻灯片，从快捷菜单中选择"删除幻灯片"。最后，演示文稿应共包含 14 张幻灯片。

### 2. 设置主题

（1）在"设计"选项卡的"主题"组中，单击主题列表右下角的下拉按钮，单击下拉列表中的"浏览主题"选项。在弹出的对话框中，选择进入考生文件夹，然后选择考生文件夹下的"历史主题.thmx"，单击"应用"按钮。

（2）选中第 1 页幻灯片，在"开始"选项卡的"幻灯片"组中，单击"版式"下拉按钮，从下拉列表中选择"标题幻灯片"选项，为这张幻灯片设置该版式。采用同样方法，为第 2～5 张幻灯片设置"标题和文本"版式，为第 6～9 张的幻灯片设置"标题和图片"版式，为第 10～14 张幻灯片设置"标题和文本"版式。

3. 通过母版设置字体

(1) 在"视图"选项卡的"母版视图"组中,单击"幻灯片母版",切换到幻灯片母版视图。

(2) 在幻灯片母版视图中,选中左侧幻灯片缩略图的第1张幻灯片母版。然后,在右侧幻灯片中选中标题文本"标题",在"开始"选项卡的"字体"工具组中,设置"字体"为"微软雅黑",单击"加粗"按钮使其高亮。选中内容文本框的所有各级文本占位内容,在"开始"选项卡的"字体"组中,设置"字体"为"幼圆"(标题幻灯片字体暂不设置,稍后在幻灯片中设置。)

⚠ 注意:

标题幻灯片的字体应在幻灯片中直接设置,而尽量不要在母版中设置。虽然在母版中设置也能达到效果,但可能影响评分而得不到这一步的成绩。

(3) 在"幻灯片母版"选项卡的"关闭"组中,单击"关闭母版视图"按钮,切换回普通视图。在左侧幻灯片缩略图中按【Ctrl + A】组合键选中所有幻灯片,右键单击,从快捷菜单中选择"重设幻灯片"选项,使所有幻灯片依据母版重设格式。

4. 编辑标题幻灯片

(1) 在左侧缩略图中选中第1张标题幻灯片,在右侧幻灯片编辑区选中"标题"文字"第二次世界大战。"在"开始"选项卡的"字体"组中,设置"字体"为"方正姚体","字号"为"60"。在"绘图工具 – 格式"选项卡的"艺术字样式"组中,单击"文本轮廓"按钮的右侧向下箭头,从下拉列表中选择"靛蓝,强调颜色2,深色50%"。

(2) 在幻灯片的"副标题"中输入"过程和影响"。选中副标题文字"过程和影响",在"开始"选项卡的"字体"组中,适当设置字体和字号,如"华文细黑""36"。在"段落"组中,单击"文本左对齐"按钮,将文本左对齐。拖动"副标题"文本框占位符的边框,使副标题稍向左移动。

5. 插入图片

(1) 选中第2张幻灯片,在"插入"选项卡的"图像"组中,单击"图片"按钮。在弹出的对话框中,进入考生文件夹,然后选择考生文件夹下的"图片1.png",单击"插入"按钮。拖动图片,将它移动到项目列表下方。

(2) 参考"参考图片.docx"文件示例效果,在"图片工具 – 格式"选项卡的"图片样式"组中,为图片选择一种适当的样式,如"矩形投影"(考试时,考生可选任意样式,不一定和示例一致;只要为图片设置了任意样式,均可得分)。

6. 设置SmartArt图形

(1) 选中第5张幻灯片中内容文本框的所有文字,在"开始"选项卡的"段落"组中,单击"转换为SmartArt图形"按钮,从下拉列表中选择"SmartArt图形"。在弹出的"选择SmartArt图形"对话框中,选择"列表"中的"垂直框列表",单击"确定"按钮,则这些文字被转换为SmartArt图形。

（2）单击"SmartArt 工具 – 设计"选项卡的"更改颜色"按钮，从下拉列表中拖动滚动条，浏览到列表的较靠后位置，选择"彩色轮廓 – 强调文字颜色6"。

（3）选中 SmartArt 图形，在"动画"选项卡的"动画"组中，选择"淡出"。然后，单击该工具组的"效果选项"按钮，从下拉菜单中选择"逐个"。

（4）在"动画"选项卡的"高级动画"工具组中，单击"动画窗格"按钮，在打开的"动画窗格"任务窗格中，单击双向下箭头，展开列表。选中列表中的第1项，即对应"东欧战场"的项目，按住【Ctrl】键，然后依次单击列表中对应其他各战场的项目（所有对应战场的动画项目的动画编号，分别是1、3、5、7、9、11），同时选中这些对应战场的动画。在"动画"选项卡的"动画"组中，单击右下角的对话框启动器按钮，在打开的对话框中，切换到"计时"标签页，修改为"快速（1秒）"。单击"确定"按钮。

7. 图片编辑

（1）切换到第6张幻灯片，单击幻灯片占位符中的"插入来自文件的图片"图标。在弹出的对话框中，进入考生文件夹，然后选择考生文件夹下的"图片2.png"，单击"插入"按钮。参考"参考图片.docx"文件示例效果，选中所插入的图片，在"图片工具 – 格式"选项卡中适当设置图片样式，如选择"复杂框架，黑色"。

（2）采用同样方法，在第7~9张幻灯片中，单击占位符中的"插入来自文件的图片"图标，分别插入考生文件夹下"图片3.png""图片4.png"和"图片5.png"，然后设置图片样式为"复杂框架，黑色"。

⚠ 注意：

在"参考图片.docx文件示例效果中，第9张幻灯片（页码为8）的图片似乎没有应用任何图片样式，这可能是题目中的一个错误。在考试时，考生一定要为第9张幻灯片的图片设置任意一种图片样式，否则将被扣分。

题目要求的含义：设置第6张幻灯片中的图片，以便在使用黑白模式打印时，该图片以"黑中带灰"的形式呈现。考试时，设置第6张和第7张图片上的图片均可得分。在此以设置第6张幻灯片上的图片为例。选中第6张幻灯片上的图片，在"图片工具 – 格式"选项卡的"调整"组中，单击"颜色"按钮，从下拉列表中选择"重新着色"→"灰度"。这样，图片原右侧发青的颜色部分也将以灰色呈现。

8. 图形编辑

（1）如果第10张幻灯片的内容文本出现乱码，就重新将"文本内容.docx"中的对应内容粘贴到第10张幻灯片。

（2）分别选中第10张和第12张幻灯片中的内容文本，在"开始"选项卡的"字体"组中，适当调整文本字号，如都设置为"28"（第10~14张幻灯片中的文本字号考试不评分，考生适当设置即可）。

（3）切换到第11张幻灯片，在"插入"选项卡的"插图"组中，单击"形状"下拉按钮，从下拉列表中选择"矩形"组中的"圆角矩形"。拖动鼠标，在文字下方位置绘制一个圆角矩形。右击矩形，从弹出的快捷菜单中选择"编辑文字"选项，然后在矩形中输入文字"成立联合国"。

（4）适当设置矩形及其中文本的格式（这一步考试不评分，考生也可以不做）：选中输入的文字，在"开始"选项卡的"字体"组中，设置字体为"幼圆"，设置字号为"20"，字体颜色为"黑色，文字1"。在"绘图工具-格式"选项卡的"形状样式"组中，适当选择一种样式，如"强烈效果-水绿色，强调颜色1"。

（5）选中圆角矩形，按【Ctrl+C】组合键复制。然后，单击幻灯片的空白处，取消圆角矩形的选中状态，按【Ctrl+V】组合键粘贴一个圆角矩形。再次按【Ctrl+V】组合键，粘贴一个圆角矩形，使幻灯片中有3个同样的圆角矩形。适当调整3个圆角矩形的位置到大致它们应该所在的位置，然后精确调整：按住【Shift】键，依次单击3个圆角矩形的同时选中它们，在"绘图工具-格式"选项卡的"排列"组中，单击"对齐"下拉按钮，从下拉列表中选择"顶端对齐"；再单击"对齐"下拉按钮，从下拉列表中选择"横向分布"。

（6）将第2个圆角矩形中的文本改为"民族独立"，将第3个圆角矩形中的文本改为"两级阵营"。

（7）单击第1个圆角矩形的边框，选中它，然后在"插入"选项卡的"链接"组中，单击"超链接"按钮，弹出"插入超链接"对话框，在左侧选择"本文档中的位置"，在右侧选择第12张幻灯片"12. 成立联合国"，单击"确定"按钮。这样，第1个圆角矩形就超链接了第12张幻灯片"12. 成立联合国"。采用同样方法，分别单击其他两个圆角矩形的边框，选中它们，然后将它们分别超链接到第13张幻灯片"13. 民族独立"和第14张幻灯片"14. 两极阵营"。

（8）按住【Shift】键，依次单击3个圆角矩形，同时选中它们。然后在"动画"选项卡的"动画"组中，单击"劈裂"的进入动画效果。然后，在"动画"选项卡的"计时"组中，设置"开始"为"单击时"，设置"延迟"为"00.50"。单击"高级动画"组的"动画窗格"按钮，在打开的"动画窗格"任务窗格中，依次拖动3个项目，调整三个项目的顺序，使动画顺序依次为3个圆角矩形从左到右的顺序（使在幻灯片上的圆角矩形旁边的数字从左到右依次为1、2、3）。

9. 动作按钮设置

（1）切换到第12张幻灯片，在"插入"选项卡的"插图"组中，单击"形状"下拉按钮，从下拉列表中选择"动作按钮"组中的"动作按钮：第一张"，在幻灯片的任意位置上按住左键，拖动鼠标绘制一个动作按钮图形。释放左键后，弹出"动作设置"对话框。在对话框中切换到"鼠标移过"选项卡，选择"超链接到"单选框，然后从它下面的下拉列表中选择"幻灯片"。在弹出的对话框中，选择"11. 第二次世界大战的影响"，单击"确定"按钮，返回"动作设置"对话框，单击"确定"按钮。

（2）右键单击动作按钮图形，从快捷菜单中选择"设置形状格式"命令，弹出"设置形状格式"对话框。在对话框左侧选择"大小"，然后在右侧设置"高度"为"2厘米"。

（3）在对话框左侧再选择"位置"，在右侧设置"水平"为"1.5厘米"，"自"为"左上角"；设置"垂直"为"1.5厘米"，"自"为"左上角"。单击"关闭"按钮。

（4）选中动作按钮图形，按【Ctrl+C】组合键复制；切换到第13张幻灯片，按【Ctrl+V】组合键粘贴；切换到第14张幻灯片，按【Ctrl+V】组合键粘贴。使第13张和第14张幻灯片也有相同的动作按钮图形。

(5) 在左侧幻灯片缩略图窗格中选中第 12 张幻灯片，然后按住【Shift】键，单击第 14 张幻灯片，使同时选中第 12~14 张幻灯片。在选中的这 3 张幻灯片上，右键单击，从弹出的快捷菜单中选择"隐藏幻灯片"。

### 10. 添加幻灯片编号

(1) 在"插入"选项卡的"文本"组中，单击"页眉和页脚"按钮，在弹出的对话框中勾选"幻灯号"和"标题幻灯片中不显示"复选框，单击"全部应用"按钮。

(2) 在"设计"选项卡的"页面设置"组中，单击"页面设置"按钮，在弹出的对话框中，设置"幻灯片编号起始值"为"0"，单击"确定"按钮。

### 11. 设置幻灯片切换

在左侧幻灯片缩略图窗格中，按【Ctrl + A】组合键，选中所有幻灯片，在"切换"选项卡的"切换到此幻灯片"组中，任选一种切换效果，如"推进"。然后，在"计时"工具组中勾选"设置自动换片时间"复选框，并在右侧文本框中输入"00:20.00"。

最后，单击"快速访问工具栏"的"保存"按钮，保存文件。

# 6.6 制作节水宣传的演示文稿

## 6.6.1 题目要求

文慧是新东方学校的人力资源培训讲师，负责对新入职的教师进行入职培训，其 PowerPoint 演示文稿的制作水平广受好评。最近，她应北京节水展馆的邀请，为展馆制作一份宣传水知识及节水工作重要性的演示文稿。

节水展馆提供的文字资料及素材参见考生文件夹，制作要求如下：

(1) 标题页包含制作单位（北京节水展馆）和日期（××××年××月××日）。

(2) 对演示文稿指定一个主题，幻灯片不少于 5 页，且版式不少于 3 种。

(3) 演示文稿中除文字外要有两张以上的图片，并有两个以上的超链接进行幻灯片之间的跳转。

(4) 动画效果要丰富，幻灯片切换效果要多样。

(5) 演示文稿播放的全程需要有背景音乐。

(6) 将制作完成的演示文稿以"水资源利用与节水.pptx"为文件名进行保存。

## 6.6.2 操作步骤

### 1. 幻灯片内容的制作

(1) 首先打开 PowerPoint 2010，新建一个空白文档，单击"新建幻灯片"按钮，默认版式为"标题幻灯片"。

(2) 在"单击此处添加标题"占位符中输入标题名(题目未作具体要求),可输入"水资源利用与节水",并为其设置恰当的字体字号以及颜色。

(3) 在"单击此处添加副标题"占位符中输入制作单位"北京节水展馆"和日期等内容(日期内容不限,但格式必须是"××××年××月××日")。

2. 新建幻灯片以及幻灯片版式和主题的设置

(1) 按照题意,新建不少于 5 页幻灯片,并根据 Word 文档"水资源利用与节水(素材).docx"的情况来选择不同的幻灯片版式(不少于 3 种),并将文档内容按不同标题粘贴入不同的区域。例如,"一、水的知识"及所属内容可以粘贴入一张幻灯片,其中文字"一、水的知识"可作为标题。

(2) 在幻灯片中选中需要设置标题级别的内容,在"开始"选项卡的"段落"组中,单击"提高列表级"。

(3) 为所有幻灯片设置一种演示主题。在"设计"选项卡的"主题"组中,单击"其他"下拉按钮,在弹出的下拉列表中选择恰当的主题样式。

3. 在幻灯片中插入图片、超链接

1) 插入图片

由于试题并未提供指定的图片,因此考生可以插入本机上的任意一张图片,或是插入一张剪贴画。(注意:插入的图片数要在 2 张以上。)

任选一张幻灯片,版式中有"剪贴画"图标的最好,直接单击幻灯片占位符里面的"剪贴画"图标,即可启动"剪贴画"任务窗格;或选中一个占位符,在"插入"选项卡的"图像"组中,单击"剪贴画"按钮,也可启动"剪贴画"任务窗格。

在"剪贴画"任务窗格的"搜索文字"文本框中输入一个关键字,单击"搜索"按钮,在下方将出现包含此关键字的图片。单击图片,即可将图片插入当前幻灯片中所选的占位符。

说明:

不选中占位符也可以在当前幻灯片上插入剪贴画,但为了稳妥,建议考生先选中一个占位符再执行剪贴画或图片的命令。这样,被插入的图片就会取代所选的占位符。这样做是为了评分更加准确。

2) 插入超链接

在某张幻灯片中选中一个标题或一段文字,单击右键,在弹出的快捷菜单中选择"超链接"命令,即可打开"插入超链接"对话框。也可以在"插入"选项卡的"链接"组中,单击"超链接"按钮,打开"插入超链接"对话框。

在"插入超链接"对话框的"链接到"列表中,选择"本文档中的位置"选项,在"请选择文档中的位置"列表中选择一个幻灯片标题,单击"确定"按钮,完成超链接的设置。

说明:

选择其他标题或文字,插入新的超链接。超链接的数量要在两个以上。

4. 设置动画效果、幻灯片切换方式

（1）设置动画效果。在幻灯片中选择一个占位符（如标题），在"动画"选项卡的"动画"组中，单击任意一种动画样式即可。（注意：最少有3种动画效果，且种类不能重复。）

（2）设置切换方式。在"切换"选项卡的"切换到此幻灯片"组中，单击任意一种切换样式即可。再转到其他幻灯片，设置另外一种幻灯片样式。（注意：最少有3种切换效果，且种类不能重复。）

5. 插入音频

（1）任选一张幻灯片，在"插入"选项卡的"媒体"组中，单击"音频"下拉按钮，在展开的下拉列表中选择"剪贴画音频"选项，即可启动"剪贴画"任务窗格。

（2）在"剪贴画"任务窗格的"搜索文字"文本框中输入一个关键字，单击"搜索"按钮，在下方出现包含此关键字的音频，单击其中一个音频文件，即可将其插入当前幻灯片。

（3）此时，幻灯片中添加了一个小喇叭图标，在"音频工具-播放"选项卡的"音频选项"组中，单击"开始"右侧的下拉按钮，在弹出的下拉列表中选择"跨幻灯片播放"命令，并勾选"放映时隐藏"和"循环播放，直到停止"复选框。设置完成后，即可在演示时全程播放背景音乐。

## 6.7 制作"学习型社会学习理念"课件

### 6.7.1 题目要求

请根据提供的"ppt素材及设计要求.docx"设计制作演示文稿，并以文件名"ppt.pptx"存盘，具体要求如下：

（1）演示文稿中需包含6张幻灯片，每页幻灯片的内容与"ppt素材及设计要求.docx"文件中的序号内容相对应，并为演示文稿选择一种内置主题。

（2）设置第1张幻灯片为标题幻灯片，标题为"学习型社会的学习理念"，副标题包含制作单位"计算机教研室"和制作日期（格式：××××年××月××日）内容。

（3）设置第3、4、5张幻灯片为不同版式，并根据文件"ppt素材及设计要求.docx"内容，将其所有文字布局到各对应幻灯片中，第4张幻灯片需包含所指定的图片。

（4）根据"ppt素材及设计要求.docx"文件中的动画类别提示，设计演示文稿中的动画效果，并保证各幻灯片中的动画效果先后顺序合理。

（5）在幻灯片中突出显示"ppt素材及设计要求.docx"文件中重点内容（素材中加粗部分），包括字体、字号、颜色等。

（6）将第 2 张幻灯片作为目录页，采用垂直框列表 SmartArt 图形表示"ppt 素材及设计要求.docx"文件中要介绍的三项内容，并为每项内容设置超链接，单击各链接时，跳转到相应幻灯片。

（7）设置第 6 页幻灯片为空白版式，并修改该页幻灯片背景为纯色填充。

（8）在第 6 页幻灯片中插入包含文字为"结束"的艺术字，并设置其动画动作路径为圆形形状。

### 6.7.2 操作步骤

**1. 新建文件**

（1）打开考生文件夹下的"ppt 素材及设计要求.docx"素材文件。

（2）启动 PowerPoint 2010，自动新建一个空白文档。

（3）在"设计"选项卡的"主题"组中，选择"暗香扑面"主题。按【Ctrl + M】组合键新建幻灯片，使幻灯片数量为 6 张。

**2. 制作标题幻灯片**

选择第 1 张幻灯片，在"开始"选项卡的"幻灯片"选项组中，单击"版式"下拉按钮，在弹出的下拉列表中选择"标题幻灯片"。在标题处输入文本"学习型社会的学习理念"，在副标题处输入文本"计算机教研室"和"××××年××月××日"。

**3. 版式设置**

按上述同样的方式，对第 3、4、5 张幻灯片的版式进行设计。设置第 3 张幻灯片版式为"标题和内容"，第 4 张幻灯片版式为"比较"，第 5 张幻灯片版式为"内容与标题"，分别将"ppt 素材及设计要求.docx"中对应的文字图片复制到第 3、4、5 张幻灯片中，并设置合适的字体字号。

**4. 动画设置**

（1）根据"ppt 素材及设计要求.docx"中的动画说明，选中演示文稿相应的文本框对象，在"动画"选项卡的"动画"组中，选择相应的动画效果。

（2）选中第 3 张幻灯片中的"知识的更新速率……"文本框，在"动画"选项卡的"动画"组中，单击"其他"下拉按钮，在弹出的下拉列表中选中"退出"组中的"淡出"。

（3）其他动画均参照上述方法设置。

**5. 字体设置**

对照"ppt 素材及设计要求.docx"中加粗文字，选定演示文稿中的相关文字，在"开始"选项卡的"字体"组中，设置与默认"字体""字号""颜色"不同的"字体""字号""颜色"。

### 6. 设置 SmartArt 图形

选定第 2 张幻灯片，在"插入"选项卡的"插图"组中，单击"SmartArt"按钮，在弹出的对话框中选择"列表"→"垂直框列表"。

分别按"ppt 素材及设计要求.docx"中的要求输入相应文本，分别选择"一、现代社会知识更新的特点""二、现代文盲——功能性文盲""三、学习的三重目的"文本框，在"插入"选项卡的"链接"组中，单击"超链接"按钮，选择"本文档中的位置"，分别单击链接目标为"幻灯片 3""幻灯片 4""幻灯片 5"。

### 7. 背景设置

选择第 6 张幻灯片，在"开始"选项卡的"幻灯片"组中，选择"版式"→"空白"。

在幻灯片上单击右键，在弹出的快捷菜单中选择"设置背景格式"，在弹出的对话框中选择"填充"，在填充下选择"纯色填充"单选框，将"颜色"设为与主题相应的颜色，然后单击"关闭"按钮，关闭对话框。

### 8. 艺术字设置

选中第 6 张幻灯片，在"插入"选项卡的"文本"组中，单击"艺术字"下拉按钮，在下拉列表中任意一种艺术字样式，输入文本"结束"。

选中艺术字对象，在"动画"选项卡的"动画"组中，单击"动作路径"→"形状"（圆形样），并适当调整路径的大小。

# 6.8 制作"'福星一号'飞船简介"演示文稿

## 6.8.1 题目要求

"福星一号"发射成功，并完成与"银星一号"的对接等任务，全国人民为之振奋和鼓舞，作为航天城中国航天博览馆讲解员的小苏，受领了制作"'福星一号'飞船简介"的演示幻灯片的任务。请你根据考生文件夹下的"福星一号素材.docx"的素材，帮助小苏完成制作任务。具体要求如下：

（1）演示文稿中至少包含 7 张幻灯片，要有标题幻灯片和致谢幻灯片。幻灯片必须选择一种主题，要求字体和色彩合理、美观大方，幻灯片的切换要用不同的效果。

（2）标题幻灯片的标题为"'福星一号'飞船简介"，副标题为"中国航天博览馆　北京　二〇一三年六月"。内容幻灯片选择合理的版式，根据素材中对应标题"概况、飞船参数与飞行计划、飞船任务、航天员乘组"的内容各制作一张幻灯片，"精彩时刻"制作两三张幻灯片。

(3)"航天员乘组"和"精彩时刻"的图片文件均存放于考生文件夹下,航天员的简介根据幻灯片的篇幅情况需要进行精简。在播放时,文字和图片要有动画效果。

(4)演示文稿保存为"福星一号.pptx"。

## 6.8.2 操作步骤

1. 根据素材建立幻灯片

(1)根据题意以及素材文件"福星一号.docx",首先制作7张幻灯片。打开PowerPoint 2010,新建一个空白演示文稿。首先新建"标题"幻灯片(第1张)。在"开始"选项卡的"幻灯片"组中,单击"新建幻灯片"下拉按钮,在弹出的下拉列表中选择"标题幻灯片"即可。

(2)根据题意,按照同样的方式依次建立后续幻灯片。在此为素材中的"概况"对应的段落新建"标题和竖排文字"幻灯片(第2张),为"飞船参数与飞行计划"对应的段落新建"垂直排列标题与文本"幻灯片(第3张),为"飞船任务"对应的段落新建"标题和内容"幻灯片(第4张),为"航天员乘组"新建"空白"幻灯片(第5张),为"精彩时刻"对应的段落再新建3张幻灯片,分别是"比较"幻灯片(第6张)、"两栏内容"幻灯片(第7张)、"比较"幻灯片(第8张)。最后,新建一张为"仅标题"致谢形式的幻灯片。

(3)为所有的幻灯片设置一种恰当的主题。在"设计"选项卡的"主题"组中,单击"其他"下拉按钮,在弹出的下拉列表中选择一种恰当的主题,此处选择"波形"。

(4)依照题意,为幻灯片设置切换效果。此处为演示文稿设置不少于3种幻灯片切换方式。选择第1张幻灯片,在"切换"选项卡的"切换到此幻灯片"组中,选择一种恰当的切换效果。此处选择"推进"效果。

(5)选取两张幻灯片,按照同样的方式为其设置切换效果。这里设置第4张幻灯片的切换效果为"闪光",设置第7张幻灯片的切换效果为"百叶窗"。

2. 编辑第1~4张幻灯片

(1)选中第1张幻灯片,单击"单击此处添加标题"标题占位符,输入"'福星一号'飞船简介"字样,然后在"开始"选项卡的"字体"组中,单击"字体"下拉按钮,在弹出的下拉列表中选择恰当的字体,此处选择"微软雅黑";单击"字号"下拉按钮,在弹出的下拉列表中选择恰当的字号,此处选择"44"。在相应的副标题中输入"中国航天博览馆 北京二〇一三年六月"字样。按照同样的方式,为副标题设置字体为"黑体",字号为"32"。

(2)选中第2张幻灯片,输入素材中的"概况"对应的段落内容。输入完毕后,选中文本内容,在"开始"选项卡的"字体"组中,单击"字体"下拉按钮,在弹出的下拉列表中选择恰当的字体,此处选择"黑体";单击"字号"下拉按钮,在弹出的下拉列表中选择恰当的字号,此处选择"20"。选中标题,按照同样的方式设置字体为"华文彩云",字号为"36"。

（3）选中第3张幻灯片，输入素材中"飞船参数与飞行计划"对应的段落。然后选中文本内容，在"开始"选项卡的"字体"组中，单击"字体"下拉按钮，在弹出的下拉列表中选择恰当的字体，此处选择"华文仿宋"；单击"字号"下拉按钮，在弹出的下拉列表中选择恰当的字号，此处选择"20"。选中标题，按照同样的方式设置字体为"华文楷体"，字号为"40"。

（4）选中第4张幻灯片，输入"飞船任务"对应的段落。按照上述同样的方式，设置文本内容的字体为"方正姚体"，字号为"20"；设置标题的字体为"方正姚体"，字号为"36"。

3. 编辑第5~8张幻灯片

（1）选中"空白"幻灯片（第5张），在"插入"选项卡的"文本"组中，单击"文本框"下拉按钮，在弹出的下拉列表中选择"横排文本框"命令，然后在空白处拖动鼠标即可绘制文本框。将光标置于文本框中，然后在"插入"选项卡的"图像"组中，单击"图片"按钮，弹出"插入图片"对话框，选择素材中的"张明涛.jpg"，然后单击"插入"按钮，即可在文本框中插入图片。

按照创建"张明涛.jpg"图片的相同方式，分别创建"钱凯.jpg""尚金妮.jpg"。然后，拖动文本框四周的占位符，适当缩放图片的大小，并移动图片至合适的位置处。

分别为三张图片设置恰当的动画效果。选中"张明涛.jpg"图片，在"动画"选项卡的"动画"组中，选择一种合适的动画效果，此处选择"浮入"。按照同样的方式为另外两张图片分别设置"劈裂"以及"轮子"样式的动画效果。

按此创建文本框的方式，再新建三个文本框，并在对应的文本框中分别输入文字介绍，然后设置合适的字体字号。最后，相应移动至三幅图片的上方。

按照为图片设置动画效果同样的方式，为三幅图片的文字介绍设置动画效果，此处从左至右分别设为"淡出""飞入"以及"旋转"。至此，第5张幻灯片设置完毕。

（2）选中"比较"幻灯片（第6张），在左侧的文本区域单击"插入来自文件的图片"按钮，弹出"插入图片"对话框。选择"进入'福星一号'.jpg"后，单击"插入"按钮即可插入图片。

按照同样的方式，在右侧文本区域插入"太空授课.jpg"图片。然后，在"进入'福星一号'.jpg"图片的上方文本区域，输入"航天员进入'福星一号'"字样；在"太空授课.jpg"图片的上方文本区域，输入"航天员太空授课"字样。

分别为两张幻灯片设置动画效果。选中"进入'福星一号'.jpg"图片，在"动画"选项卡的"动画"组中，选择一种合适的动画效果，此处选择"弹跳"。按照同样的方式，为另外一张图片设置"轮子"样式的动画效果。

最后，在最上方的标题处输入"精彩时刻"字样。

（3）选中"两栏内容"幻灯片（第7张），在左侧的文本区域单击"插入来自文件的图片"按钮，弹出"插入图片"对话框。选择"对接示意.jpg"后，单击"插入"按钮即可插入图片。按照同样的方式，在右侧文本区域插入"对接过程.jpg"图片。最后，在标题处输入"'福星一号'与'银星一号'对接"字样。

（4）选中"比较"幻灯片（第8张），按与上同样的方式插入图片"发射升空.jpg"

和"顺利返回.jpg",并在每张图片上方对应的文本区域中分别输入"'福星一号'发射升空"和"'福星一号'返回地面"字样。最后在主标题中输入"精彩时刻"字样。

（5）选中"仅标题"幻灯片（最后一张），依据题意，在标题中输入致谢形式的语句。此处输入"感谢所有为祖国的航空事业做出伟大贡献的工作者！！！"字样，并设置字体为"华文琥珀"，字号为"54"，字体颜色为"黄色"。拖动占位符，适当调整文本框的大小，以能容纳文字的容量为宜。

为文字设置恰当的动画效果。此处在"动画"选项卡的"动画"组中，选择"波浪形"命令。

4. 保存文件

单击"文件"选项列表的"另存为"选项，保存演示文稿为"福星一号.pptx"文件。

# 6.9 制作"沙尘暴简介"演示文稿

## 6.9.1 题目要求

根据提供的"沙尘暴简介.docx"文件，制作名为"沙尘暴"的演示文稿，具体要求如下：

（1）幻灯片不少于6张，选择恰当的版式且版式要有一定的变化，至少要有3种版式。

（2）有演示主题、标题页，在第1张幻灯片上要有艺术字形式的"爱护环境"字样。选择一个主题应用于所有幻灯片。

（3）对第2张幻灯片使用SmartArt图形。

（4）要有两个超链接实现幻灯片之间的跳转。

（5）采用在展台浏览的方式放映演示文稿，动画效果要贴切、丰富，幻灯片切换效果要恰当。

（6）在演示时，要全程配有背景音乐自动播放。

（7）将制作完成的演示文稿以"沙尘暴简介.pptx"为文件名进行保存。

## 6.9.2 操作步骤

1. 根据素材建立幻灯片

（1）按照题意，新建不少于6张幻灯片，并选择恰当的并有一定变化的版式，并且至少有3种版式。打开PowerPoint 2010，新建一个空白文档。

（2）新建1张幻灯片。在"开始"选项卡的"幻灯片"组中，单击"新建幻灯片"下拉按钮，在弹出的下拉菜单中选择"标题幻灯片"命令，新建的第1张幻灯片便插入文档。

(3) 按照同样的方式新建第 2 张幻灯片。此处选择"标题和内容"。

(4) 按照同样的方式新建其他 4 张幻灯片，并且在这 4 张中要有不同于"标题幻灯片"和"标题和内容"版式的幻灯片。

2. 编辑标题幻灯片、设置主题

(1) 根据题意，选中第 1 张"标题"幻灯片，在"插入"选项卡下的"文本"组中，单击"艺术字"下拉按钮，在弹出的下拉列表中选择一种适合的样式，此处选择"渐变填充 – 蓝色，强调文字颜色 1"。

(2) 在出现的"请在此放置您的文字"占位符中清除原有文字，输入"爱护环境"字样。然后，将艺术字拖动至恰当位置处。

(3) 在"单击此处添加标题"占位符中输入标题名"沙尘暴简介"，并为其设置恰当的字体、字号以及颜色。选中标题，在"开始"选项卡的"字体"组中，选择"字体"下拉列表中的"华文琥珀"，在"字号"下拉列表中选择"60"，在"字体颜色"下拉列表中选择"深蓝"。

(4) 为所有幻灯片设置一种演示主题。在"设计"选项卡的"主题"组中，单击"其他"下拉按钮，在弹出的下拉列表中选择恰当的主题样式。此处选择"茅草"命令。

3. 设置 SmartArt 图形

(1) 选中第 2 张幻灯片，在对应的标题区域输入素材中的"沙尘暴的分类"字样。此处为其设置恰当的字体、字号以及颜色，分别为"黑体""36"以及"蓝色"。

(2) 选中内容区域。在"插入"选项卡的"插图"组中，单击"SmartArt"按钮，在弹出的"选择 SmartArt 图形"对话框中选择一种较为接近素材中的"沙尘暴的分类"对应内容的结构，此处选择"层次结构"。

(3) 单击"确定"按钮，为其插入 SmartArt 层次结构图形。根据素材中对沙尘暴的分类，还需要对幻灯片中的层级结构图进行修饰。选中圆角矩形，在"SmartArt 工具 – 设计"选项卡的"创建图形"组中，单击"添加形状"按钮，在弹出的下拉菜单中选择"在前面添加形状"命令，添加完毕后，结构图中又多出一个圆角矩形。

(4) 按照上述步骤的同样方式，继续添加圆角矩形，直至与素材中对应的内容匹配即可。

(5) 制作好相应的层次结构图后，输入素材中"沙尘暴的分类"对应的层次内容标题。输入完毕后，适当调整其圆角矩形边框大小，以符合界面美观为准。

4. 超链接设置

依次对剩余的幻灯片填充素材中相应的内容。此处填充内容的方式不限一种，考生可根据实际需求变动。在此以图中所显示填充方案为准。

(1) 根据题意，要有两个超链接进行幻灯片之间的跳转。此处对第 2 张幻灯片中的内容设置超链接，由此连接到第 3、4 张幻灯片中对应的内容。选中第 2 张幻灯片中"按过程分"，在"插入"选项卡的"链接"组中，单击"超链接"按钮，弹出"插入超链接"对话框。单击"链接到"组中的"本文档中的位置"按钮，在对应的界面中选择"3. 按过程分"。

单击"确定"按钮后，即可在图中看到实际效果。

(2) 采用同样的方式，对第 2 张幻灯片中的"按能见度分"设置超链接。
单击"确定"按钮，即可在图中看到实际效果。

5. 设置幻灯片切换和放映方式

（1）为幻灯片添加适当的动画效果。此处选择为第 2 张幻灯片中的层次结构图设置动画效果。选中结构图，在"动画"选项卡的"动画"组中，单击"其他"下拉按钮，在弹出的下拉列表中选择恰当的动画效果，此处选择"翻转式由远及近"命令。
按照同样的方式，为第 3 张幻灯片中的图片设置动画效果为"轮子"。
（2）为幻灯片设置切换效果。选中第 4 张幻灯片，在"切换"选项卡的"切换到此幻灯片"组中，单击"其他"下拉按钮，在弹出的下拉列表中选择恰当的切换效果，此处选择"百叶窗"。
按照同样的方式，为第 5 张幻灯片设为"随机线条"切换效果。
采用在展台浏览的方式放映演示文稿。在"幻灯片放映"选项卡的"设置"组中，单击"设置幻灯片放映"按钮。在弹出的对话框中的"放映类型"组中勾选"在展台浏览（全屏幕）"复选框，然后单击"确定"按钮。

6. 设置背景音乐

选中第 1 张幻灯片，在"插入"选项卡的"媒体"组中，单击"音频"按钮，弹出"插入音频"对话框。选择素材中的音频"月光"后，单击"插入"按钮，即可设置成功。
在"音频工具－播放"选项卡的"音频选项"组中，单击"开始"右侧的下拉按钮，在下拉列表中选择"跨幻灯片播放"，并勾选"放映时隐藏"复选框，即可在演示的时候全程自动播放背景音乐。

7. 保存文件

单击"保存"按钮，将制作完成的演示文稿以"沙尘暴简介.pptx"为文件名进行保存。

# 6.10 制作"百合花简介"演示文稿

## 6.10.1 题目要求

根据素材文件"百合花.docx"制作演示文稿，具体要求如下：
（1）幻灯片不少于 5 张，选择恰当的版式并且版式要有变化。
（2）第 1 张幻灯片上要有艺术字形式的"百年好合"字样。有标题页、演示主题，并且演示文稿中的幻灯片至少要有两种以上的主题。
（3）幻灯片中除了有文字外，还要有图片。
（4）采用由观众手动自行浏览方式放映演示文稿，动画效果要贴切，幻灯片切换效果要恰当、多样。

（5）在放映时，要全程自动播放背景音乐。

（6）将制作完成的演示文稿以"百合花.pptx"为文件名进行保存。

## 6.10.2 操作步骤

### 1. 建立文件

按照题意，新建不少于5页幻灯片，并选择恰当的并有一定变化的版式。首先，打开PowerPoint 2010，新建一个空白文档。

新建第1页幻灯片。在"开始"选项卡的"幻灯片"组中，单击"新建幻灯片"下拉按钮，在弹出的下拉菜单中选择"标题幻灯片"，新建的第1张幻灯片便插入文档中。

按照同样的方式，新建第2张幻灯片。此处选择"标题和内容"。按照同样的方式，新建其他3张幻灯片，并且在这3张中要尽量有不同于"标题幻灯片"及"标题和内容"版式的幻灯片。此处，新建第3张幻灯片为"标题和内容"，第4张为"内容与标题"，第5张为"标题和竖排文字"。方案不限一种，考生可根据实际需要设计不同于此方案的版式。在此仅选择其中一种方案。

### 2. 添加艺术字并设置主题

建立幻灯片后，依次在不同版式的幻灯片中填充素材中相应的内容。此处填充内容的方式不限一种，考生可根据实际需求变动。在此以图中所显示填充方案为准。

（1）根据题意，选中"标题"幻灯片（第1张），在"插入"选项卡的"文本"组中，单击"艺术字"下拉按钮，在弹出的下拉列表中选择一种适合的样式，此处选择"渐变填充-紫色，强调文字颜色4，映像"。

在出现的"请在此放置您的文字"占位符中清除原有文字，输入"百年好合"字样。然后，将艺术字拖动至恰当位置处。

为标题名"百合花"设置恰当的字体、字号以及颜色。选中标题，在"开始"选项卡的"字体"组中，在"字体"下拉列表中选择"华文行楷"，在"字号"下拉列表中选择"60"，在"字体颜色"下拉列表中选择"紫色"。

（2）按照题意，为所有幻灯片设置至少两种演示主题。此处先选中第1、3、4张幻灯片，在"设计"选项卡的"主题"组中，单击"其他"下拉按钮，在弹出的下拉列表中选择恰当的主题样式，此处选择"顶峰"。

按照同样的方式，将第2、5张幻灯片设置为"奥斯汀"主题。

### 3. 图片设置

按照题意，为幻灯片插入图片，此处选中第4张幻灯片。在"插入"选项卡的"图像"组中，单击"图片"按钮，即可打开"插入图片"对话框，选择素材中的图片"百合花.jpg"，单击"插入"按钮，即可在文本区域中插入图片。拖动图片至合适位置处，释放鼠标。

4. 设置动画和切换效果

(1) 为幻灯片添加适当的动画效果。此处选择为第 2 张幻灯片中的文本区域设置动画效果。选中文本区域，在"动画"选项卡的"动画"组中，单击"其他"按钮，在弹出的下拉列表中选择恰当的动画效果，此处选择"翻转式由远及近"。

按照同样的方式，为第 4 张幻灯片中的图片设置动画效果为"轮子"。

(2) 为幻灯片设置切换效果。选中第 4 张幻灯片，在"切换"选项卡的"切换到此幻灯片"组中，单击"其他"按钮，在弹出的下拉列表中选择恰当的切换效果，此处选择"随机线条"。

按照同样的方式，为第 5 张幻灯片设为"百叶窗"切换效果。在"幻灯片放映"选项卡的"设置"组中，单击"设置幻灯片放映"按钮。在弹出的对话框中的"放映类型"组中勾选"观众自行浏览（窗口）"复选框，在"换片方式"组中勾选"手动"复选框，然后单击"确定"按钮。

5. 设置背景音乐

选中第 1 张幻灯片，在"插入"选项卡的"媒体"组中，单击"音频"按钮，弹出"插入音频"对话框。选择素材中的音频"春水.jpg"，单击"插入"按钮即可设置成功。

在"音频工具-播放"选项卡的"音频选项"组中，单击"开始"右侧的下拉按钮，在其中选择"跨幻灯片播放"，并勾选"放映时隐藏"复选框，即可在演示的时候全程自动播放背景音乐。

6. 保存文件

单击"文件"选项列表中的"另存为"选项，将制作完成的演示文稿以"百合花.pptx"为文件名进行保存。

# 6.11　制作"员工入职培训"演示文稿

## 6.11.1　题目要求

某公司新员工入职，需要对他们进行入职培训。为此，人事部门负责此事的小吴制作了一份入职培训的演示文稿。但人事部经理看过之后，觉得文稿整体做得不够精美，还需要美化一下。请根据提供的"入职培训.pptx"文件，对制作好的文稿进行美化。具体要求如下：

(1) 将第 1 张幻灯片设为"垂直排列标题与文本"，将第 2 张幻灯片版式设为"标题和竖排文字"，将第 4 张幻灯片设为"比较"。

(2) 为整个演示文稿指定一个恰当的设计主题。

(3) 通过幻灯片母版为每张幻灯片增加利用艺术字制作的水印效果，水印文字中应包含"员工守则"字样,并旋转一定的角度。

(4) 为第3张幻灯片左侧的文字"必遵制度"加入超链接,链接到Word素材文件"必遵制度.docx"。

(5) 根据第5张幻灯片左侧的文字内容,创建一个组织结构图,结果应类似Word样例文件"组织结构图样例.docx"中所示,并为该组织结构图添加"轮子"动画效果。

(6) 为演示文稿设置不少于3种幻灯片切换方式。

(7) 将制作完成的演示文稿"入职培训.pptx"进行保存。

### 6.11.2 操作步骤

1. 设置版式

选中第1张幻灯片,在"开始"选项卡的"幻灯片"组中,单击"版式"按钮,在弹出的下拉列表中选择"垂直排列标题与文本"。更改版式后的第1张幻灯片效果完成。

采用同样的方式,将第2张幻灯片设为"标题和竖排文字"。

采用同样的方式,将第4张幻灯片设为"比较"。

2. 设置主题

在"设计"选项卡中,选择一种合适的主题,此处选择"主题"组中的"华丽",则"华丽"主题应用于所有幻灯片。

3. 通过母版视图设置艺术字底纹

(1) 在"视图"选项卡的"母版视图"组中,单击"幻灯片母版"按钮,即可将母版应用于所有幻灯片。

(2) 选中母版幻灯片,在"插入"选项卡的"文本"组中,单击"艺术字"按钮,在弹出的下拉列表中选择一种样式,此处选择"渐变填充–金色,强调文字颜色4,映像",然后输入"员工守则"。输入完毕后,选中艺术字,在"绘图工具–格式"选项卡的"艺术字样式"组中,单击"设置文本效果格式"按钮。在弹出的"设置文本效果格式"对话框中选中"三维旋转"选项。在"预设"中选择一种合适的旋转效果,此处选择"等轴左下"。

(3) 将艺术字存放至剪贴板中。

(4) 在"幻灯片母版"选项卡的"背景"组中,单击右下角的对话框启动器按钮,打开"设置背景格式"对话框。

(5) 在"填充"选项中选择"图片或纹理填充"单选框,在"插入自"组中单击"剪贴板"按钮,此时存放于剪贴板中的艺术字就被填充到背景中。若艺术字的颜色较深,还可以在"图片颜色"选项下的"重新着色"组中设置"预设"样式,此处选择"冲蚀"。设置完毕后,单击"关闭"按钮即可。

(6) 在"幻灯片母版"选项卡的"关闭"组中,单击"关闭母版视图"按钮,即可看到,在所有的幻灯片中都应用了艺术字制作的"员工守则"水印效果。

4. 设置超链接

(1) 选中第3张幻灯片左侧的文字"必遵制度",在"插入"选项卡的"链接"组中,单击"超链接"按钮,弹出"插入超链接"对话框。

(2)选择"现有文件或网页"选项,在右侧的"查找范围"中查找到"必遵制度.docx"文件。

(3)单击"确定"按钮,即可为文字"必遵制度"插入超链接。

5. 设置 SmartArt 图形

(1)选中第 5 张幻灯片,单击左侧内容区,在"插入"选项卡的"插图"组中,单击"SmartArt"按钮,弹出"选择 SmartArt 图形"对话框。

(2)选择一种较为接近素材中"组织结构图样例.docx"的样例文件,此处选择"层次结构"组中的"组织结构图"。

(3)单击"确定"按钮,即可在选中的幻灯片内容区域出现所选的"组织结构图"。选中第 2 行的矩形,将其删除。选择第 2 行的第 2 个矩形,然后在"SmartArt 工具 – 设计"选项卡的"创建图形"组中,单击"添加形状"按钮,在弹出的下拉列表中选择"在下方添加形状"。采取同样的方式,再执行两次"在下方添加形状"。

(4)选择第 2 行的最后一个矩形,在"创建图形"组中单击"添加形状"按钮,在弹出的下拉列表中选择"在后面添加形状",再次选择"在后面添加形状",即可得到与幻灯片右侧区域中的文字相匹配的框架图。

(5)按照样例中文字的填充方式,把幻灯片左侧内容区域中的文字分别剪贴到对应的矩形框中。

(6)选中设置好的 SmartArt 图形,在"动画"选项卡的"动画"组中,选择动画效果"轮子"。

6. 设置幻灯片切换

根据题意,为演示文稿设置不少于 3 种幻灯片切换方式。

(1)选择第 1 张幻灯片,在"切换"选项卡的"切换到此幻灯片"组中,选择一种切换效果,此处选择"淡出"。

(2)选择两张幻灯片,按照同样的方式为其设置切换效果。在此设置第 3 张幻灯片的切换效果为"分割",设置第 4 张幻灯片的切换效果为"百叶窗"。

7. 保存文件

单击"保存"按钮,保存幻灯片为"入职培训.pptx"文件。

# 6.12 制作"'天河二号'超级计算机简介"演示文稿

## 6.12.1 题目要求

"天河二号"超级计算机是我国独立自主研制的超级计算机系统,2014 年 6 月再登"全球超算 500 强"榜首,为祖国再次争得荣誉。作为北京市第××中学初二年级物理老师,李晓玲老师决定制作一个关于"天河二号"的演示幻灯片，用于学生课堂知识拓展。请你根据考生文件夹下的素材"'天河二号'素材.docx"及相关图片文件，帮助李老师完成制作任务。具体要求如下：

（1）演示文稿共包含10张幻灯片，标题幻灯片1张，概况2张，特点、技术参数、自主创新和应用领域各1张，图片欣赏3张（其中一张为图片欣赏标题页）。幻灯片必须选择一种设计主题，要求字体和色彩搭配合理、美观大方。所有幻灯片中，除了标题和副标题，其他文字的字体均设置为"微软雅黑"。演示文稿保存为"'天河二号'超级计算机.pptx"。

（2）第1张幻灯片为标题幻灯片，标题为"'天河二号'超级计算机"，副标题为"——2014年再登世界超算榜首"。

（3）第2张幻灯片采用"两栏内容"的版式，左边一栏为文字，右边一栏为图片，图片为考生文件夹下的"Image1.jpg"。

（4）以下的第3~7张幻灯片的版式均为"标题和内容"。素材中的黄底文字即相应幻灯片的标题文字。

（5）第4张幻灯片的标题为"二、特点"，将其中的内容设为"垂直块列表"SmartArt对象，素材中红色文字为一级内容，蓝色文字为二级内容。并为该SmartArt图形设置动画，要求组合图形"逐个"播放，并将动画的开始设置为"上一动画之后"。

（6）利用"相册"功能为考生文件夹下的"Image2.jpg"~"Image9.jpg"8张图片"新建相册"，要求每页幻灯片4张图片，相框的形状为"居中矩形阴影"；将标题"相册"更改为"六、图片欣赏"。将相册中的所有幻灯片复制到"'天河二号'超级计算机.pptx"中。

（7）将该演示文稿分为4节。第1节的节名为"标题"，包含1张标题幻灯片；第2节的节名为"概况"，包含2张幻灯片；第3节的节名为"特点、参数等"，包含4张幻灯片；第4节的节名为"图片欣赏"，包含3张幻灯片。每节幻灯片均采用同一种切换方式，节与节的幻灯片切换方式不同。

（8）除标题幻灯片外，其他幻灯片的页脚都显示幻灯片编号。

（9）设置幻灯片为循环放映方式，如果不单击鼠标，幻灯片就在10秒后自动切换至下一张。

## 6.12.2 操作步骤

1. 建立文件

启动PowerPoint 2010，打开考生文件夹下的"'天河二号'素材.docx"文件。

选择第1张幻灯片，在"设计"选项卡的"主题"组中，应用"都市"主题，按【Ctrl+M】组合键即可添加幻灯片，使片数共为7，将演示文稿保存为"'天河二号'超级计算机.pptx"。

## 2. 编辑标题幻灯片

选择第 1 张幻灯片，在"开始"选项卡的"幻灯片"组中，将"版式"设置为"标题幻灯片"。

将幻灯片标题设置为"'天河二号'超级计算机"，副标题设置为"——2014 年再登世界超算榜首"。

## 3. 编辑第 2 张幻灯片

选择第 2 张幻灯片，在"开始"选项卡的"幻灯片"组中，将"版式"设置为"两栏内容"。

复制"'天河二号'素材.docx"文件内容到幻灯片，左边一栏为文字，设置文字格式为"微软雅黑""20""黑色"。右边一栏为图片，在"插入"选项卡的"图像"组中，单击"图片"按钮，在弹出的"插入图片"对话框中选择考生文件夹下的"Image1.jpg"素材图片。

## 4. 设置第 3~7 张幻灯片版式和标题

在"开始"选项卡中，将第 3~7 张幻灯片的版式均设为"标题和内容"。根据"天河二号"素材中的黄底文字，输入相应幻灯片的标题文字和正文文字，并分别对第 3、5、6、7 张幻灯片的添加内容进行相应的设置格式，使其美观。

## 5. 为第 4 张幻灯片设置 SmartArt 图形

将光标置于第 4 张幻灯片正文文本框中，在"插入"选项卡的"插图"组中，单击"SmartArt"按钮，弹出"选择 SmartArt 图形"对话框，选择"列表"组中的"垂直块列表"。

选择第 3 个文本框，在"SmartArt 工具 – 设计"选项卡的"创建图形"组中，选择"添加形状"→"在后面添加形状"，在后面添加两个形状，并在相应的文本框中输入文字，设置相应的格式。

选择插入的 SmartArt 图形，在"动画"选项卡的"动画"组中，选择"飞入"，单击"效果选项"下拉按钮，在下拉列表中选择"序列"组中的"逐个"，在"计时"选项组中将"开始"设为"上一动画之后"。

## 6. 插入相册图片

在"插入"选项卡的"图像"组中，单击"相册"下拉按钮，在其下拉菜单中选择"新建相册"命令，弹出"相册"对话框，单击"文件/磁盘"按钮，选择"Image2.jpg"~"Image9.jpg"素材文件，单击"插入"按钮，将"图片版式"设为"4 张图片"，"相框形状"设为"居中矩形阴影"，单击"创建"按钮。

将标题"相册"更改为"六、图片欣赏"，将二级文本框删除。将相册中的所有幻灯片复制到"'天河二号'超级计算机.pptx"中。

## 7. 幻灯片分节

在幻灯片窗格中，选择第1张幻灯片，单击右键，在弹出的快捷菜单中选择"新增节"命令；选择第2、3张幻灯片，单击右键，在弹出的快捷菜单中选择"新增节"命令；使用同样的方法，将第4~7张幻灯片设为一节，第8~10张幻灯片设为一节。

选择节名，单击右键，在弹出的快捷菜单中选择"重命名节"按钮，弹出"重命名节"对话框，输入相应节名，单击"重命名"按钮。

将每节中的幻灯片均设置同一种切换方式，将节与节的幻灯片设置不同的切换方式，适当进行调整设置。此处设置第1节的切换方式为"标题"，第2节的切换方式为"淡出"，第3节的切换方式为"推进"，第4节的切换方式为"擦除"。

## 8. 设置页眉页脚

在"插入"选项卡的"文本"组中，单击"页眉和页脚"按钮，弹出"页眉和页脚"对话框，在"幻灯片"选项卡中，勾选"幻灯片编号"和"标题幻灯片中不显示"复选框，并单击"全部应用"按钮。

## 9. 设置幻灯片切换

选择第1~10张幻灯片，在"切换"选项卡的"计时"组中，勾选"设置自动换片时间"复选框，并将其持续时间设为10秒，单击"全部应用"按钮。

# 6.13  制作"'辽宁号'航空母舰简介"演示文稿

## 6.13.1  题目要求

作为中国海军博物馆讲解员的小张，受领了制作"'辽宁号'航空母舰"简介演示幻灯片的任务，需要对演示幻灯片内容进行精心设计和裁剪。请你根据考生文件夹下的"'辽宁号'航空母舰素材.docx"的素材，帮助小张完成制作任务。具体要求如下：

（1）制作完成的演示文稿至少包含9张幻灯片，并含有标题幻灯片和致谢幻灯片；演示文稿应选择一种适当的主题，要求字体和配色方案合理；每页幻灯片需设置不同的切换效果。

（2）标题幻灯片的标题为"'辽宁号'航空母舰"，副标题为"——中国海军第一艘航空母舰"，该幻灯片中还应有"中国海军博物馆二〇一三年九月"字样。

（3）根据"'辽宁号'航空母舰素材.docx"素材文档中对应标题"概况""简要历史""性能参数""舰载武器""动力系统""舰载机"和"内部舱室"的内容各制作1~2张幻灯片，文字内容可根据幻灯片的内容布局进行精简。这些内容幻灯片需选择合理的版式。

（4）请将相关的图片（图片文件均存放于考生文件夹下）插入对应内容幻灯片，完成合理的图文布局排列，设置文字和图片的动画效果。

（5）演示文稿的最后一页为致谢幻灯片，并包含"谢谢"字样。

（6）除标题幻灯片外，设置其他幻灯片页脚的最左侧为"中国海军博物馆"字样，最右侧为当前幻灯片编号。

（7）设置演示文稿为循环放映方式，每张幻灯片的放映时间为10秒，在自定义循环放映时，不包括最后一页的致谢幻灯片。

（8）演示文稿保存为"辽宁号航空母舰.pptx"。

## 6.13.2　操作步骤

### 1. 新建文件

启动 PowerPoint 演示文稿，在"开始"选项卡的"幻灯片"组中，单击"新建幻灯片"按钮。重复操作，使演示文稿至少包含9张幻灯片。

选择第1张幻灯片，单击右键，在弹出的快捷菜单中选择"版式"→"标题幻灯片"。选择最后一张幻灯片，单击右键，在弹出的快捷菜单中选择"版式"→"空白"。

在"设计"选项卡的"主题"组中，选择一种适当的主题，如"波形"。

在"切换"选项卡的"切换到此幻灯片"组中，为每张幻灯片设置不同的切换效果。

### 2. 编辑标题幻灯片

在第1张标题幻灯片中，将标题设为"'辽宁号'航空母舰"，副标题设为"——中国海军第一艘航空母舰"，在副标题下方添加"中国海军博物馆二〇一三年九月"字样。

### 3. 复制素材文字到幻灯片

打开"'辽宁号'航空母舰素材.docx"文档，将对应标题"概况""简要历史""性能参数""舰载武器""动力系统""舰载机"和"内部舱室"的文字内容分别复制到幻灯片中。

文字内容可根据幻灯片的内容布局进行精简，幻灯片版式可自行进行合理设置。

### 4. 插入图片和设置动画

根据"'辽宁号'航空母舰素材.docx"文档，在"插入"选项卡的"图像"组中，单击"图片"按钮，将考生文件夹下的图片插入对应内容的幻灯片，并适当调整图文布局排列。

在"动画"选项卡的"动画"组中，为文字和图片设置动画效果。

### 5. 插图艺术字

在演示文稿的最后一页，在"插入"选项卡的"文本"组中，单击"艺术字"按钮，选择一种合适的样式，输入文字"谢谢"。

### 6. 插入页眉页脚

在"插入"选项卡的"文本"组中，单击"幻灯片编号"按钮，弹出"页眉和页脚"对话框，勾选"幻灯片编号""页脚"和"标题幻灯片中不显示"复选框，并在"页脚"下的文本框中输入"中国海军博物馆"字样，单击"全部应用"按钮。

主题不同,"幻灯片编号"和"页脚"的显示位置会有所不同,可调整"页脚"到最左侧、"幻灯片编号"到最右侧。

7. 设置幻灯片切换

在"切换"选项卡的"计时"组中,勾选"设置自动换片时间"复选框,将时间设置为 10 秒,单击"全部应用"按钮。

在"幻灯片放映"选项卡的"设置"组中,单击"设置幻灯片放映"按钮,弹出"设置放映方式"对话框,在"放映选项"组中勾选"循环放映,按【ESC】键终止"复选框"放映幻灯片"组中设置从 1 到 9(不包括最后一页的致谢幻灯片即可);在"换片方式"组中,选择"如果存在排练时间,则使用它"单选框,单击"确定"按钮。

8. 保存文件

设置完成后,在"文件"选项列表中单击"保存"选项,在弹出的"另存为"对话框中,设置保存路径为考生文件夹下,将文件名设为"'辽宁号'航空母舰.pptx",单击"保存"按钮。

# 参 考 文 献

[1] 陈宝明,骆红波,刘小军. 办公软件高级应用与案例精选 [M]. 2版. 北京:中国铁道出版社,2012.
[2] 贾小军,童小素. 办公软件高级应用与案例精选(Office 2010)[M]. 北京:中国铁道出版社,2013.
[3] 周苏,周文芳,师秀清. 办公软件高级应用案例教程 [M]. 北京:中国铁道出版社,2009.
[4] 於文刚,刘万辉. Office 2010办公软件高级应用实例教程 [M]. 北京:机械工业出版社,2015.
[5] 吴卿. 办公软件高级应用Office 2010 [M]. 杭州:浙江大学出版社,2013.
[6] 张锡华,詹文英. 办公软件高级应用案例教程 [M]. 北京:中国铁道出版社,2012.
[7] 叶苗群. 办公软件高级应用与多媒体案例教程 [M]. 北京:清华大学出版社,2015.
[8] 吴卿. 办公软件高级应用实践教程 [M]. 杭州:浙江大学出版社,2010.
[9] 杨久婷,李政,陈卓然,等. Word 2010高级应用案例教程 [M]. 北京:清华大学出版社,2017.
[10] 陆思辰,李政,陈卓然,等. Excel 2010高级应用案例教程 [M]. 北京:清华大学出版社,2016.
[11] 金晓龙,石利平,梁竞敏. Excel 2010高级应用实例教程 [M]. 北京:中国水利水电出版社,2016.
[12] 郭燕. PowerPoint 2010演示文稿制作案例教程 [M]. 北京:航空工业出版社,2012.